21 世纪高等教育土木工程系列规划教材

荷载与结构设计方法

主　编　李长凤　赵晓花
副主编　薛志成　孟丽岩　杜文学
参　编　赵延林　吴　桐　郝立夫　刘源春
主　审　韩　雪

机 械 工 业 出 版 社

本书依据《高等学校土木工程本科指导性专业规范》（2011 年版）有关高等学校土木工程专业本科教育培养目标和培养方案及课程教学大纲的基本要求，同时结合最新修订的土木工程相关规范、标准编写。全书共10 章，主要包括绪论、竖向荷载、土侧压力及水压力、风荷载、地震作用、其他作用、工程结构荷载的统计分析、结构构件抗力的统计分析、结构可靠度分析与计算、概率极限状态设计法。为了便于教学和学生学习，各章均编写了学习要求、本章小结、思考题和习题。

本书既可作为高等学校土木工程专业及相关专业的教学用书，又可作为从事土木工程设计、施工等技术人员的参考书。

图书在版编目（CIP）数据

荷载与结构设计方法/李长凤，赵晓花主编. —北京：机械工业出版社，2018.12

21 世纪高等教育土木工程系列规划教材

ISBN 978-7-111-61232-2

Ⅰ.①荷⋯　Ⅱ.①李⋯ ②赵⋯　Ⅲ.①建筑结构-结构载荷-结构设计-高等学校-教材　Ⅳ.①TU312

中国版本图书馆 CIP 数据核字（2018）第 245116 号

机械工业出版社（北京市百万庄大街 22 号　邮政编码 100037）
策划编辑：马军平　责任编辑：马军平　臧程程　任正一
责任校对：刘　岚　封面设计：张　静
责任印制：孙　炜
天津千鹤文化传播有限公司印刷
2019 年 1 月第 1 版第 1 次印刷
184mm×260mm・14.75 印张・362 千字
标准书号：ISBN 978-7-111-61232-2
定价：39.00 元

前　言

　　本书根据高等学校土木工程专业教学指导委员会 2011 年颁布的《高等学校土木工程本科指导性专业规范》有关高等学校土木工程专业本科教育培养目标和培养方案及课程教学大纲，同时结合国家现行的土木工程专业相关标准、规程、规范等编写而成。

　　本书包括两部分内容，第一部分为土木工程领域的各类荷载与作用的概念、原理与计算方法，第二部分为工程结构可靠度原理和满足可靠度要求的土木工程结构设计方法及相关规范应用。通过对本课程的学习，学生掌握工程结构设计考虑的各种荷载原理和计算方法，掌握结构可靠度的原理和满足可靠度要求的现行实用结构设计方法，熟练使用现行行业规范和规程。

　　本书遵从"荷载与结构设计方法"课程涉及的内容知识面广、交叉性强的特点，紧密联系实际，注重理论与实践的结合，力求反映土木工程结构的荷载确定和结构设计方法在理论和实践中的应用；结合工程实例，利用数字化和网络技术，补充、更新和延伸学习资源，注重本课程不同形式教学资源的相互补充，有助于学习和参考。

　　本书由李长凤和赵晓花任主编，薛志成、孟丽岩、杜文学任副主编。具体编写分工为：黑龙江科技大学李长凤和中国建筑技术集团有限公司高级工程师赵晓花编写第 1~3 章、第 5 章、第 10 章；浙江水利水电学院杜文学编写第 4 章；东北农业大学刘源春和黑龙江科技大学吴桐编写第 6 章；黑龙江科技大学孟丽岩编写第 7 章，赵延林和郝立夫编写第 8 章，薛志成编写第 9 章。全书由李长凤统稿。

　　黑龙江科技大学韩雪教授审阅了本书，并提出了宝贵意见，编写过程中得到了中国建筑技术集团等相关单位提供的技术资料支持，在此一并表示衷心感谢。

　　本书编写过程中参考了国内近年来出版的相关文献；同时，本书的编写得到了机械工业出版社的支持和帮助，在此表示谢意。

　　由于编者水平有限，书中疏漏之处，敬请读者批评指正。

　　编者的电子邮箱：lcf0451@126.com。

编　者

目 录

【学习要求】

本章要求了解土木工程的各类工程结构，掌握荷载和作用的分类，熟悉工程结构设计理论及其发展演变，掌握本课程的研究内容及其地位和学习方法。

1.1　工程结构荷载与作用

土木工程是建造各类工程设施的科学技术的统称。即建造在地上或地下、陆上或水中，直接或间接为人类生活、生产、军事、科研服务的各种工程设施，例如房屋、道路、铁路、运输管道、隧道、桥梁、运河、堤坝、港口、电站、飞机场、海洋平台、给水和排水以及防护工程等（图 1.1）。工程结构是由各个基本构件组成的结构空间承重体系，具体按材料分可分为砌体结构、混凝土结构、钢结构、组合结构等。工程结构有两项基本功能：一是提供良好的为人类生活和生产服务，满足人类使用要求、审美要求的结构空间；另一个是承受和抵御结构服役过程中出现的各种作用（如风、地震等）、环境影响（如温度、侵蚀性介质等）及意外事件（如火灾、爆炸等）。这些作用、环境影响和意外事件不仅使工程结构产生各种内力和变形，也会导致结构材料的劣化和损伤，乃至结构的严重破坏。

工程中将使结构产生效应（结构或构件的内力、应力、位移、变形、裂缝）的各种原因总称为结构上的作用，即指施加在结构上的集中或分布荷载，以及引起结构外加变形或约束变形的原因。结构上的作用就其形式而言，一般可分为以下两类：第一类为直接作用，它是以力的形式作用于结构上，习惯上称为荷载，如结构自重、土压力、风压力、雪压力、房屋建筑中人群和家具重量、桥梁上的车辆重量、港口和海洋工程中流水压力、波浪荷载等；第二类为间接作用，它是以变形或约束变形（包括裂缝）及振动的形式作用于结构上，也能使结构产生效应，如地基变形、混凝土收缩和徐变、温度变形、焊接变形、地震作用等。

工程结构设计通过设计科学合理的结构形式，使用具有一定性能的材料，使结构在规定的时间内能够在具有足够可靠性的前提下，保证结构的安全性、适用性和耐久性。因此工程结构的设计不仅要重视作用产生的原因及其大小，更应关注作用效应及其对结构的影响。然而要保证工程结构的准确设计计算，在进行荷载效应和结构抗力计算之前，第一步是准确计算出结构所承受的作用或荷载，这也是结构设计的一个重要的组成部分。

a) 多层房屋(砌体结构)

b) 国家大剧院(钢结构)

c) 悉尼歌剧院(钢筋混凝土结构)

d) 上海中心大厦(组合结构)

e) 港珠澳大桥(组合结构)

f) 水坝(钢筋混凝土结构)

g) 隧道工程

h) 核电站

图 1.1 常见各类工程结构及结构形式

1.2 作用和荷载分类

如前所述，各种工程结构的一个重要功能就是承受和抵御结构服役过程中可能出现的各种环境作用。严格来讲荷载与作用并不完全等价，直接作用等价于荷载，但是间接作用和广义的荷载等价于作用。工程结构所承受的荷载有的是直接作用也有的是间接作用。这些作用中，某些作用产生的原因可能相同，但其效应对结构的影响不同，而另一些作用产生的原因可能不同，但其效应对结构的影响相同。因此，在工程设计中，不仅要重视作用产生的原因及其大小，而且更要关注作用效应对结构的影响。根据作用性质、设计计算和分析的需要，工程结构作用可按下列性质分类。

1.2.1 按随作用时间的变异性分

（1）永久作用 永久作用也称永久荷载或恒载，指在结构使用期间，其值不随时间变化，或其变化与平均值相比可以忽略不计，或其变化是单调的并能趋于限值的荷载，主要包括结构自重、土体自重力等由重力引起的荷载，以及土侧压力、静水压力、水浮力、预加应力、混凝土收缩和徐变影响力、地基变形影响力。在桥梁等的基础透水时浮力总是存在的，它也属于永久荷载。

（2）可变作用 可变作用也称可变荷载或活载，指在结构使用期间，其值会随时间发生变化，且其变化值与平均值相比不可忽略的荷载，主要包括结构在使用过程中所承受的各种活荷载。如楼面活荷载、屋面活荷载、车辆荷载及其冲击力、离心力、人群荷载、流水压力、波浪荷载、冻胀力、雪荷载、冰压力、风荷载、车辆制动力、温度影响力、变形作用、支座摩阻力等。

（3）偶然作用 偶然作用也称偶然荷载，指那些在结构使用期间不一定出现，作用时间较短暂，但一旦出现其值很大且持续时间很短的荷载，主要包括地震作用、船只或漂流物的撞击力、爆炸力、火灾、严重的侵蚀以及洪灾等。

1.2.2 按结构反应分

（1）静态作用 静态作用也称静载，是指不使结构或构件产生加速度，或者产生的加速度很小可以忽略不计的荷载，如结构自重、楼面上人员荷载、土压力等。

（2）动态作用 动态作用也称动载，是使结构或构件产生不可忽略的加速度的荷载，即使结构产生动力反应。如地震作用、设备振动、打桩冲击力、爆炸等。

1.2.3 按空间位置的变异分

（1）固定作用 固定作用也称固定荷载，在结构空间位置上具有固定分布的作用。如固定的设备荷载、结构自重等。

（2）可动作用 可动作用也称移动荷载，在结构空间位置上的一定范围内可以任意分布的作用。如楼面的人员荷载、车辆荷载、起重机荷载等。

1.2.4 按产生的原因

（1）重力荷载 结构的自重，由地球引力产生的。

（2）外荷载 各种外界环境作用使结构产生内力和变形。如风荷载、雪荷载、地震作用、土压力、水压力、车辆荷载、车辆制动力以及温度变形、基础沉降、地震等。

1.2.5　按作用施加方向分

（1）竖向作用　当作用方向与重力加速度方向一致（与地面垂直）时，称为竖向作用。例如结构自重、楼面活荷载、雪荷载等。

（2）水平作用　当作用方向与重力加速度方向垂直（与地面平行）时，称为水平作用。例如：地震作用等。根据水平作用与建（构）筑物轴线之间的平行或垂直关系，又可将水平作用分为横向水平作用和纵向水平作用。例如，起重机起动或制动时的水平作用可分为横向制动力和纵向制动力。

各种作用或荷载对结构产生的作用影响是各不相同的，各种作用或荷载的取值范围也各有差异。因此，根据工程结构设计和规范的要求按照荷载的分类对不同荷载应采用不同的代表值。对永久荷载，采用荷载标准值作为代表值；对可变荷载，应根据设计要求采用标准值、组合值或准永久值作为代表值；对偶然荷载，应根据具体条件、试验资料，结合工程经验确定其代表值。同时，结构设计应根据使用过程中在结构上可能同时出现的荷载，分别进行荷载效应组合，并取各自的最不利的组合进行设计。

结构的设计状态可用两个对立的方面来描述：作用效应和结构抗力。作用效应是指作用在结构构件上，在结构内产生的内力（如轴力、弯矩、剪力、扭矩等）和变形（挠度、转角等）。结构抗力是指结构构件承受内力和变形的能力，如构件的承载能力、刚度等，它是结构材料性能、几何参数等的函数。从而引入结构的可靠指标和失效概率，运用概率论和数理统计方法，对工程结构、构件或截面设计的可靠度做出较为近似的相对估算，是一种更科学的设计方法。

1.3　工程结构设计理论及方法的发展

随着科学的发展和技术的进步，工程结构在结构设计理论上经历了从弹性理论到极限状态理论的转变，在设计方法上经历了从定值法到概率法的发展，目前这些方法在实际工程中均有使用，下面做简要的介绍。

1. 容许应力设计法

19世纪20年代，法国学者纳维提出了建立在弹性理论基础上的设计方法。该方法将工程结构材料都作为弹性体，用材料力学或弹性力学方法计算结构或构件在使用荷载作用下的应力，要求截面内任何一点或某一局部的计算的最大应力不应大于结构设计规范规定的材料的容许应力，其设计表达式为

$$\sigma \leqslant [\sigma] = \frac{f}{k} \tag{1.1}$$

式中　　$[\sigma]$——材料的容许应力；

f——材料的极限强度（如混凝土）或屈服强度（如钢材）；

k——经验安全系数。

容许应力设计法虽然计算简单，但是有许多问题：没有考虑混凝土、钢材及木材等塑性性能；对使用阶段荷载取值规定不明确；把影响结构可靠性的荷载变异、施工的缺陷等统统归结在反映材料性质的容许应力上；容许应力 $[\sigma]$ 和安全系数 k 的取值凭经验确定，缺少

科学依据。该方法认为结构中任意一点应力超过容许应力时，结构即失效，这与实际工程结构的失效有很大出入，不能反映结构或构件失效的本质，因此目前绝大多数国家规范已不再采用。

2. 破损阶段设计法

20 世纪 30 年代苏联学者格沃兹捷夫、帕斯金尔纳克等提出了考虑塑性破损阶段的设计方法，即以构件破坏时的承载力为基础，要求按材料平均强度计算得到的承载力必须大于外荷载效应（构件的内力），同时采用了单一的经验安全系数。该设计方法假定材料均已达到塑性状态，依据构件破坏时截面所能抵抗的破损内力建立计算公式，其设计表达式为

$$M \leqslant \frac{M_u}{K} \tag{1.2}$$

式中　M——正常使用构件的效应；

　　M_u——构件最终破坏的承载力；

　　K——安全系数，用来考虑影响结构安全的所有因素。

破损阶段设计法的优点是反映了材料的塑性性质，打破了长期假定混凝土为弹性体的局面；在表达式中引入一个安全系数 K，使构件有了总安全度的概念；以承载力值为依据，其计算值是否正确可以由试验检验。然而，该方法仍存在一些缺点，破损阶段计算，仅考虑了承载力问题，没有考虑构件在正常使用情况下的变形和裂缝问题，而且安全系数仍凭经验来确定。

3. 多系数极限状态设计法

20 世纪 50 年代在对荷载和材料强度的变异系统研究的基础上，提出了极限状态设计法，认为结构或构件进入某种状态后就丧失其原有功能，这种状态被称为极限状态。苏联的设计规范中首先将单一的经验安全系数改进为分项系数，即荷载系数、材料系数和工作条件系数，因而称之为多系数极限状态设计法。20 世纪 60 年代以后，我国的一些结构设计规范中开始采用极限状态设计法。这种方法将结构的极限状态分为两类，即承载力极限状态和正常使用极限状态。正常使用极限状态包括挠度极限状态和裂缝开展宽度极限状态。

（1）承载力极限状态

$$M\left(\sum n_i q_{ik}\right) \leqslant m M_u\left(k_s f_s, k_c f_c, a, \cdots\right) \tag{1.3}$$

式中　n_i——荷载系数；

　　q_{ik}——荷载的标准值；

　　m——结构的工作条件系数；

　　k_s、k_c——钢筋和混凝土的匀质系数；

　　f_s、f_c——钢筋和混凝土强度的标准值；

　　a——反映截面尺寸的尺寸函数。

（2）正常使用极限状态

进行挠度验算时，要求

$$f_{max} \leqslant [f_{max}] \tag{1.4}$$

式中　f_{max}——构件在荷载标准值作用下考虑长期荷载影响后的最大挠度值；

　　$[f_{max}]$——规范规定的最大挠度值。

进行裂缝宽度验算时，要求

$$\omega_{max} \leqslant [\omega_{max}] \tag{1.5}$$

式中 ω_{max}——构件在荷载标准值作用下的最大裂缝宽度值;

$[\omega_{max}]$——规范允许的最大裂缝宽度值。

极限状态设计法是结构设计的重大发展,这一方法明确提出了结构极限状态的概念,不仅考虑了构件承载力问题,而且考虑了构件在正常使用阶段的变形和裂缝问题,比较全面地考虑了结构的不同工作状态。极限状态法在确定荷载和材料强度取值时,引入了数理统计方法,但系数的取值等仍凭工程经验确定,因此属于半概率、半经验方法。

容许应力法、破损阶段设计法和多系数极限状态设计法均属于定值设计法,没有将影响结构可靠性的各类设计参数视为随机变量,而是看作固定值,用经验或半经验、半概率的方法来确定各安全系数并度量结构的可靠性。

4. 概率极限状态设计法

20 世纪 70 年代以来,国际上趋于采用以概率论为基础的极限状态设计法,此种方法将作用效应和影响结构抗力的主要因素作为随机变量,通过与结构可靠性有直接关系的极限状态方程来描述结构的极限状态,提出了结构可靠度的概念和具体的计算方法,认为影响结构荷载和抗力的各种因素都是随机变量,是一种借助于统计分析确定出结构可靠度而度量结构可靠性的方法。

这种方法按其精确程度可分为三个水准:

水准 Ⅰ——半概率法。对荷载效应和结构抗力的基本变量部分地进行数理统计法分析,并与工程经验结合,引入某些经验系数,所以尚不能定量地估计结构的可靠性。因此是一种半概率半经验的设计法。

水准 Ⅱ——近似概率法。该方法对结构可靠性赋予概率定义,以结构的失效概率或可靠指标来度量结构可靠性,并建立了结构可靠度与结构极限状态方程之间的数学关系,在计算可靠指标时考虑了基本变量的概率分布类型并采用了线性化的近似处理,在截面设计时一般采用分项系数的实用设计表达式。我国 GB 50068—2001《建筑结构可靠度设计统一标准》和 GB/T 50283—1999《公路工程结构可靠度设计统一标准》都采用了这种近似概率法,在此基础上颁布了各种结构设计的规范。

水准 Ⅲ——全概率法。这是完全基于概率论的结构设计方法,要求对整个结构采用精确的概率分析,求得结构的失效概率作为可靠度的直接度量。这种方法无论在基础数据的统计方面还是在可靠度计算理论方面都很不成熟,有待于进一步研究和探索。

1.4 本课程的研究内容及地位

本课程涉及荷载和结构设计方法两部分内容。主要研究工程结构设计时所涉及的各种荷载,即重力、土压力、水压力、风荷载、地震作用、爆炸作用、温度作用、波浪荷载等,这些荷载产生的背景、各种荷载的计算原理和方法,以及荷载与结构抗力的统计分析、结构设计的主要概念、结构可靠度原理和满足可靠度要求的结构设计方法等重要内容。

本课程是土木工程专业的专业基础课,在土木工程专业课程中起着基础平台的作用,而且荷载计算是工程结构设计与施工的重要组成部分。一方面,它以高等数学、概率统计、理论力学、材料力学等课程为基础,另一方面,它又是钢筋混凝土结构、钢结构、砌体结构、土力学与地基基础、结构抗震等专业课的基础。本课程不但为后续课程提供必需的基础知识和计算方法，而且在课程设计、毕业设计的过程中也要反复用到荷载与结构设计方法的知识。因此在整个课程体系中处于承上启下的核心地位。

由于本门课程涉及的知识范围比较广，因此本课程的学习除了掌握基本的积累、概况总结、善于提出问题、熟练应用等方法外，更多地将理论知识与本专业的工程实际相结合，通过课本、网络及现场去了解工程，在头脑中对所学的知识形成空间的概念，领悟所学知识的含义，融会贯通，并将书本上所学的知识变成自己的，达到落地生根且能够不断创新的效果，这样对本门课程乃至整个专业课程才会更好地理解和掌握。

——— 本 章 小 结 ———

1）工程结构的类型及其荷载与作用，主要阐述了各类工程结构中所产生的荷载与作用。

2）荷载与作用的区别和联系、荷载与作用的分类，主要阐述了作用按作用性质和发生概率、按结构反应和按产生原因的分类。

3）工程结构设计理论及方法的发展，主要阐述了从容许应力设计法、破损阶段设计法、多系数极限状态设计法到概率极限状态设计法的演变和发展过程。

——— 思 考 题 ———

1. 阐述工程结构及其类型。
2. 说明荷载与作用的区别和联系。
3. 工程结构设计中对结构上的作用如何进行分类？举例说明各种作用。
4. 工程结构设计方法演变经历了哪几个阶段？试分析各种设计方法的不同。

本章要求了解各种竖向荷载产生的原理和定义；掌握结构自重、楼屋面活荷载、雪荷载、积灰荷载、车辆荷载计算原则，车辆荷载的纵横向布置和公路（城市）桥梁人群荷载的取值；掌握起重机荷载的计算和土体的有效自重应力的计算。

竖向荷载包括结构构件和围护构件的自重、屋面和楼面活荷载、雪荷载、车辆重力、土体自重等，根据计算荷载效应的需要，可表示为集中力或总的荷载值（kN）、面荷载（kN/m²）、分布的线荷载（kN/m）。

2.1 结构自重

2.1.1 材料自重

结构的自重是由地球引力产生的组成结构的材料重力。一般而言，只要知道结构各部件或构件尺寸及材料的重度，即可计算出构件的自重，即

$$G_i = \gamma_i V_i \tag{2.1}$$

式中　G_i——第 i 个基本构件的自重（kN）；

　　　γ_i——第 i 个基本构件的重度（kN/m³）；

　　　V_i——第 i 个基本构件的体积（m³）。

常见材料和构件的重度见附录 A 或 GB 50009—2012《建筑结构荷载规范》。

工程结构由多个基本构件组成，在计算结构中各构件的材料重度可能不同，因此在计算结构总自重时可将结构划分为一些基本构件，然后各基本构件的重量求和即得到结构总自重，即

$$G = \sum_{i=1}^{n} \gamma_i V_i \tag{2.2}$$

式中　G——结构总自重（kN）；

　　　n——组成结构的基本构件数。

通常设计计算时有关结构的自重的计算可以根据设计计算需要，有时取集中力（单位：kN）的形式，有时取面荷载（单位：kN/m²）的形式，有时取线荷载（单位：kN/m）的形式。例如，计算楼（屋）板荷载时，一般将楼（屋）板的自重和楼（屋）面的建筑构造做法合为重力荷载之中一起计算，表示为面载形式；计算楼（屋）板自重产生的效应和对梁

或墙体的作用效应时，一般根据楼（屋）板的传递路径及楼（屋）板两个方向的尺寸关系，将荷载导算为作用在支撑构件上的分布荷载（单向板为均布荷载，双向板为梯形或三角形荷载）；计算梁的自重对其本身产生的荷载效应时，一般将梁的自重表示为线荷载，有时也根据计算需要，简化为多点集中力；计算梁的自重对墙和柱产生的效应或柱自重产生的效应时，一般将自重表示为集中力；对于承重墙体，当计算其自重产生的荷载效应时，一般将其自重表示为线荷载，即墙体竖向截面面积与材料自重的乘积；对于填充墙自重将其计算为作用在梁上的线荷载，因为其本身不必计算荷载效应；对灵活布置的轻质隔墙，可按等效均布活荷载考虑。

2.1.2 例题

【例2-1】 计算双面水泥粉刷厚220mm普通砖墙的自重 g_k（kN/m^2）（20mm厚水泥砂浆面）。

【解】 查材料重度表可知普通砖墙重度为19kN/m^3，20mm厚水泥砂浆重度为0.36kN/m^2。

$$g_k = 0.22m \times 19kN/m^3 + 0.36kN/m^2 \times 2 = 4.90kN/m^2$$

【例2-2】 某现浇100mm厚钢筋混凝土板，上部20mm厚水泥砂浆面层，底部12mm厚纸筋石灰水泥粉底，计算某现浇楼面结构自重的标准值 g_k（kN/m^2）。

【解】 查材料重度表可知钢筋混凝土重度为25kN/m^3，水泥砂浆重度为20kN/m^3，纸筋石灰水泥重度为16kN/m^3。

20mm厚水泥砂浆面层　　　　　　0.02m×20kN/m^3 = 0.4kN/m^2

100mm厚现浇钢筋混凝土板　　　　0.10m×25kN/m^3 = 2.5kN/m^2

12mm厚纸筋石灰水泥粉底　　　　　0.012m×16kN/m^3 = 0.192kN/m^2

$$g_k = \sum g_{ki} = 3.092kN/m^2$$

【例2-3】 某框架结构，填充墙采用加气混凝土砌块墙体，外墙厚300mm，内隔墙厚200mm，外墙外侧20mm厚水泥砂浆抹灰，外墙内侧及内墙两侧均为20mm水泥混合砂浆抹灰，标准层外墙净高3.1m，内墙净高3.3m，试计算作用于标准层梁上的墙体荷载标准值 g_k。

【解】 考虑墙体砌筑时，在门窗洞口处、墙体底部和顶部必须混砌部分普通砖，因此计算自重时应考虑两种材料混合砌筑的自重。

加气混凝土砌块重度取5.50kN/m^3，普通砖重度取19kN/m^3，混砌比例取8:2，则砌体的折算重度为

$$\gamma = (5.5 \times 0.8 + 19 \times 0.2)kN/m^3 = 8.2kN/m^3$$

（1）考虑双面抹灰的荷载，则砌体自重折算面荷载标准值

内墙：$g_{k内} = (8.2 \times 0.2 + 17 \times 0.02 \times 2)kN/m^2 = 2.32kN/m^2$

外墙：$g_{k内} = (8.2 \times 0.3 + 20 \times 0.02 + 17 \times 0.02)kN/m^2 = 3.2kN/m^2$

（2）作用于梁上的线荷载标准值

内墙：$g_{k内}=2.32×3.3kN/m=7.66kN/m$

外墙：$g_{k内}=3.2×3.1kN/m=9.92kN/m$

2.2 雪荷载

在我国寒冷地区及其他大雪地区，雪荷载作为可变荷载，是房屋屋面上的主要荷载之一。因雪荷载导致屋面结构以及整个结构破坏的事故时有发生（图2.1）。尤其是大跨度结构对雪荷载更为敏感。因此，在结构设计中所确定的雪荷载量值及其在屋面的分布是否合理，将直接影响结构的安全性、适用性和耐久性。

a) 札幌穹顶雪灾前　　　　　　　　　　　b) 札幌穹顶雪灾后

c) 1998年杭州萧山大雪致厂房倒塌　　　　d) 2005年威海特大暴雪厂房受损

图 2.1　雪荷载引起的事故

2.2.1 雪压

雪压是指单位水平面积上积雪的自重，其值大小取决于积雪深度和雪重度。年最大雪压可按下式确定：

$$s=\gamma_s h \tag{2.3}$$

式中　s——雪压（N/m²）；

　　　γ_s——雪重度（N/m³）；

h——年最大积雪深度（m）。

雪重度是一个随时间和空间变化的量，它随积雪深度、积雪时间和当地地理气候条件等因素的变化而有较大的变异。为了工程应用方便，常将雪重度定为常值，即以某地区的气象记录资料，经统计分析后所得雪重度平均值或某分位值作为该地区的雪重度取值。对于无雪压直接记录的气象台（站），可按照该地区的平均雪重度计算雪压。对于积雪局部变异特别大的地区、山区等地，应专门调查和特殊处理。

我国不同的地区，气候条件差异较大，故雪重度取不同的数值。东北和新疆北部地区取 1.5kN/m³；华北和西北地区取 1.3kN/m³，其中青海取 1.2kN/m³；淮河、秦岭以南地区一般取 1.5kN/m³，其中江西、浙江取 2.0kN/m³。

2.2.2　基本雪压

基本雪压是根据当地气象台（站）观察并收集的每年最大雪压，指以当地一般空旷平坦地面上统计所得重现期为 50 年的最大积雪的自重确定，即为当地的基本雪压。

基本雪压一般根据年最大雪压进行统计分析确定。当气象台站有雪压记录时，应直接采用雪压数据计算基本雪压；当无雪压和雪深资料时，可根据附近地区规定的基本雪压或间接采用长期资料，通过气象和地形条件对比分析确定。GB 50009—2012《建筑结构荷载规范》中给出了 50 年一遇重现期确定的基本雪压分布图及部分城市重现期为 10 年、50 年和 100 年的雪压数据，见附录 B。

海拔较高地区的温度较低，降雪机会增多，且积雪的融化延缓，因此一般山上的积雪比附近平原地区的积雪深度大，且随海拔的增加而增大。《建筑结构荷载规范》规定，山区的雪荷载应通过实际调查后确定，当无实测资料时，可按当地邻近空旷平坦地面的雪荷载值乘以系数 1.2 采用；对于积雪局部变异特别大的地区以及高原地形的山区，应予以专门调查和特殊处理。

对雪荷载敏感的结构（如大跨度、轻质屋盖结构），基本雪压应适当提高，采用重现期为 100 年的年最大雪压并按相关结构设计规范的规定处理。

2.2.3　屋面雪压和屋面积雪分布系数

1. 屋面雪压

基本雪压是针对地面上的积雪荷载定义的。屋面的雪压由于风向、屋面的形式及屋面散热等各种因素的影响，往往与地面雪压不同，具体表现在雪的飘积、滑移、融化及结冰等，这些因素可能导致对结构最不利的积雪分布，最终可能引起结构破坏。因此，计算时屋面雪压取屋面水平投影面上雪荷载，即地面基本雪压乘以屋面积雪分布系数，所得结果为最终的雪荷载的标准值。具体计算按下式：

$$s_k = \mu_r s_0 \tag{2.4}$$

式中　s_0——基本雪压（kN/m²）；

　　　s_k——雪荷载标准值（kN/m²）；

　　　μ_r——屋面积雪分布系数。

2. 屋面积雪分布系数

屋面积雪分布系数是屋面水平投影面积上的雪荷载与地面基本雪压的比值，实际上也就是地面基本雪压换算为屋面雪荷载的换算系数。影响屋面积雪分布系数取值的主要因素包括屋面形式、风向、屋面散热等。

《建筑结构荷载规范》根据以往设计经验，参考国际标准及相关资料，对不同类别的屋面形式规定了相应的屋面积雪分布系数，10种典型的屋面积雪分布系数见表2.1。

表2.1　典型屋面积雪分布系数 μ_r

项次	类别	屋面形式	屋面积雪分布系数 μ_r							
1	单跨单坡屋面		α	≤25°	30°	35°	40°	45°	50°	55°
			μ_r	1.0	0.85	0.70	0.55	0.40	0.25	0.10

项次	类别	屋面形式	屋面积雪分布系数 μ_r
2	单跨双坡屋面		①μ_r 按第1项规定采用 ②仅当 $20° \le \alpha \le 30°$ 时，可采用不均匀分布情况
3	拱形屋面		$\mu_r = \dfrac{l}{8f}$，且 $0.4 \le \mu_r \le 1.0$ $\mu_{r,m} = 0.2 + 10\dfrac{f}{l}$，且 $\mu_{r,m} \le 2.0$
4	带天窗的屋面		只适用于坡度 $\alpha \le 25°$ 的一般工业厂房屋面
5	带天窗有挡风板的屋面		只适用于坡度 $\alpha \le 25°$ 的一般工业厂房屋面
6	多跨单坡屋面（锯齿形屋面）		μ_r 按第1项规定采用

对于第1项 $\le 60°$ 时 μ_r 为 0.0。

（续）

项次	类别	屋面形式	屋面积雪分布系数 μ_r
7	双跨双坡屋面或拱形屋面	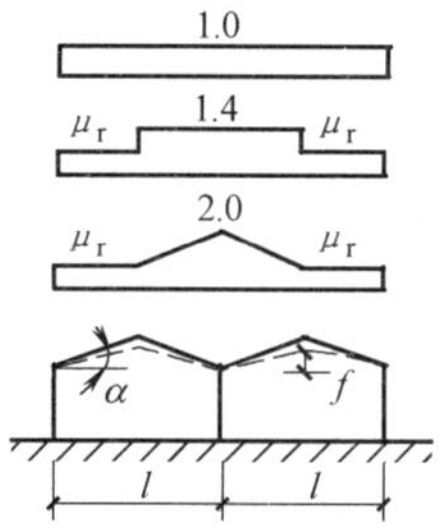	① μ_r 按第1项或第3项规定采用 ② 当 $\alpha \leqslant 25°$ 或 $f/l \leqslant 0.1$ 时，只采用均匀分布情况
8	高低屋面	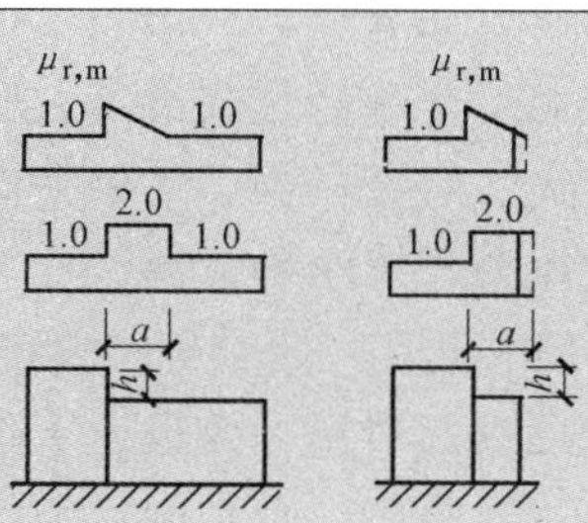	$4\text{m} \leqslant a = 2h \leqslant 8\text{m}$ $\mu_{r,m} = \dfrac{b_1 + b_2}{2h}$，且 $2.0 \leqslant \mu_{r,m} \leqslant 4.0$
9	有女儿墙或其他凸起物的屋面	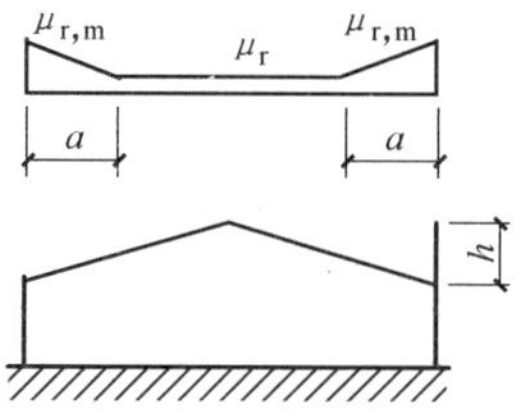	$a = h$ $\mu_{r,m} = 1.5\dfrac{h}{s_0}$，且 $1.0 \leqslant \mu_{r,m} \leqslant 2.0$
10	大跨度屋面（$l>100\text{m}$）	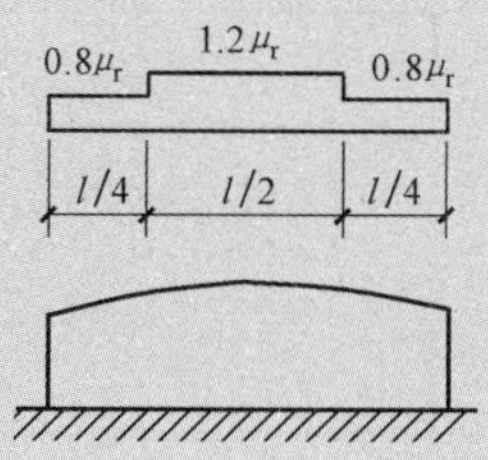	① μ_r 按第1项或第3项规定采用 ② 还应同时考虑第2项、第3项的积雪分布

（1）风对屋面积雪的影响　风能够把部分将飘落在屋面上的雪吹积到附近的地面上或其他较低的物体上，这种影响称为风对雪的飘积作用。当风速较大或房屋处于暴风位置时，部分已经积在屋面上的雪也会被风吹走，从而导致平屋面或小坡度（坡度小于10°）屋面上的雪压普遍比邻近地面上的雪压要小。国外的一些研究表明，风速越大，房屋周围对风有遮挡作用的障碍物越小，飘积作用越明显。

风的飘积作用对于高低跨屋面，会将较高屋面的雪吹落到较低的屋面上，从而在较低屋面上形成局部较大的飘积荷载，这种飘积雪荷载的大小和分布与高低跨屋面的高差有关，积雪多按曲线分布，如图2.2所示。

对于多跨屋面，风的飘积作用将屋脊的部分积雪吹到屋谷附近，从而在屋谷、天沟处形成较大的局部雪荷载，如图2.3所示。因此，多跨屋面、曲线形屋面还需要考虑风产生的不平衡的积雪荷载。

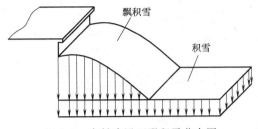

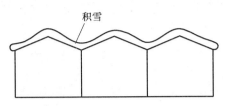

图 2.2　高低跨屋面飘积雪分布图　　　　　图 2.3　多跨屋面积雪分布示意图

（2）屋面坡度对积雪的影响　由于风的作用和雪滑移的影响，使得屋面雪荷载的分布与屋面坡度密切相关。一般随屋面坡度的增加，屋面雪荷载减小。

当屋面坡度达到某一角度时，积雪会在屋面上产生滑移或滑落，坡度越大，滑落的雪越多。屋面表面的光滑程度对雪滑移的影响也较大，有些屋面，例如类似薄钢板屋面、石板屋面等光滑表面，雪滑移更易发生，甚至会导致屋面积雪全部滑落。

对于双坡屋面，当风吹过屋脊时，在屋面的迎风一侧会因"爬坡风"效应风速增大，吹走部分积雪，坡度越陡这种效应越明显；在屋脊后背风一侧风速下降，风中夹裹的雪和从迎风屋面吹过来的雪往往在背风一侧屋面上飘积。另外，双坡屋面考虑向阳一侧受到太阳照射，温度升高，该侧积雪紧贴屋面的部分融化，导致摩擦力减小，使得这一侧的积雪更容易滑落。因此，GB 50009—2012《建筑结构荷载规范》规定对双坡屋面需考虑均匀雪荷载分布和不均匀雪荷载分布两种情况，如图 2.4 所示，其中 μ_r 为屋面积雪分布系数。

当雪滑移发生在高低跨屋面或带天窗的屋面时，需要在设计时考虑滑落的雪堆积在较低屋面上时可能产生较大的局部堆积雪荷载的影响。

（3）屋面散热对积雪的影响　冬季采暖房屋由于屋面散发的热量使部分积雪融化，同时也使雪滑移更易发生。但在檐口处通常并不加热，因此融化的雪水常常会在檐口处冻结，堵塞屋面排水，并对结构产生不利的荷载效应。

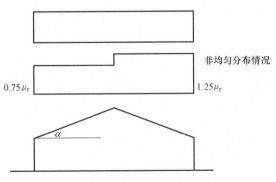

非均匀分布情况

$0.75\mu_r$　　$1.25\mu_r$

α

图 2.4　单跨双坡屋面雪荷载分布

对于不连续加热的屋面，加热时融化的雪在不加热期间可能重新冻结，重新冻结的冰雪会降低坡屋面上雪的滑移能力，冻结的冰碴可能堵塞屋面排水，并在屋面较低处结成较厚的冰层，产生附加荷载。

3. 特殊的雪荷载

雪荷载作为一种自然荷载，与其他自然现象是有密切联系的，如风、雨、温度等。雪与这些自然现象有可能对结构产生某种综合的荷载效应。对结构的安全及使用影响较大的有雪加雨荷载、积水荷载和结冰荷载等。

（1）雪加雨荷载　寒冷地区的积雪通常要从冬季延续到次年初春，这期间可能遇上下雨，积雪会像海绵那样把雨水暂时吸收，给结构施加雪加雨附加荷载，大雨产生的屋面短时间附加荷载有可能很大，其大小取决于下雨的持续时间、雨量、当时的气温以及积雪厚度和屋面的排水性能等。当气温较低时，雨水就可能长时间积聚在屋面积雪中。美国荷载规范建议在积雪期间可能出现雨水的地区，屋面雪荷载应考虑增加适当的雪加雨附加荷载。其中规定：对屋面坡度小于 1/24 的房屋取附加荷载为 240Pa，屋面坡度大于 1/24 的房屋可不考虑增加。

（2）积水荷载和结冰荷载 平屋面或坡度很小（小于 10°）的自然排水屋面，建成后可能会有一些不易排水的低洼区。融化后的雪水将在这些区域积聚，形成局部的积水荷载，随着雪水不断流向这些低洼区，屋面变形会不断增加，从而形成较深的积水，如果屋面结构不具备足够的刚度以抵抗这种变形，这种局部的积水荷载和由其引起的变形会交替增加，最终可能导致结构破坏。

在寒冷地区，融化的雪水可能重新冻结，堵塞屋面排水，从而形成局部的屋面冰层，尤其在檐口及天沟处可能形成较大的结冰荷载。设计人员应尽可能选择合理的排水坡度和屋面排水设施，以保证足够的结构刚度，减少屋面积水的可能性，设计时还应考虑雪荷载作用下屋面结构变形这一因素。

关于特殊雪荷载如何考虑，目前我国荷载规范还没有规定，设计者应根据实际情况考虑这一问题。

雪荷载的组合值系数可取 0.7；频遇值系数可取 0.6；准永久值系数应按雪荷载分区 I、II 和 III 的不同，分别取 0.5、0.2 和 0；雪荷载分区应按荷载规范的相关规定采用（附录 B）。

2.2.4 例题

【例 2-4】 某高低屋面房屋，其屋面承重结构为现浇钢筋混凝土双向板，平面图、剖面图如图 2.5 所示，当地的基本雪压为 0.50kN/m^2，求设计高跨及低跨钢筋混凝土屋面板时应考虑的雪荷载标准值。

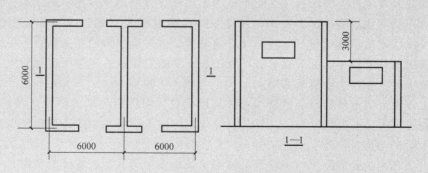

图 2.5 某高低房屋平面图及剖面图

【解】 屋面类别，属于表 2.1 典型屋面积雪分布系数 μ_r 中第 8 项的高低屋面。

设计高跨钢筋混凝土屋面板时应考虑的雪荷载标准值：

$$s_k = \mu_r s_0 = 1.0 \times 0.50\text{kN/m}^2 = 0.50\text{kN/m}^2$$

设计低跨钢筋混凝土屋面板时应考虑的雪荷载标准值：

$$s_k = \mu_r s_0 = 2.0 \times 0.5\text{kN/m}^2 = 1.0\text{kN/m}^2$$

由于高低屋面的差值 $h = 3\text{m}$，不均匀积雪的分布范围 $a = 2h = 2 \times 3\text{m} = 6\text{m}$，已覆盖低跨屋面范围，因此均布面荷载 0.9kN/m^2 作用于整个低跨面板上。

【例2-5】 已知新疆阿勒泰市的基本雪压 $s_0 = 1.40 \text{kN/m}^2$，某建筑物为拱形屋面，拱高 $f = 4\text{m}$，$l = 15\text{m}$，试求该建筑物雪荷载标准值。

【解】 由屋面积雪分布系数表可查得

$$\mu_r = l/(8f) = 15/(8 \times 4) = 0.47 < 1$$

$$\text{且大于} 0.4$$

$$s_k = \mu_r s_0 \qquad s_k = 0.47 \times 1.40 \text{kN/m}^2 = 0.658 \text{kN/m}^2$$

2.3 楼面及屋面活荷载

2.3.1 楼面活荷载

根据房间的使用功能，楼面活荷载分为民用建筑楼面活荷载和工业建筑楼面活荷载。

1. 民用建筑楼面活荷载

民用建筑楼面活荷载主要指房屋中生活或工作的人群、家具、用品、设施等产生的重力荷载，这些荷载的量值随时间而变化，且位置也可移动，属于可变荷载。

根据楼面活荷载随时间变异的特点，将其分为持久性和临时性两类。持久性活荷载是指楼面上在某个时段内基本保持不变的荷载，如住宅内的家具、物品，工业房屋内的机器、设备和材料堆，常住人员的自重。临时性活荷载是指楼面上出现的短期荷载，如聚会人群、装修材料的堆积、维修时工具和材料的堆积、室内扫除时家具的集聚等。

（1）GB 50009—2012《建筑结构荷载规范》规定的民用建筑楼面活荷载取值 考虑到楼面活荷载在楼面位置上的任意性，同时也为了工程设计应用上方便，一般将楼面活荷载处理为楼面均布活荷载。GB 50009—2012《建筑结构荷载规范》通过大量和长期的调查与统计，给出了民用建筑楼面均布活荷载的标准值及其荷载效应组合的相关系数，见表2.2。

一般使用条件下，楼面活荷载取值不低于表2.2的规定值，当使用荷载较大、情况特殊或有专门要求时，应按实际情况采用。

表2.2各项荷载不包括隔墙自重和二次装修荷载。对固定隔墙的自重应按恒荷载考虑，当隔墙位置可灵活自由布置时，非固定隔墙的自重应取不小于1/3的每延米长墙重（kN/m）作为楼面活荷载的附加值计入，附加值不小于 1.0kN/m^2。

对于表2.2中未列出的项目，缺乏足够的建筑楼面活荷载数据统计资料时，可以考虑当时的设计经验，参考已有项目类别选用，或按照实际荷载具体分析。

各个国家的生活、工作设施有差异，且设计的安全度水准也不一样，因此，即使同一功能的建筑物，不同国家的楼面均布活荷载取值也不尽相同。

表2.2 民用建筑楼面均布活荷载标准值及其组合值、频遇值和准永久值系数

项次	类 别	标准值/（kN/m²）	组合值系数 ψ_c	频遇值系数 ψ_f	准永久值系数 ψ_q
1	（1）住宅、宿舍、旅馆、办公楼、医院病房、托儿所、幼儿园	2.0	0.7	0.5	0.4
	（2）试验室、阅览室、会议室、医院门诊室			0.6	0.5

（续）

项次	类别	标准值/（kN/m²）	组合值系数 ψ_c	频遇值系数 ψ_f	准永久值系数 ψ_q
2	教室、食堂、餐厅、一般资料档案室	2.5	0.7	0.6	0.5
3	（1）礼堂、剧场、影院、有固定座位的看台	3.0	0.7	0.5	0.3
	（2）公共洗衣房	3.0	0.7	0.6	0.5
4	（1）商店、展览厅、车站、港口、机场大厅及其旅客等候室	3.5	0.7	0.6	0.5
	（2）无固定座位的看台	3.5	0.7	0.5	0.3
5	（1）健身房、演出舞台	4.0	0.7	0.6	0.5
	（2）运动场、舞厅	4.0	0.7	0.6	0.3
6	（1）书库、档案室、贮藏室	5.0	0.9	0.9	0.8
	（2）密集柜书库	12.0			
7	通风机房、电梯机房	7.0	0.9	0.9	0.8
8	汽车通道及客车停车库： （1）单向板楼盖（板跨不小于2m）和双向板楼盖（板跨不小于3m×3m） 　　客车	4.0	0.7	0.7	0.6
	消防车	35.0	0.7	0.5	0.0
	（2）双向板楼盖（板跨不小于6m×6m）和无梁楼盖（柱网不小于6m×6m） 　　客车	2.5	0.7	0.7	0.6
	消防车	20.0	0.7	0.5	0.0
9	厨房 （1）餐厅	4.0	0.7	0.7	0.7
	（2）其他	2.0	0.7	0.6	0.5
10	浴室、卫生间、盥洗室	2.5	0.7	0.6	0.5
11	走廊、门厅 （1）宿舍、旅馆、医院病房、托儿所、幼儿园、住宅	2.0	0.7	0.5	0.4
	（2）办公楼、餐厅、医院门诊部	2.5	0.7	0.6	0.5
	（3）教学楼及其他可能出现人员密集的情况	3.5	0.7	0.5	0.3
12	楼梯 （1）多层住宅	2.0	0.7	0.5	0.4
	（2）其他	3.5	0.7	0.5	0.3
13	阳台 （1）可能出现人员密集的情况	3.5	0.7	0.6	0.5
	（2）其他	2.5	0.7	0.6	0.5

注：1. 本表所给各项活荷载适用于一般使用条件，当使用荷载较大、情况特殊或有专门要求时，应按实际情况采用。

2. 第6项书库活荷载当书架高度大于2m时，书库活荷载尚应按每米书架高度不小于2.5kN/m²确定。

3. 第8项中的客车活荷载仅适用于停放载人少于9人的客车；消防车活荷载适用于满载总重为300kN的大型车辆；当不符合本表的要求时，可将车轮的局部荷载按结构效应的等效原则，换算为等效均布荷载。

4. 第8项消防车活荷载，当双向板楼盖板跨介于3m×3m～6m×6m之间时，应按跨度线性插值确定。

5. 第12项楼梯活荷载，对预制楼梯踏步平板，尚应按1.5kN集中荷载验算。

6. 本表各项荷载不包括隔墙自重和二次装修荷载；对固定隔墙的自重应按永久荷载考虑，当隔墙位置可灵活自由布置时，非固定隔墙的自重应取不小于1/3的每延米长墙重（kN/m）作为楼面活荷载的附加值（kN/m²）计入，且附加值不应小于1.0kN/m²。

（2）民用建筑活荷载标准值折减　对于民用建筑，考虑到作用在楼面的活荷载不可能以标准值的大小同时布满所有楼面，因此在设计梁、柱、墙和基础时，需要考虑实际荷载沿楼面分布的变异情况，此时应将楼面活荷载标准值乘以折减系数作为梁、柱、墙和基础的荷载基本代表值。折减系数的确定比较复杂，目前美国规范按结构部位的影响面积来考虑，其他国家均按传统方法，通过从属面积来考虑荷载的折减系数。根据以往的设计经验，我国 GB 50009—2012《建筑结构荷载规范》参考《居住和公共建筑的使用和占用荷载》（国际标准 ISO 2013）确定折减系数，结合我国设计经验做了合理的简化与修正，给出了设计楼面梁、墙、柱及基础时，不同情况下楼面活荷载的折减系数，设计时可根据不同情况直接取用。

1）设计楼面梁时折减系数：

a. 表 2.2 中第 1（1）项当楼面梁从属面积超过 25m² 时，取 0.9。

b. 表 2.2 中第 1（2）~7 项当楼面梁从属面积超过 50m² 时，取 0.9。

c. 表 2.2 中第 8 项对单向板楼盖的次梁和槽形板的纵肋应取 0.8；对单向板楼盖的主梁应取 0.6；对双向板楼盖的梁应取 0.8。

d. 表 2.2 中第 9~12 项应采用与所属房屋类别相同的折减系数。

2）计算墙、柱和基础时折减系数取值如下：

a. 表 2.2 中第 1（1）项应按表 2.3 采用。

b. 表 2.2 中第 1（2）~7 项应采用与其楼面梁相同的折减系数。

c. 表 2.2 中第 8 项对单向板楼盖应取 0.5；对双向板楼盖和无梁楼盖应取 0.8。

d. 表 2.2 中第 9~13 项应采用与所属房屋类别相同的折减系数。

以上所述楼面梁的从属面积应按梁两侧各延伸 1/2 梁间距的范围内的实际面积确定。

表 2.3　活荷载按楼层的折减系数

墙、柱、基础计算截面以上的层数	1	2~3	4~5	6~8	9~20	>20
计算截面以上各楼层活荷载总和的折减系数	1.00(0.90)	0.85	0.70	0.65	0.60	0.55

注：当楼面梁的从属面积超过 25m² 时，应采用括号中的折减系数。

3）消防车活荷载标准值折减：

设计墙、柱时，消防车活荷载可按实际情况考虑，设计基础时可不考虑消防车荷载。

设计地下室顶板楼盖时，可考虑地下室顶板上的覆土与建筑做法对楼面消防车活荷载的影响。由于在土中的扩散作用，随着覆土厚度的增加，消防车活荷载逐渐减小。可根据折算覆土厚度 s' 对楼面消防车活荷载标准值进行折减，折减系数可按表 2.4 确定。折算覆土厚度 s' 可按下式计算：

$$s' = 1.43s\tan\theta \tag{2.5}$$

式中　s——覆土厚度（m）；

θ——覆土应力扩散角，不大于 35°。

表 2.4　消防车活荷载的折减系数

折算覆土厚度 s'/m	单向板楼盖楼板跨度/m			双向板楼盖楼板跨度/m			
	2	3	4	3×3	4×4	5×5	6×6
0	1.00	1.00	1.00	1.00	1.00	1.00	1.00
0.5	0.94	0.94	0.94	0.95	0.96	0.99	1.00

（续）

折算覆土厚度 s'/m	单向板楼盖楼板跨度/m			双向板楼盖楼板跨度/m			
	2	3	4	3×3	4×4	5×5	6×6
1.0	0.88	0.88	0.88	0.88	0.93	0.98	1.00
1.5	0.80	0.80	0.81	0.79	0.83	0.93	1.00
2.0	0.70	0.70	0.71	0.67	0.72	0.81	0.92
2.5	0.56	0.60	0.62	0.57	0.62	0.70	0.81
3.0	0.46	0.51	0.54	0.48	0.54	0.61	0.71

4）地下室顶板的施工活荷载。对带地下室的结构，地下室顶板在施工和使用维修时，往往需要运输、堆放大量建筑材料与施工机具，容易引起楼盖施工超载。因此，在进行地下室顶板楼盖结构设计时，应取不小于 $4.0kN/m^2$ 的施工活荷载，但可以根据具体情况扣除尚未施工的建筑地面构造层自重、顶棚与隔墙自重，并在设计文件中给出相应的详细规定。必要时，应采取设置临时支撑等措施。

2. 工业建筑楼面活荷载

工业建筑楼面在生产使用或安装检修时，由设备、管道、运输工具及可能拆移的隔墙产生局部荷载，均应按实际情况考虑，也可采用等效均布活荷载来代替。

GB 50009—2012《建筑结构荷载规范》附录 D 给出了一般金工车间、仪器仪表生产车间、半导体器件车间、棉纺织车间、轮胎厂准备车间和粮食加工车间的楼面等效均布活荷载标准值及相关系数，可供设计人员设计时参照采用。

工业建筑楼面活荷载的组合值系数、频遇值系数和准永久值系数，应按实际情况采用；但在任何情况下组合值和频遇值系数不应小于0.7，准永久值系数不应小于0.6。

工业建筑楼面（包括工作台）上无设备区域的操作荷载，包括操作人员、一般工具、零星原料和成品的自重，可按均布活荷载考虑，其标准值一般采用 $2.0kN/m^2$；但堆积料较多的车间可取 $2.5kN/m^2$；生产车间的楼梯活荷载标准值可按实际情况采用，但不宜小于 $3.5kN/m^2$。

这些车间楼面上荷载的分布形式不同，生产设备的动力性质也不尽相同，安装在楼面上的生产设备是以局部荷载形式作用于楼面，而操作人员、加工原料、成品部件多为均匀分布；另外，不同用途的厂房，工艺设备动力性能各异，对楼面产生的动力效应也存在差别。为方便起见，常将局部荷载折算成等效均布荷载，并乘以动力系数，将静力荷载适当放大，来考虑机器上楼引起的动力作用。

3. 楼面等效均布活荷载确定方法

1）楼面（板、次梁及主梁）的等效均布活荷载应在其设计控制部位上，根据需要按照内力（弯矩、剪力等）、变形及裂缝的等效要求来确定等效均布活荷载。在一般情况下，可仅按内力的等值原则确定。

2）由于实际工程中生产、检修、安装工艺以及结构布置的不同，楼面活荷载差别可能较大，此情况下应划分区域，分别确定各区域的等效均布活荷载。

3）连续梁、板的等效均布荷载，可按单跨简支梁、简支板弹性阶段分析内力；但在计算梁、板的实际内力时，仍按连续梁考虑，且可考虑塑性内力重分布。

4）板内等效均布荷载按板内分布弯矩等效的原则确定，即简支板在实际的局部荷载作用下引起的绝对最大弯矩，应等于该简支板在等效均布荷载作用下引起的绝对最大弯矩。

① 单向板上局部荷载（包括集中荷载）的等效均布活荷载 q_e，可按下式计算：

$$q_e = \frac{8M_{\max}}{bl^2} \tag{2.6}$$

式中　　l——板的跨度；

　　　　b——板上荷载的有效分布宽度；

　$M_{\max}$——简支单向板的绝对最大弯矩，按设备的最不利布置确定。计算 $M_{\max}$ 时，

设备荷载应乘以动力系数，并扣去设备在该板跨内所占面积上，由操作荷载引起的弯矩。

在计算板面等效均布荷载时，还必须明确搁置板面上的工艺设备局部荷载的实际作用面尺寸，作用面一般按矩形考虑，并假定荷载按 45°扩散线传递，这样可以方便地确定荷载扩散到板中性层处的计算宽度，从而确定单向板上局部荷载的有效分布宽度。单向板上局部荷载的有效分布宽度，可按下列规定计算：

a. 当局部荷载作用面的长边平行于板跨时，简支板上荷载的有效分布宽度 b 为（图 2.6a）：

当 $b_{cx} \geq b_{cy}$，$b_{cy} \leq 0.6l$，$b_{cx} \leq l$ 时　　　　　　　　$b = b_{cy} + 0.7l \tag{2.7}$

当 $b_{cx} \geq b_{cy}$，$0.6l < b_{cy} \leq l$，$b_{cx} \leq l$ 时　　　　　　$b = 0.6b_{cy} + 0.94l \tag{2.8}$

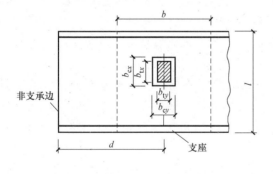

a) 荷载作用面的长边平行于板跨　　　　　　　　b) 荷载作用面的长边垂直于板跨

图 2.6　简支板上局部荷载的有效分布宽度

b. 当荷载作用面的长边垂直于板跨时，简支板上荷载的有效分布宽度 b 为（图 2.6b）：

当 $b_{cx} < b_{cy}$，$b_{cy} \leq 2.2l$，$b_{cx} \leq l$ 时

$$b = \frac{2}{3}b_{cy} + 0.73l \tag{2.9}$$

当 $b_{cx} < b_{cy}$，$b_{cy} > 2.2l$，$b_{cx} \leq l$ 时

$$b = b_{cy} \tag{2.10}$$

式中　　l——板的跨度；

　　　　b_{cx}——荷载作用面平行于板跨的计算宽度；

　　　　b_{cy}——荷载作用面垂直于板跨的计算宽度。

而　　　　　　　　　　　　　　　　　$b_{cx} = b_{tx} + 2s + h \tag{2.11}$

$$b_{cy} = b_{ty} + 2s + h \tag{2.12}$$

式中 b_{tx}——荷载作用面平行于板跨的宽度；

b_{ty}——荷载作用面垂直于板跨的宽度；

s——垫层厚度；

h——板的厚度。

c. 当局部荷载作用在板的非支承边附近，即 $d < \dfrac{b}{2}$ 时（图2.6a），荷载的有效分布宽度应予折减，可按下式计算：

$$b' = \frac{b}{2} + d \tag{2.13}$$

式中 b'——折减后的有效分布宽度；

d——荷载作用面中心至非支承边的距离。

d. 当两个局部荷载相邻面 $e < b$ 时，荷载的有效分布宽度应予折减，可按下式计算（图2.7）：

$$b' = \frac{b}{2} + \frac{e}{2} \tag{2.14}$$

式中 e——相邻两个局部荷载的中心间距。

e. 悬臂板上局部荷载的有效分布宽度为（图2.8）

$$b = b_{cy} + 2x \tag{2.15}$$

式中 x——局部荷载作用面中心至支座的距离。

② 双向板。双向板的等效均布荷载可按与单向板相同的原则，按四边简支板的绝对最大弯矩等值来确定。

③ 次梁（包括槽形板的纵肋）。其上的局部荷载应按下列公式分别计算弯矩和剪力的等效均布活荷载，且取其中较大值。

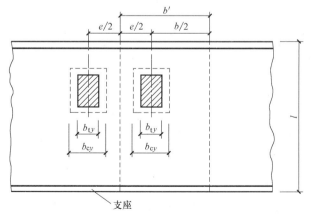

图2.7 相邻两个局部荷载的有效分布宽度

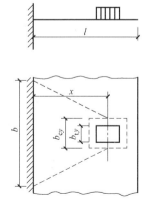

图2.8 悬臂板上局部荷载的有效分布宽度

$$q_{eM} = \frac{8M_{\max}}{sl^2} \tag{2.16}$$

$$q_{eN} = \frac{2V_{max}}{sl} \tag{2.17}$$

式中　　　s——次梁间距；

　　　　　l——次梁跨度；

M_{max}、V_{max}——简支次梁的绝对最大弯矩与最大剪力，按设备的最不利布置确定。

按简支梁计算 M_{max} 与 V_{max} 时，除了直接传给次梁的局部荷载外，还应考虑邻近板面传来的活荷载（其中设备荷载应考虑动力影响，并扣除设备所占面积上的操作荷载），以及两侧相邻次梁卸荷作用。

④ 主梁、柱与基础。当荷载分布比较均匀时，主梁上的等效均布活荷载可由全部荷载总和除以全部受荷面积求得。柱、基础上的等效均布活荷载，在一般情况下，可取与主梁相同的均布荷载。

2.3.2　屋面活荷载

房屋建筑中，一般屋面活荷载由屋面均布活荷载、雪荷载和积灰荷载组成。

1. 屋面均布活荷载

屋面可分为上人屋面和不上人屋面两种。当屋面为平屋面并设有楼梯、电梯直达屋面时，有可能出现人群聚集，屋面均布活荷载按上人屋面考虑；当屋面为斜屋面或仅设有上人孔的平屋面时，可仅考虑施工或检修荷载，屋面均布活荷载按不上人屋面考虑。GB 50009—2012《建筑结构荷载规范》中规定了工业与民用建筑房屋的屋面，水平投影面上的均布活荷载及其相关系数应按表 2.5 采用。

表 2.5　屋面均布活荷载

项目	类别	标准值/ （kN/m²）	组合值系数 ψ_c	频遇值系数 ψ_f	准永久值系数 ψ_q
1	不上人屋面	0.5	0.7	0.5	0
2	上人屋面	2.0	0.7	0.5	0.4
3	屋顶花园	3.0	0.7	0.6	0.5

注：1. 不上人的屋面，当施工或维修荷载较大时，应按实际情况采用；对不同结构应按有关设计规范的规定，将标准值做 0.3kN/m² 的增减。

2. 上人的屋面，当作为其他用途时，应按相应楼面活荷载采用。

3. 对于因屋面排水不畅、堵塞等引起的积水荷载，应采取构造措施加以防止；必要时，应按积水的可能深度确定屋面活荷载。

4. 屋顶花园活荷载不包括花圃土石等材料自重。

屋面直升机停机坪荷载应根据直升机总重按局部荷载考虑，同时其等效均布荷载不低于 5.0kN/m²。局部荷载应按直升机实际最大起飞重量确定，当没有机型技术资料时，一般可依据轻、中、重三种类型的不同要求，按下述规定选用局部荷载标准值及作用面积。

1）轻型，最大起飞重量 2t，局部荷载标准值取 20kN，作用面积 0.20m×0.20m。

2）中型，最大起飞重量 4t，局部荷载标准值取 40kN，作用面积 0.25m×0.25m。

3）重型，最大起飞重量 6t，局部荷载标准值取 60kN，作用面积 0.30m×0.30m。

关于屋顶花园和直升机停机坪的荷载是参照国内设计经验和国外规范有关内容增添得到。

屋面均布活荷载的组合值系数应取 0.7，频遇值系数应取 0.6，准永久值系数应取 0。

屋面均布活荷载不应与雪荷载同时考虑，应取其中较大者。我国大多数地区的雪荷载标准值小于屋面均布活荷载标准值，因此在设计屋面结构和构件时，往往是屋面均布活荷载起控制作用。

2. 屋面积灰荷载

机械、冶金、铸造、水泥等行业在生产时，易于在其厂房和邻近建筑的屋面产生大量灰尘，形成厚度不等的积灰，轻则造成屋面构件的压曲，重则造成屋盖坍塌。因此积灰荷载在建筑结构设计时，就必须考虑其影响。确定积灰荷载只有在考虑工厂设有一般的除尘装置，且能坚持正常的清灰制度的前提下才有意义。

通过对全国相关冶金企业、机械工厂、铸造车间和水泥厂的系统调查和实测，得到影响积灰的主要因素包括：除尘装置的使用维修情况、清灰制度的执行情况、风向和风速、烟囱高度、屋面坡度和屋面挡风板等。

对于具有一定除尘设施和保证清灰制度的机械、冶金、水泥等的厂房屋面，其水平投影面上的屋面积灰荷载应按表 2.6 采用。

表 2.6　屋面积灰荷载标准值　　　　　　　　　　　（单位：kN/m^2）

项次	类　别			屋面无挡风板	屋面有挡风板	
					挡风板内	挡风板外
1	机械厂铸造车间(冲天炉)			0.50	0.75	0.30
2	炼钢车间(氧气转炉)			—	0.75	0.30
3	锰、铬铁合金车间			0.75	1.00	0.30
4	硅、钨铁合金车间			0.30	0.50	0.30
5	烧结室、一次混合室			0.50	1.00	0.20
6	烧结厂通廊及其他车间			0.30	—	—
7	水泥厂有灰源车间(窑房、磨房、联合储库、烘干房)			1.00	—	—
8	水泥厂无灰源车间(空气压缩机站、机修间、材料库、配电站)			0.50	—	—
9	高炉邻近建筑	屋面离高炉距离/m		≤50	100	200
		高炉容积/m³	<255	0.50	—	—
			255~620	0.75	0.30	—
			>620	1.00	0.50	0.30

注：1. 表中的积灰均布荷载，仅应用于屋面坡度 $\alpha \leqslant 25°$；当 $\alpha \geqslant 45°$ 时，可不考虑积灰荷载；当 $25° < \alpha < 45°$ 时，可按直线内插法取值。

2. 清灰设施的荷载另行考虑。

3. 对 1~4 项的积灰荷载，仅应用于距烟囱中心 20m 半径范围内的屋面；当邻近建筑在该范围内时，其积灰荷载对第 1、3、4 项按车间无挡风板的采用，对第 2 项按车间屋面挡风板外的采用。

4. 当邻近建筑屋面离高炉距离为表内中间值时，可按直线内插法取值。

进行厂房结构整体分析以及设计屋架、柱及基础等间接承受积灰荷载的构件可直接用表 2.6 中的积灰荷载标准值。

对于屋面上易形成灰堆处，当设计屋面板、檩条时，积灰荷载标准值可乘以下列规定的增大系数：①在高低跨处两倍于屋面高差但不大于 6.0m 的分布宽度内取 2.0；②在天沟处不大于 3.0m 的分布宽度内取 1.4。

积灰荷载应与雪荷载或不上人的屋面均布活荷载两者中的较大值同时考虑。

2.3.3 施工、检修荷载和栏杆水平荷载

施工、检修荷载及栏杆的水平荷载按照如下规定采用：

1）设计屋面板、檩条、钢筋混凝土挑檐、雨篷和预制小梁时，施工或检修集中荷载（人和小工具的自重）应取 1.0kN，并应在最不利位置处进行验算。

2）但是对于轻型构件或较宽构件，当施工荷载超过 1.0kN 时，应按实际情况验算，或采用加垫板、支撑等临时设施承受。

3）当计算挑檐、雨篷承载力时，应沿板宽每隔 1.0m 取一个集中荷载；在验算挑檐、雨篷倾覆时，应沿板宽每隔 2.5~3.0m 取一个集中荷载。

4）施工、检修荷载的组合系数取 0.7，频遇值系数取 0.5，准永久值系数取 0。

5）对于房屋建筑的楼梯、看台、阳台和上人屋面等的栏杆顶部水平荷载应按下列规定采用：

① 住宅、宿舍、办公楼、旅馆、医院、托儿所、幼儿园，应取 0.5kN/m。
② 学校、食堂、剧场、电影院、车站、礼堂、展览馆或体育场，应取 1.0kN/m。

当采用荷载准永久组合时，不考虑施工、检修荷载和栏杆水平荷载。

2.3.4 例题

【例 2-6】 某混合结构办公楼二层办公室平面如图 2.9 所示。整浇钢筋混凝土楼盖，板厚为 100mm，梁截面尺寸（图 2.10）：$b = 250$mm，$h = 700$mm，板面 20mm 厚水泥砂浆面层，梁底吊顶棚（0.45kN/m²），计算楼面梁上的恒荷载、活荷载标准值。

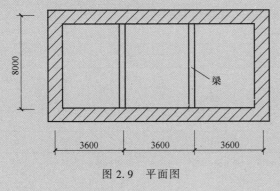

图 2.9 平面图

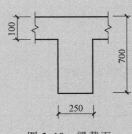

图 2.10 梁截面

【解】 钢筋混凝土自重 25kN/m³，水泥砂浆 20kN/m³，顶棚 0.45kN/m²。

（1）恒荷载标准值计算

钢筋混凝土板　　$G_{1k} = 25 \times 0.1 \times 3.6$kN/m $= 9$kN/m

砂浆面层、顶棚　$G_{2k} = (20 \times 0.02 \times 3.6 + 0.45 \times 3.6)$kN/m $= 3.06$kN/m

梁自重　　　　　$G_{3k} = 25 \times 0.25 \times 0.6$kN/m $= 3.75$kN/m

恒荷载标准值 $G = G_{1k} + G_{2k} + G_{3k} = (9 + 3.06 + 3.75) \, kN/m = 15.81 \, kN/m$

（2）活荷载标准值计算

办公楼面活荷载 $2 \, kN/m^2$，梁的从属面积 $A = 3.6 \times 8 \, m^2 = 28.8 \, m^2$，取楼面活荷载折减系数 0.9。

$$Q_k = 2 \times 0.9 \times 3.6 \, kN/m = 6.48 \, kN/m$$

楼面梁恒载和活载的荷载如图 2.11 所示。

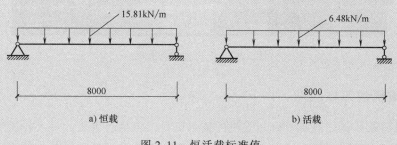

图 2.11   恒活载标准值

【例 2-7】   某机械厂铸造车间，设有 1t/h 冲天炉，车间的剖面图如图 2.12 所示，要求确定高低跨处的预应力混凝土大型屋面板设计时应采用的积灰荷载标准值及增大积灰荷载的范围。

【解】   该车间高低跨处屋面高差为 4m，在屋面上易形成灰堆处增大积灰荷载的范围（屋面宽度）$b = 2 \times 4 \, m = 8 \, m > 6 \, m$，故应取 $b = 6 \, m$。此范围的积灰荷载标准值 q_{ak}，除按 GB 50009—2012《建筑结构荷载规范》中无挡风板情况且屋面坡度 $\alpha \leqslant 25°$ 的规定取值外，尚应乘以增大系数 2，因此有：

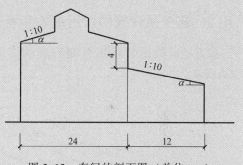

图 2.12   车间的剖面图（单位：m）

$$q_{ak} = 0.5 \times 2 \, kN/m^2 = 1 \, kN/m^2$$

2.4 起重机（吊车）荷载

单层工业厂房内的起重机有悬挂式起重机、梁式起重机、桥式起重机等。这里仅介绍在工业厂房中常设的桥式起重机（图 2.13），桥式起重机有软钩和硬钩、单钩和双钩之分。软钩：吊重通过钢丝绳传给小车，是通常的吊钩类型。硬钩：吊重通过刚性结构传给小车，是特殊的吊钩类型。单钩：起重机的规格用起重量来区分，如起重量为 5t、10t、15t、20t、30t 等。

起重机荷载是厂房设计中的主要荷载，分为竖向荷载和水平荷载两种形式。

图 2.13　厂房桥式起重机

2.4.1　起重机的工作级别

在起重机荷载计算之前要了解起重机的技术资料，包括起重机的最大轮压、最小轮压及工作级别等。起重机荷载的工作级别按照起重机工作的繁重程度而划分，是起重机生产和订货、项目的工艺设计以及厂房结构设计的依据。根据起重机荷载的使用等级和荷载级别状态，将起重机的工作级别划分为 A1~A8 共 8 个级别。习惯上把 A1~A3 级称为轻级工作制，A4 和 A5 称为中级工作制，A6 和 A7 称为重级工作制，A8 为特重级工作制。

2.4.2　起重机荷载的作用形式和特点

起重机荷载由起重机两端行驶的车轮以集中力形式作用于两边的起重机梁上，如图 2.14 所示。

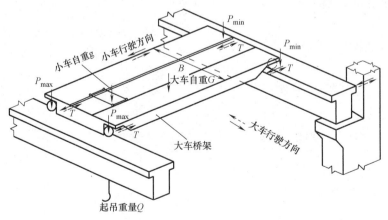

图 2.14　起重机荷载示意图

起重机荷载的特点：

（1）起重机荷载是可移动的荷载　起重机荷载除了起重机自重外，还包括两组移动的集中荷载：一组是移动的竖向荷载（吊物重量）；另一组是移动的横向水平荷载（行驶过程中由于起动或制动产生的水平惯性力）。这两组荷载作用于吊车梁上并通过吊车梁传至主体结构。

（2）起重机荷载是重复荷载　在设计使用期内，对于利用等级较高的起重机，其总工作

循环次数可达 1.0×10^6 次以上；直接承受这种重复荷载，吊车梁会因疲劳而产生裂缝，直至破坏。所以工作级别为 A6 及更高的吊车梁，除静力计算外，还要进行疲劳强度验算。

（3）起重机荷载具有动力特性　桥式起重机特别是速度较快的重级工作制桥式起重机，对吊车梁的作用带有明显的动力特性。因此，在计算吊车梁及其连接部分的承载力以及吊车梁的抗裂性能时，都必须对起重机的竖向荷载乘以动力系数。

2.4.3　起重机竖向荷载和水平荷载

1. 起重机竖向荷载

起重机竖向荷载是指起重机的大车、小车和所吊重量经吊车梁传给厂房框架柱的竖向压力。

桥式起重机的大车在吊车梁轨道上沿厂房纵向行驶，小车在大车的轨道上沿厂房横向行驶，带有吊钩的起重卷扬机安装在小车上。当起重机起重量达到额定最大值，而小车行驶至大车桥一端的极限位置时，该侧的每个大车轮压即为起重机的最大轮压标准值 $P_{\max}$，另一侧的每个大车轮压即为最小轮压标准值 $P_{\min}$。设计中采用的起重机竖向荷载标准值包括起重机的最大轮压和最小轮压。

根据起重机的规格，可查出起重机的最大轮压，最小轮压则需设计人员自行计算，$P_{\max}$ 和 $P_{\min}$ 关系如下：

$$P_{\min} = \frac{G+g+Q}{n} - P_{\max} \tag{2.18}$$

式中　G——大车重量（kN）；

g——小车重量（kN）；

Q——起重机额定起重量（kN），双钩式起重机取最大吊重；

n——起重机一端的轮数，一般 $n=2$，当 $Q \geqslant 750\text{kN}$ 时，$n=4$。

最大轮压和最小轮压确定后，需根据厂房结构的尺寸，利用结构力学影响线，按吊车梁的支座反力影响线及起重机的最不利位置，求出通过吊车梁作用于厂房排架柱牛腿处的最大竖向荷载标准值和最小竖向荷载标准值。

2. 起重机水平荷载

起重机水平荷载有纵向和横向两种，前者是由大车起动或制动所产生的惯性力，后者是由小车起动或制动所产生的惯性力。

（1）起重机纵向水平荷载标准值　起重机纵向水平荷载标准值应按作用在起重机一端轨道上所有制动轮的最大轮压之和的 10% 采用。该项荷载的作用点位于制动轮与轨道的接触点，其方向与轨道方向一致，由厂房纵向排架承受。

$$H = 0.1mP_{\max} \tag{2.19}$$

式中　m——每边轨道的制动轮数。

在非地震区，起重机的纵向水平荷载常采用计算柱间支撑；在地震区，由于厂房的纵向地震作用较大，起重机的纵向水平荷载可不考虑。

（2）起重机横向水平荷载标准值　起重机横向水平荷载是当小车吊有额定最大起重量时，小车运行机构起动或制动所引起的水平惯性力，它通过小车制动轮与轨道的摩擦力传给大车，等分于桥架两端，分别由轨道上的车轮平均传至轨道，作用于吊车梁顶面，作用位置与起重机竖向轮压相同，方向与轨道垂直，并应考虑正反两个方向的起动或制动情况，每个轮上的最大横向水平制动力标准值 Z_{max} 计算公式如下：

$$Z_{max}=\frac{\eta_D(Q+g)}{2n} \qquad (2.20)$$

式中 η_D——横向制动系数，对软钩起重机，当 $Q\leqslant 100kN$ 时取 12%，当 $Q=160\sim 500kN$ 时取 10%，当 $Q\geqslant 750kN$ 时取 8%；对硬钩起重机，取 20%。

起重机横向水平制动力通过水平制动桁架或制动连接板自吊车梁顶面传至厂房排架柱上柱，按计算起重机竖向荷载的方法，即可求得作用于排架柱上吊车梁顶面处的起重机横向水平荷载。

2.4.4 多台起重机参与组合的情况

1. 多台起重机竖向荷载组合原则

当厂房内设有多台起重机时，参与组合的起重机台数主要取决于柱距大小和厂房跨间数量，其次是各起重机同时间聚集在同一柱距范围内的可能性。

1）对一层起重机的单跨厂房的每个排架，参与组合的起重机台数不宜多于两台。

2）对一层起重机的多跨厂房的每个排架，参与组合的起重机台数不宜多于四台。

3）在计算起重机水平荷载时，由于同时起动和制动的机会很小，最多只考虑两台起重机。

4）对多层起重机的单跨或多跨厂房的每个排架，参与组合的起重机台数按实际情况考虑。

上述两台或是四台起重机荷载的组合都是按照各起重机同时处于最不利位置，且同时满载的极端情况考虑的，实际上这种最不利情况出现的概率是极小的。从概率观点，可将多台起重机共同作用时的起重机荷载效应组合予以折减。

2. 多台起重机荷载的折减

在进行排架计算时，多台起重机的竖向荷载和水平荷载标准值应乘以表 2.7 规定的折减系数。

3. 起重机荷载的动力系数

起重机荷载的动力系数与起重机的起重量、工作级别、运行速度、运行冲击作用影响的大小、轨道顶面的高差、起重机的轮数、吊车梁的刚度与跨度等有关。当计算吊车梁及其连接的强度时，起重机竖向荷载的动力系数可按表 2.7 所列数值采用。

4. 起重机荷载的组合值、频遇值及准永久值系数

起重机荷载的组合值、频遇值及准永久值系数按表 2.7 规定数值采用。

表 2.7 多台起重机的荷载折减系数和起重机荷载的动力系数、组合值系数、频遇值系数、准永久值系数

起重机的种类及工作级别		多台起重机的荷载折减系数			动力系数	组合值系数 Ψ_c	频遇值系数 Ψ_f	准永久值系数 Ψ_q
		2 台	3 台	4 台				
软钩起重机	A1~A3	0.90	0.85	0.80	1.05	0.70	0.60	0.50
	A4、A5					0.70	0.70	0.60
	A6、A7	0.95	0.90	0.85	1.10	0.70	0.70	0.70
	A8					0.95	0.95	0.95
硬钩和其他特种起重机		—	—	—	1.10	0.95	0.95	0.95

注：对于多于两层起重机的单跨或多跨厂房或其他特殊情况，计算排架时，参与组合的起重机台数及荷载折减系数，应按实际情况考虑。

2.4.5 例题

【**例2-8**】 某一单层单跨工业厂房，跨度为18m，柱距为6m。简支钢筋混凝土吊车梁自重、联结件的标准值为7.0kN/m，计算跨度为5.8m。设计时考虑两台20t-A5级电动式吊钩桥式起重机，起重机主要技术参数为：桥架跨度为 $B = 5.944m$，轮距 $K = 4.10m$，小车自重 $g_k = 6.886t$，起重机的最大轮压 $P_{max,k} = 199kN$，起重机的总重 $G_k = 30.304t$。试求作用在排架柱牛腿处的起重机竖向荷载和横向水平荷载标准值。

【**解**】 1）求最小轮压。

$$P_{min,k} = \frac{G_k + g_k + Q_k}{2} - P_{max,k} = \left(\frac{30.304 + 6.886 + 20.0}{2} \times 9.8 - 199 \right) kN = 81.23kN$$

2）求起重机竖向荷载时，按每跨两台起重机同时工作且达到最大起重量考虑。起重机轮压在柱列上的最不利位置，如图2.15所示。由此求得支座反力影响线为

$$y_1 = 1.0, \quad y_2 = 1.9/6.0, \quad y_3 = 4.156/6.0, \quad y_4 = 0.056/6.0$$

$$\sum_{i=1}^{4} y_i = 1.0 + \frac{1.9}{6.0} + \frac{4.156}{6.0} + \frac{0.056}{6.0} = 2.019$$

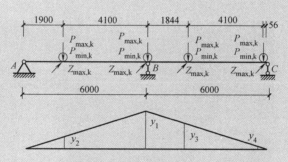

图 2.15 例2-8吊车梁及支座反力影响线

3）作用在排架柱牛腿上的起重机竖向荷载标准值。

$$D_{max,k} = 0.9 P_{max,k} \sum_{i=1}^{4} y_i = 0.9 \times 199 \times 2.019 kN = 361.60kN$$

$$D_{min,k} = 0.9 P_{min,k} \sum_{-i=1}^{4} y_i = 0.9 \times 81.23 \times 2.019 kN = 147.60kN$$

4）计算起重机横向水平制动力的标准值。

$$Z_{max,k} = \frac{\eta_D (Q_k + g_k)}{2n} = \frac{0.1 \times (20.0 + 6.886) \times 9.8}{2 \times 2} kN = 6.59kN$$

5）起重机横向水平荷载标准值。起重机横向水平制动力的作用位置与起重机轮压的作用位置相同，根据图2.15，作用于排架柱上吊车梁顶面处的起重机横向水平荷载标准值为

$$T_{max,k} = 0.9 Z_{max,k} \sum_{i=1}^{4} y_i = 0.9 \times 6.59 \times 2.019 kN = 11.97kN$$

2.5 车辆荷载

在桥梁上行驶的车辆种类较多，有汽车、平板挂车、履带车以及铁路上的列车等，每种车辆又有各种不同型号和载重等级（图2.16）。而且随着交通、运输业的快速发展，荷载的最高等级将不断提高。因此在桥梁结构设计中，需要一个既能反映目前车辆情况又兼顾未来发展的同时又便于桥梁结构设计运用的车辆荷载标准。下面就分别介绍目前在铁路桥梁、公路桥梁和城市桥梁中的车辆荷载标准。

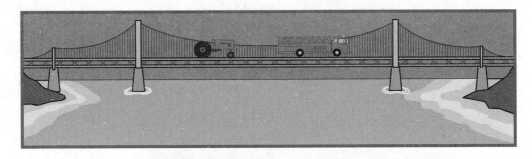

图2.16 公路桥梁和铁路桥梁

2.5.1 铁路桥梁列车荷载

铁路上的列车由机车和车辆组成。机车和车辆的种类很多，轴重、轴距各异。TB 10002—2017《铁路桥涵设计规范》规定，铁路列车竖向静活载必须采用中华人民共和国铁路标准活载即"中—活载"标准活载的计算图式如图2.17所示。

"中—活载"具有象征性，它代表各种机车车辆对桥梁产生的最大影响，是铁路桥梁设计的依据。所以加载时可在计算图式中任意截取，但要符合铁路标准活载的加载规定。"中—活载"分普通活荷载和特种活荷载。

1）普通活载表征列车活载，前面5个集中荷载220kN及其后30m长92kN/m分布荷载表征"双机联挂"。后面的80kN/m分布荷载代表车辆荷载。

2）特种活载反映某些轴重较大的车辆对小跨度桥梁的不利影响。计算时应分别对两种活荷载进行计算，取其中较大值。

3）《铁路桥涵设计规范》规定：

① 采用"中—活载"加载时，标准活载计算图式可任意截取。

② 同时承受多线列车活荷载的桥跨结构和墩台，其主要构件的列车竖向活载，双线桥跨结构中设计值为两线活载之和的 90%，三线及三线以上为各线列车活载总和的 80%，对承受局部活载的杆件则应为该活载的 100%，各线均假定采用同样情况的最不利列车活载。

③ 在验算桥梁横向稳定时，以空车时最大横向风力为最不利，列车空车竖向活荷载标准值采用 10kN/m。

④ 列车竖向活荷载应考虑动力系数。

⑤ 桥墩结构和墩台尚应按其所使用的架桥机加以验算。

⑥ 对铁路公路两用的桥梁，考虑同时承受铁路和公路活载时，铁路活载按"中—活载"的规定计算，公路活载可按全部活载的 75% 计算；但对仅承受公路荷载的构件，不应折减。

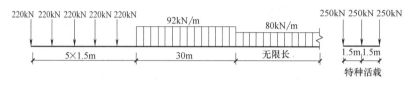

图 2.17　"中—活载"计算图式

2.5.2　公路桥梁汽车荷载

JTG D60—2015《公路桥涵设计通用规范》规定了公路桥涵设计时汽车荷载的计算图式、荷载等级及其标准值、加载方法和纵横向折减等，并且将汽车荷载分为两个等级：公路—Ⅰ级和公路—Ⅱ级，可参照表 2.8 选用。公路桥梁中汽车荷载组成有车辆荷载和车道荷载两种形式。车道荷载用于桥梁结构的整体计算；车辆荷载用于桥梁结构的局部加载，涵洞、桥台和挡土墙压力等的计算，而且车辆荷载与车道荷载作用不叠加。根据车道荷载与车辆荷载在结构构件中产生的内力（弯矩、剪力）等效确定车道和车辆荷载。

表 2.8　各级公路桥涵的汽车荷载等级

公路等级	一级公路	二级公路	三级公路	四级公路
汽车荷载等级	公路—Ⅰ级	公路—Ⅱ级	公路—Ⅱ级	公路—Ⅱ级

二级公路为干线公路且重型车辆多时，其桥涵的设计可采用公路—Ⅰ级汽车荷载。四级公路上重型车辆少时，其桥涵设计所采用的公路—Ⅱ级车道荷载的效应可乘以 0.8 的折减系数，车辆荷载的效应可乘以 0.9 的折减系数。

1. 车道荷载

桥梁结构的整体计算，主梁、主拱和主桁架等的计算采用车道荷载。车道荷载由均布荷载和集中荷载组成，其计算图示如图 2.18 所示。图示中公路—Ⅰ级车道荷载的均布荷载标准值 $q_k = 10.5$ kN/m，集中荷载标准值 P_k 与桥梁计算跨径有关，按以下规定选取：

1）当计算弯矩效应时，集中荷载标准值 P_k：桥梁计算跨径小于或等于 5m 时，$P_k = 180$ kN；桥梁计算跨径等于或大于 50m 时，$P_k = 360$ kN；桥梁计算跨径在 5~50m 之间时，P_k 值采用直线内插法确定。

2）对于下部结构或上部结构的腹板剪力效应验算时，上述集中荷载标准值 P_k 应乘以 1.2 的系数。

3）公路—Ⅱ级车道荷载标准值按公路—Ⅰ级的 0.75 倍采用。

4）荷载布置：车道荷载的均布荷载标准值应满布于使结构产生最不利效应的同号影响线上，集中荷载标准值只作用于相应影响线中一个最大影响线峰值处。

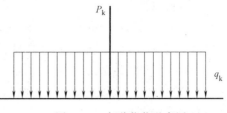

图 2.18　车道荷载示意图

2. 车辆荷载

桥梁结构的局部加载，涵洞、桥台和挡土墙土压力等的计算采用车辆荷载。

车辆荷载的立面、平面尺寸如图 2.19 所示，技术指标见表 2.9。其中公路—Ⅰ级和公路—Ⅱ级汽车荷载的车辆荷载标准值相同。

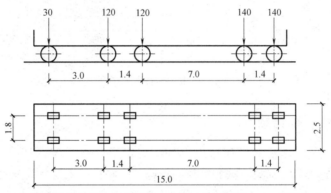

图 2.19　车辆荷载的立面、平面尺寸（图中尺寸单位为 m，荷载单位为 kN）

表 2.9　车辆荷载的主要技术指标

项　目	单位	技术指标	项　目	单位	技术指标
车辆重力标准值	kN	550	轮距	m	1.8
前轴重力标准值	kN	30	前轮着地宽度及长度	m	0.3×0.2
中轴重力标准值	kN	2×120	中、后轮着地宽度及长度	m	0.6×0.2
后轴重力标准值	kN	2×140	车辆外形尺寸（长×宽）	m	15×2.5
轴距	m	3+1.4+7+1.4			

车辆荷载横向分布系数应根据设计车道数按图 2.20 布置车辆荷载进行计算。

3. 汽车荷载折减

汽车荷载的折减包括横向折减和纵向折减。

（1）汽车荷载横向折减　多车道桥梁上的汽车荷载应考虑多车道折减即为汽车荷载的横向折减。在桥梁多车道上行驶的汽车荷载使桥梁构件的某一截面产生最

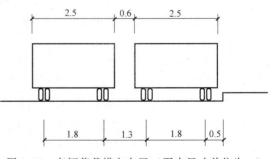

图 2.20　车辆荷载横向布置（图中尺寸单位为 m）

大效应时，考虑其同时处于最不利位置的可能性随车道数的增加而减小，而桥梁设计时各个车道上的汽车荷载是按最不利位置布置的，因此，计算结果应考虑多车道折减。

桥涵设计车道数应符合表 2.10 的规定。当桥涵设计车道数大于或等于 2 时，由汽车荷载产生的效应应按表 2.11 规定的多车道折减系数进行折减，但折减后的效应不得小于两设计车道的荷载效应。

表 2.10　桥涵设计车道数

桥面宽度 W/m		桥涵设计车道数/条	桥面宽度 W/m		桥涵设计车道数/条
车辆单向行驶时	车辆双向行驶时		车辆单向行驶时	车辆双向行驶时	
$W<7.0$		1	$17.5\leqslant W<21.0$		5
$7.0\leqslant W<10.5$	$6.0\leqslant W<14.0$	2	$21.0\leqslant W<24.5$	$21.0\leqslant W<28.0$	6
$10.5\leqslant W<14.0$		3	$24.5\leqslant W<28.0$		7
$14.0\leqslant W<17.5$	$14.0\leqslant W<21.0$	4	$28.0\leqslant W<31.5$	$28.0\leqslant W<35.0$	8

表 2.11　横向布置设计车道数对应的折减系数

横向布置设计车道数/条	1	2	3	4	5	6	7	8
折减系数	1.00	1.00	0.78	0.67	0.60	0.55	0.52	0.50

（2）汽车荷载的纵向折减　大跨径桥梁上的汽车荷载应考虑纵向折减。在汽车荷载的可靠性分析中，用于计算各类桥型结构效应的车队，采用了自然堵塞时的车间距，汽车荷载本身的重力，也采用了诸如运煤车等重车居多的调查资料。对于大跨径的桥梁，实际通行车辆很难达到上述条件，故应考虑纵向折减。当桥梁计算跨径大于 150m 时，应按表 2.12 规定的纵向折减系数进行折减。当为多跨连续结构时，整个结构应按最大的计算跨径考虑汽车荷载效应的纵向折减。

表 2.12　纵向折减系数

计算跨径 L_0/m	纵向折减系数	计算跨径 L_0/m	纵向折减系数
$150\leqslant L_0<400$	0.97	$800\leqslant L_0<1000$	0.94
$400\leqslant L_0<600$	0.96	$L_0\geqslant 1000$	0.93
$600\leqslant L_0<800$	0.95		

2.5.3　城市桥梁汽车荷载

CJJ 11—2011《城市桥梁设计规范》中，采用了两级荷载标准，城—A 级和城—B 级；城—A 级汽车荷载适用于快速路及主干道，城—B 级适用于次干道及支路。城市桥梁的设计车辆荷载应根据城市道路的功能、等级和发展要求等参照表 2.13 选用。城市桥梁设计荷载分为车辆荷载和车道荷载两种形式，具体计算与公路桥梁荷载计算相同，即城—A 级对应于公路Ⅰ级汽车荷载，城—B 级对应于公路Ⅱ级汽车荷载。详见《城市桥梁设计规范》的规定。

表 2.13　城市桥梁设计车辆荷载等级选用

城市道路等级	快速路	主干路	次干路	支路
设计车辆荷载等级	城—A 级或城—B 级	城—A 级	城—A 级或城—B 级	城—B 级

1）快速路、次干路上如重型车辆较多，设计汽车作用应选用城—A级汽车荷载。

2）小城市中的支路上如重型车辆较少时，设计汽车作用可采用城—B级的车道荷载效应乘以0.8的折减系数，车辆荷载效应需乘以0.7的折减系数。

3）小型车专用道，设计汽车作用可采用城—B级车道荷载效应乘以0.6的折减系数，车辆荷载的效应乘以0.5的折减系数。

2.6 人群荷载

2.6.1 公路桥梁的人群荷载

在有人行道的公路桥梁上，人行道上的人群荷载与汽车荷载应同时考虑。人行道上人群荷载标准值与桥梁的计算跨径有关：计算跨径小于或等于50m时，人群荷载标准值为3.0kN/m²；计算跨径等于或大于150m时，人群荷载标准值为2.5kN/m²；计算跨径在50~150m之间时，人群荷载标准值可由直线内插法得到；跨径不等的连续结构，以最大计算跨径为准。城镇郊区行人密集地区的公路桥梁，人群荷载标准值取相应规定值的1.15倍，也可根据实际情况或参照当地城市桥梁设计的规定确定。

专用人行桥梁，人群荷载标准值参考相关国内外标准采用，取3.5kN/m²。

当人行道为钢筋混凝土板时，还应以1.2kN集中竖向力作用在一块板上进行验算。计算桥上人行道栏杆时，人群作用于栏杆立柱顶上的水平推力标准值为0.75kN/m，人群作用于栏杆扶手上的竖向力标准值为1.0kN/m。

2.6.2 城市桥梁的人群荷载

我国城市人口密集，人行交通繁忙，与公路桥梁相比，城市桥梁人群荷载的取值要大一些，CJJ 11—2011《城市桥梁设计规范》中规定，设计人群荷载应符合下列要求：

1）人行道板（局部构件）的人群荷载分别取5kN/m²的均布荷载或1.5kN的竖向集中力作用在构件上进行计算，取其不利值。

2）梁、桁架、拱及其他大跨结构的人群荷载需要考虑加载长度、人行道宽度，按下式计算且不得小于2.4kN/m²。

当 $l < 20$m 时

$$\omega = 4.5 \times \frac{20 - \omega_p}{20} \tag{2.21}$$

当 $l \geq 20$m 时

$$\omega = \left[4.5 - \frac{(l-20)}{40} \right] \frac{20 - \omega_p}{20} \tag{2.22}$$

式中　ω——单位面积上的人群荷载（kN/m²）；

　　　l——加载长度（m）；

　　　ω_p——单边人行道宽度（m）；在专用非机动车桥上时宜取1/2桥宽，当1/2桥宽大于4m时按4m计。

城市桥梁在计算桥上人行道栏杆时，作用在栏杆扶手上的竖向荷载采用1.2kN/m，水平向外荷载采用1.0kN/m，二者分别考虑，不得同时作用；作用在栏杆立柱顶上的水平推力为1.0kN/m；防撞栏杆应采用80kN横向集中力进行验算，作用点在防撞栏杆板中心。

人行天桥设计时需考虑的人群荷载：

1）人行道板（局部构件）的人群荷载应按 $5kN/m^2$ 的均布荷载或 1.5kN 的集中荷载竖向作用在构件上进行计算，取其不利值。

2）梁、桁架、拱及其他大跨结构的人群荷载可按下式计算且不得小于 $2.4kN/m^2$。

当 $l<20m$ 时

$$\omega = 5 \times \frac{20-\omega_p}{20}$$

(2.23)

当 $l \geq 20m$ 时

$$\omega = \left[5 - \frac{(l-20)}{40}\right]\frac{20-\omega_p}{20}$$

(2.24)

式中　ω——单位面积上的人群荷载（kN/m^2）；

　　　l——加载长度（m）；

　　　ω_p——半桥宽（m）；大于 4m 时按 4m 计。

2.6.3　铁路桥梁的人群荷载

道砟桥面和明桥面的人行道，取 $4.0kN/m^2$；人工养护的道砟桥面上，应考虑养护时人行道上的堆砟荷载。人行道板还应按竖向集中荷载 1.5kN 验算。

2.7　土体有效自重应力

2.7.1　土的自重应力

土是三相非连续介质，由固体颗粒（土颗粒）、液体（水）、气体组成。由土层的重力作用在土中产生的应力称为土的自重应力。土中任意截面都包括土体骨架和孔隙面积，在计算土中应力时，通常把土体简化为均质连续体，采用连续介质力学理论计算土中应力的分布，而且计算时考虑的土中应力为单位面积上的平均应力。

一般情况，由于土层覆盖面积很大，假设天然地面是一个无限大的水平面，可将土体假设为均质半无限体，土体在自重作用下只产生竖向变形，而无侧向变形和剪切变形，因此在任意竖直面和水平面均无剪应力存在。实际上，由于土的特殊成分和结构，只有通过颗粒接触点传递的粒间压力才能使土颗粒间彼此产生挤紧和产生位移，从而引起土体的变形，而土粒间传递的粒间应力是引起土体变形和影响土体强度的重要因素，故粒间应力又称为有效应力。若土层天然重度为 γ，在 z 深度处 $\alpha—\alpha$ 水平面上如图 2.21a 所示，土体因自身重量产生的竖向应力可取该截面上单位面积的土柱体的重力。对于均匀土层和成层土组成的地基，在天然地面下任意深度 z 处水平面上的竖向有效自重应力计算如下：

（1）均质土组成的天然地基　有效自重应力计算公式为

$$\sigma_{cz} = \gamma z$$

(2.25)

式中　γ——土的天然重度（kN/m^3）。

　　　z——计算深度（m）。

上式表明，σ_{cz} 沿水平面均匀分布；而 σ_{cz} 与 z 成正比，即随深度按直线规律分布。

（2）成层土组成的天然地基　若天然地面下深度 z 范围内各层土的厚度自上而下分别为

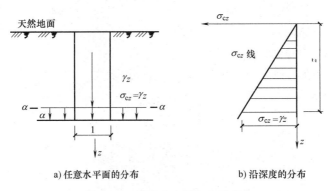

a) 任意水平面的分布   b) 沿深度的分布

图 2.21 均质土中竖向自重应力

h_1，h_2，$\cdots$，h_i，$\cdots$，h_n，则多层土深度 z 处土的竖向有效自重应力 σ_{cz} 为该深度以上各层土自重应力之和，即

$$\sigma_{cz} = \gamma_1 h_1 + \gamma_2 h_2 + \cdots + \gamma_n h_n = \sum_{i=1}^{n} \gamma_i h_i \qquad (2.26)$$

式中　n——从天然地面起到深度 z 处的土层数；

$\quad\quad h_i$——第 i 层土的厚度（m）；

$\quad\quad \gamma_i$——第 i 层土的天然重度（kN/m^3），若土层位于地下水位以下，应取土体的有效重度 γ_i' 代替天然重度 γ_i。

当地下土层中有水存在，有效重度为单位体积内土颗粒所受的重力减去水的浮力，即土的饱和重度减去水的重度。而且计算竖向自重应力时，一般应以每层土为分层的划分原则；当土中存在地下水，水位位于某一层土体中时，可以将该层土划分为两层土。

$$\gamma_i' = \gamma_{sat} - \gamma_w \qquad (2.27)$$

式中　γ_i'——第 i 层土的有效重度（kN/m^3）；

$\quad\quad \gamma_{sat}$——土的饱和重度（kN/m^3）；

$\quad\quad \gamma_w$——水的重度，一般取 10kN/m^3。

图 2.22 所示为一典型成层土中竖向自重应力沿深度的分布。

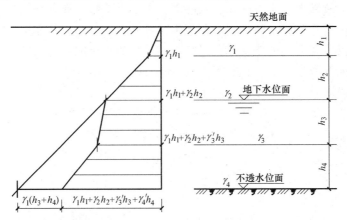

图 2.22 成层土中竖向自重应力沿深度的分布

2.7.2 例题

【例2-9】 某建筑场地的地质柱状图和土的重度如图2.23所示，求各土层交界面处土的自重应力，并绘制相应自重应力分布图。

【解】 1）第一层土底面土的自重应力

$$\sigma_{cz1} = \gamma_1 h_1 = 16.5 \times 3.0 \text{N/mm}^2 = 49.5 \text{N/mm}^2$$

2）第二层土底面土的自重应力

$$\sigma_{cz2} = \gamma_1 h_1 + \gamma_2 h_2 = (49.5 + 18.5 \times 3) \text{N/mm}^2 = 105 \text{N/mm}^2$$

3）第三层土位于地下水位以下的透水层，应按土的有效重度计算，则第三层土底面土的自重应力

$$\sigma_{cz3} = \gamma_1 h_1 + \gamma_2 h_2 + \gamma_3' h_3 = 105 \text{N/mm}^2 + (20-10) \times 2 \text{N/mm}^2 = 125 \text{N/mm}^2$$

土层名称	土层柱状图	深度/m	土层厚度/m	土的重度/(kN/m³)	地下水位	土的自重应力曲线
粉质黏土		3	3.0	16.5		49.5kN/m²
黏土		6.0	3.0	18.5	▽	105kN/m²
砂土		8	2.0	20		125kN/m²

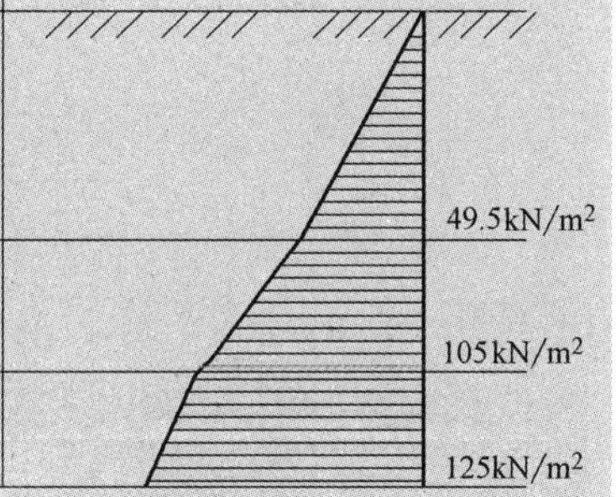

图 2.23 地质柱状图与自重应力分布图

——————— 本章小结 ———————

1）阐述了结构构件的竖向荷载中的结构自重，并通过实例分析了各结构构件的自重计算。通过结构自重的计算，可以使荷载从上到下进行汇集，最终形成结构的设计恒载，其中包括墙体、梁、柱、楼板等一系列结构构件的自重计算。

2）阐述了竖向荷载中的雪荷载。主要区分雪压、基本雪压、屋面雪压。屋面水平投影面上雪荷载标准值计算。

3）阐述了工业建筑和民用建筑竖向荷载中楼屋面活荷载的取值及积灰荷载的取值和计算。

4）阐述了桥梁及公路设计的竖向荷载中车辆及人群荷载确定和取值，此类荷载规范中有严格的规定，确定时可查规范。

5）阐述了土体的有效自重应力的概念及单层和多层土及有水情况的天然地基下土体有效自重应力的计算。

思考题

1. 结构计算时，楼面荷载如何计算？
2. 简述基本雪压定义及其影响因素。
3. 影响屋面雪压的主要因素包括哪些？
4. 影响屋面积雪分布系数的主要因素包括哪些？如何影响？
5. 简述屋面活荷载的类型及其取值原则。
6. 设计楼面梁、墙、柱及基础时，如何考虑楼面活荷载的折减？
7. 工业建筑楼面活荷载如何取值和等效计算？
8. 厂房排架柱上的起重机荷载是如何产生的？其值如何确定？
9. 简述公路桥梁汽车荷载的等级划分和组成。
10. 简述车道荷载的取值和布置原则。
11. 简述车道和车辆荷载的区别。
12. 车道荷载为什么进行纵向和横向折减？
13. 简述土体的有效自重应力。

习题

1. 已知某市建筑物基本雪压 $s_0 = 45 \text{kN/m}^2$，为拱形屋面，矢高 $f = 5\text{m}$，跨度 $L = 24\text{m}$。试求该建筑的雪压标准值。

2. 某一单层单跨工业厂房，跨度为 18m，柱距为 6m。简支钢筋混凝土吊车梁自重、联结件的标准值为 7.0kN/m，计算跨度为 5.8m。设计时考虑两台 10t-A5 级电动式吊钩桥式起重机，起重机主要技术参数为：桥架跨度为 $B = 5.6\text{m}$，轮距 $K = 4.2\text{m}$，小车自重 $g_k = 36\text{kN}$，起重机的最大轮压 $P_{\text{max},k} = 116\text{kN}$，起重机的总重 $G_k = 188\text{kN}$。试求验算吊车梁挠度时，荷载效应的标准组合的最大值和准永久组合的最大值。

3. 某地基由多层土组成，各土层的厚度、重度如图 2.24 所示，试求各土层交界处竖向自重应力，并绘出自重应力分布图。

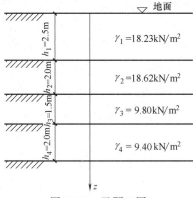

图 2.24 习题 3 图

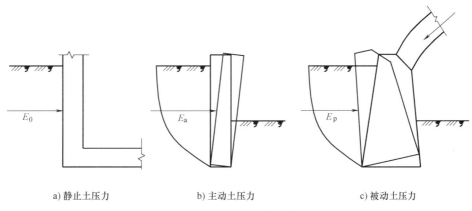

土侧压力及水压力 第3章

本章要求理解土压力的概念和分类；掌握朗金土压力计算理论和计算方法；掌握工程中常见的几种土压力计算；了解水压力的原理和计算方法；掌握静水压力和流水压力的计算方法；了解波浪荷载和冰荷载对建筑物的作用及其计算方法。

3.1 土体侧压力计算理论

3.1.1 土的侧压力

土的侧向压力是指挡土墙后的填土因自重或外荷载作用对墙背产生的侧向压力，简称土压力。挡土墙是用来防止土体坍塌的构筑物，广泛应用于房屋、水利、公路、铁路和桥梁工程中。土压力是挡土墙的主要荷载，因此设计挡土墙时首先要确定土压力的性质、大小、方向和作用点。

根据挡土墙的位移情况和墙后土体所处的应力状态，土侧压力可分为静止土压力、主动土压力和被动土压力。挡土结构的移动情况包括滑移、地基变形引起的转动、构件截面刚度不足造成的较大变形等。

（1）静止土压力 挡土墙在墙后填土压力的作用下，不产生任何方向的位移或转动而保持原有位置，则墙后土体处于弹性平衡状态，如图 3.1a 所示，此时墙背所受的土压力称为静止土压力，一般用 E_0 表示。例如地下室的外侧墙，如图 3.2a 在楼板或梁的支撑作用

a) 静止土压力   b) 主动土压力   c) 被动土压力

图 3.1　挡土墙的三种土压力

下，几乎没有位移发生，故作用于外墙回填土的侧向压力可按静止土压力计算。

a) 地下室外墙 E_0

b) 基坑开挖 E_a

c) 基坑支护 E_p

图 3.2 工程中三种土压力类型案例

（2）主动土压力 挡土墙在墙后填土压力的作用下，背离墙背方向移动或转动时，如图 3.1b 所示，墙后土压力从静止土压力逐渐减小，直至墙后土体出现滑动面。滑动面以上的土体将沿这一滑动面向下、向前滑动，当作用在墙背上的土压力达到最小值，滑动楔体内应力处于主动极限平衡状态时，作用于墙背上的土压力称为主动土压力，用 E_a 表示。例如基础开挖中的围护结构，如图 3.2b 由于土体开挖，基础内侧失去支撑，围护墙体向坑内产生一定的位移，这时作用在墙体外侧的土压力可按主动土压力计算。

（3）被动土压力 挡土墙在外力作用下向墙背方向移动或转动时，如图 3.1c 所示，墙体挤压墙后土体，作用于墙背上的土压力从静止土压力逐渐增大，当墙位移或转动足够大时，墙后土体开始上隆，土体内出现滑动面。滑动楔体内应力处于被动极限平衡状态，此时作用在墙背的土压力达到最大值，称为被动土压力，用 E_p 表示。例如基坑支护，如图 3.2c 所示，在基坑开挖的过程中为防止土体发生滑落，在内部进行支护，这样支护的土体所受土压力为被动土压力。另拱桥在桥面荷载作用下，拱体将水平推力传至桥台，桥台背后的土体受到挤压，此时作用在桥台背后的侧向土压力可按被动土压力计算。

一般情况下，对同一挡土墙，在填土的物理力学性质相同的条件下，主动土压力最小，被动土压力最大，静止土压力居于二者之间，即

$$E_a < E_0 < E_p \tag{3.1}$$

试验研究表明，挡土墙上的土压力大小、分布规律，除了主要和墙的移动情况有关，还与挡土墙的高度、截面刚度（挡土墙的截面形状）、墙后填土的物理力学性质（墙后填土的含水率、强度指标、黏聚力、内摩擦角等）、填土面的形式（填土面水平、上斜或下倾等）、挡土结构构件的材料、墙和地基之间的摩擦特性、填土表面是否有荷载及填土内的地下水位等因素有关，这些因素均影响土压力的大小。

3.1.2 土压力计算基本原理

土压力计算是一个比较复杂的问题，工程设计中通常采用古典的朗金理论或库仑理论，通过修正、简化来确定土压力。下面以朗金理论为例，介绍土压力的基本原理和计算方法。

（1）基本原理 朗金土压力理论通过研究弹性半空间土体，应力状态和以土体极限平衡条件导出的土压力计算方法。朗金土压力理论的基本假设为：①对象为弹性半空间土体；

②不考虑挡土墙及回填土的施工因素；③挡土墙墙背竖直、光滑，填土面水平，无超载。

根据假设，墙后填土与墙背之间无摩擦力产生，故剪应力为零，即墙背为主应力面。

主应力平面：在平面应力状态中有一个主应力为零。

土体的强度破坏通常指剪切破坏，而不是抗压或抗拉强度破坏。这是因为地基受荷载后土中各点同时产生法向应力和剪应力，其中法向应力将对土体产生约束，这是有利的，而剪应力作用使土体发生剪切破坏，这是不利因素。

土体的极限平衡状态：指土体的剪应力等于其抗剪强度的临界状态。

$$\tau = \sigma\tan\varphi + c \tag{3.2}$$

由土的强度理论可知，当土体处于极限平衡状态时，土中任意一点的最大主应力 σ_1 与最小主应力 σ_3 之间，满足任意斜截面上的应力：

$$\left. \begin{array}{l} \sigma = \dfrac{\sigma_1+\sigma_3}{2} + \dfrac{\sigma_1-\sigma_3}{2}\cos2\alpha \\[3mm] \tau = \dfrac{\sigma_1-\sigma_3}{2}\sin2\alpha \end{array} \right\} \tag{3.3}$$

取 $\sigma\text{-}\tau$ 为坐标系，在横坐标上，确定最大主应力和最小主应力，以两者之差为直径画圆，即莫尔应力圆，可以用其表示任意斜截面上法向应力与剪应力。

1) 弹性静止状态。当挡土墙不发生任何位移或转动，则可认为墙后土体处于弹性静止状态，如图3.3a所示，此时墙背上的应力状态与弹性半空间土体应力状态相同，墙背水平面和竖直面均无剪应力存在，则在离填土表面深度 z 处各应力状态为：

竖向应力 $\qquad\qquad\qquad\qquad \sigma_z = \sigma_1 = \gamma z \tag{3.4}$

水平应力 $\qquad\qquad\qquad\qquad \sigma_x = \sigma_3 = K_0\gamma z \tag{3.5}$

式中　K_0——静止土压力系数，土体水平应力与竖向应力的比值，可近似按 $K_0 = 1-\sin\varphi'$ 计算；

$\qquad\varphi'$——土的有效内摩擦角；

$\qquad\gamma$——墙后填土重度。

2) 塑性主动状态。当挡土墙离开土体向远离墙背方向移动时，墙后土体有伸张趋势，如图3.3b所示，此时墙后土体竖向应力 σ_z 不变，水平应力 σ_x 逐渐减小，直到减小到土体达到塑性极限平衡状态，σ_x 达到最小值，称为主动土压力强度 σ_a，此时 σ_a 是小主应力 σ_3，而 σ_z 是大主应力 σ_1，并且莫尔圆与抗剪强度包线相切时为主动极限平衡状态 $\tau = \sigma\tan\varphi + c$。

此时应力状态为：

竖向应力 $\qquad\qquad\qquad\qquad \sigma_z = \sigma_1 = 常数 \tag{3.6}$

水平应力 $\qquad\qquad\qquad\qquad \sigma_x = \sigma_3 = \sigma_a \tag{3.7}$

3) 塑性被动状态。挡土墙在外力作用下对土体产生挤压时，如图3.3c所示，竖向应力 σ_z 仍不变，而水平应力 σ_x 随墙体位移增加而逐渐增大，直到挡土墙对土体的挤压使 σ_x 增大到塑性极限平衡状态，σ_x 达到最大值，称为被动土压力强度 σ_p，此时应力状态为：

竖向应力 $\qquad\qquad\qquad\qquad \sigma_z = \sigma_3 = 常数 \tag{3.8}$

水平应力 $\qquad\qquad\qquad\qquad \sigma_x = \sigma_1 = \sigma_p \tag{3.9}$

(2) 土侧压力的计算

1) 静止土压力。在填土表面下任意深度 z 处的单元体，受到作用其上的竖向土体自重

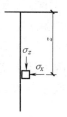

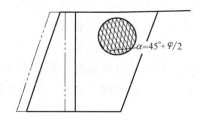

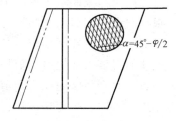

a) 深度z处的应力状态   b) 主动朗金状态   c) 被动朗金状态

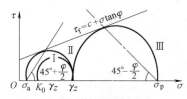

d) 莫尔圆表示的朗金状态

图 3.3   弹性半空间土的极限平衡状态

应力 γz，由于土体在竖直面和水平面均无剪应力，则该处的静止土压力强度为

$$\sigma_0 = K_0 \gamma z \tag{3.10}$$

式中 K_0——静止土压力系数，可近似按 $K_0 = 1 - \sin\varphi'$（φ' 为土的有效内摩擦角）计算。

上式表明，当墙后为均质填土时，静止土压力沿墙高为三角形分布。如图 3.4 所示，取单位墙长计算作用在挡土墙背上的静止土压力为

$$E_0 = \frac{1}{2} \gamma H^2 K_0 \tag{3.11}$$

式中 H——挡土墙高度（m）；

E_0——总静止土压力，作用在距墙底 $H/3$ 处。

2）主动土压力。假设墙后填土面水平，墙后土体处于主动朗金状态时，墙背土体离地表任意深度 z 处的竖向应力 σ_z 为最大主应力 σ_1，水平应力 σ_x 为小主应力 σ_3，由极限平衡条件可得主动土压力强度 σ_a 为最小主应力，则可得

无黏性土 $\sigma_a = \gamma z K_a \tag{3.12}$

黏性土 $\sigma_a = \gamma z K_a - 2c\sqrt{K_a} \tag{3.13}$

$$K_a = \tan^2\left(45° - \frac{\varphi}{2}\right) \tag{3.14}$$

式中 K_a——主动土压力系数；

γ——墙后填土的重度（地下水位以下采用有效重度）（kN/m³）；

c——填土的黏聚力（kPa）；无黏性土，$c = 0$；

φ——填土的内摩擦角；

z——所计算的点离填土面的深度（m）。

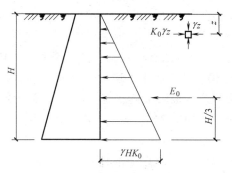

图 3.4   静止土压力分布图

① 无黏性土主动土压力。由式（3.14）可知，主动土压力强度 σ_a 与 z 成正比，沿墙高呈三角形分布，如图 3.5b 所示，取单位墙长计算，则主动土压力为

$$E_a = \frac{1}{2}\gamma H^2 K_a \tag{3.15}$$

式中　E_a——主动土压力，通过三角形的形心，作用在墙底 $H/3$ 处。

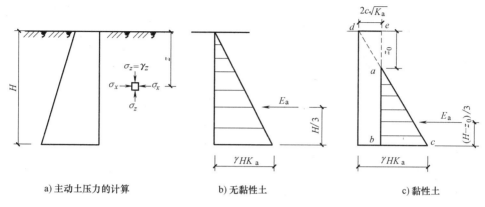

a) 主动土压力的计算　　　b) 无黏性土　　　c) 黏性土

图 3.5　主动土压力分布

② 黏性土主动土压力。由式（3.13）可知，主动土压力包括两部分：$\gamma z K_a$ 为土自重引起的土压力，$2c\sqrt{K_a}$ 为由黏聚力 c 引起的负侧压力。两部分土压力叠加的结果如图 3.5c 所示，其中三角形 ade 部分相对墙体是拉力，考虑到墙体与土体之间不能承受拉力，因此计算时略去不计，因此黏性土的土压力分布仅是三角形 abc 部分。此时取单位墙长计算，则主动土压力 E_a 为

$$E_a = \frac{1}{2}\gamma H^2 K_a - 2cH\sqrt{K_a} + \frac{2c^2}{\gamma} \tag{3.16}$$

E_a 通过三角形压力分布图 abc 的形心，作用在离墙底 $(H-z_0)/3$ 处；z_0 为临界深度，即 a 点离填土面的深度，当填土表面无荷载时，主动土压力强度为零，由式（3.13）可得

$$z_0 = \frac{2c}{\gamma\sqrt{K_a}} \tag{3.17}$$

3）被动土压力。当挡土墙在外力作用下挤压土体后土体处于被动朗金状态时，自填土表面下深度 z 处的竖向应力 σ_z 为最小主应力 σ_3，而水平应力成为大主应力 σ_1。由极限平衡条件可得侧向应力即被动土压力强度 σ_p 为最大主应力，则可得

无黏性土　　　　　　　　　　$\sigma_p = \gamma z K_p \tag{3.18}$

黏性土　　　　　　　　　　$\sigma_p = \gamma z K_p + 2c\sqrt{K_p} \tag{3.19}$

$$K_p = \tan^2\left(45° + \frac{\varphi}{2}\right) \tag{3.20}$$

式中　K_p——被动土压力系数；

　　　c——填土的黏聚力（kPa），无黏性土，$c=0$；

　　其他参数同上。

① 无黏性土被动土压力。由式（3.18）可知，被动土压力强度 σ_p 与 z 成正比，呈三角

形分布，如图 3.6b 所示，取单位墙长计算，则被动土压力为

$$E_p = \frac{1}{2}\gamma H^2 K_p \qquad (3.21)$$

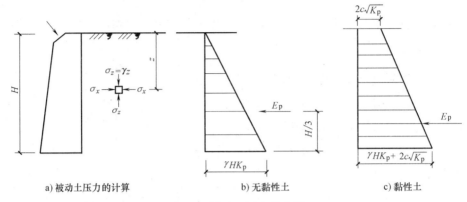

a) 被动土压力的计算　　　　b) 无黏性土　　　　c) 黏性土

图 3.6　被动土压力分布图

② 黏性土被动土压力。被动土压力强度呈梯形分布，如图 3.6c 所示，取单位墙长计算，则被动土压力为

$$E_p = \frac{1}{2}\gamma H^2 K_p + 2cH\sqrt{K_p} \qquad (3.22)$$

被动土压力 E_p 通过三角形或梯形压力分布图的形心。

3.1.3　工程中常见的几种土压力计算

上述几种土压力计算是完全满足朗金理论的基本假定的，然而工程中很少是这种理想状态，因此在不满足朗金理论的基本假定的情况下，可以将问题进行等效变换，然后使其满足朗金理论的计算理论。下面介绍几种特殊的常见的土压力的等效处理方法（以主动土压力为例）。

1. 挡土墙后填土为成层土

填土由性质不同的土层组成时，第一层土的土压力按均质土计算，土压力的分布为图 3.7 中的 abc 部分（以无黏性土为例）；计算第二层土时，将第一层土按重度换算成与第二层重度相同的当量土层来计算，当量土层厚为 $\gamma_1 h_1 / \gamma_2$，然后按均质土计算第二层土的土压力，计算中应注意各层土计算所采用的土压力系数是不同的。

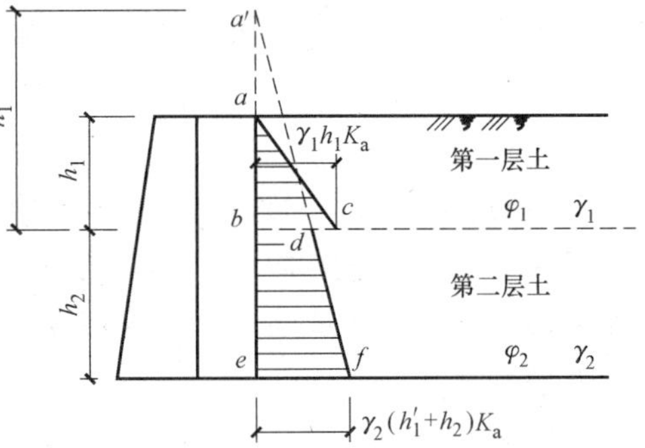

2. 挡土墙后填土中有地下水

图 3.7　墙后填土为成层土

挡土墙后填土中有地下水时，作用在墙背上的侧压力包括土压力和水压力两部分，地下水位以下计算时应采用有效重度，同时，地下水对墙背产生静水压力作用。土压力计算时，除了水下采用有效重度外，其他同上。以无黏性土为例，土压力分布如图 3.8 中 aced 所示，各处的土压力强度如下：

地下水位标高处 $\qquad\qquad \sigma_{ba} = \gamma h_1 K_a \qquad (3.23)$

挡土墙根部处
$$\sigma_{da} = \gamma h_1 K_a + (\gamma' - \gamma_w) h_2 K_a \tag{3.24}$$

图 3.8 中的静水压力 cfe 按下式计算：

$$P_w = \frac{1}{2} \gamma_w h_2^2 \tag{3.25}$$

3. 墙后填土表面承受荷载时土压力

（1）填土表面承受均布连续的荷载 q（kN/m^2）　挡土墙后填土表面有均布荷载 q 作用时，可将均布荷载 q 换算成当量土重，用假想的土重代替均布荷载，如图 3.9 所示。设当量土层厚度为 h，则有

$$h = \frac{q}{\gamma} \tag{3.26}$$

式中　q——均布荷载（kN/m^2）。

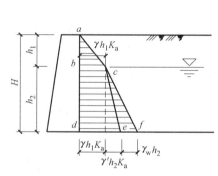

图 3.8　填土中有地下水

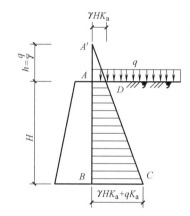

图 3.9　墙后填土表面有均布荷载

将原有土层和当量土层均看成墙后填土，作为墙背，则墙高和土层厚度均为 $H+h$，此时按填土表面没有荷载计算土压力。当填土为无黏性土时，实际填土表面 A 点的土压力为

$$\sigma_{Aa} = \gamma h K_a = q K_a \tag{3.27}$$

墙底面的土压力为

$$\sigma_{Ba} = \gamma(H+h) K_a = (\gamma H + q) K_a \tag{3.28}$$

因此，由图 3.9 可知，实际的土压力图形为梯形 $ABCD$，土压力作用点在梯形重心。

（2）填土表面承受局部均布荷载 q（kN/m^2）

1）均布荷载 q 距墙背某一距离开始。当填土表面上的均布荷载从墙背后某一距离开始，如图 3.10a 所示，按照朗金理论的基本假定是不符合的，因此由经验可做近似的处理，因此土压力计算从理论上可按以下步骤进行：自均布荷载起点 O 作辅助线 OD、OE，且和墙背交于 D、E 点，OD 与水平面夹角为 φ，OE 与水平面夹角为 θ，当墙背光滑时，θ 近似采用 $45° + \varphi/2$，此时认为 D 点以上土压力不受表面均布荷载的影响，按无荷载情况计算；E 点以下土压力完全受均布荷载的影响，应按连续均布荷载情况计算；D、E 点间土压力以直线连接，墙背 AB 上的土压力分布为图中阴影部分所示。阴影部分面积即为总的主动土压力大小，作用点在阴影部分的形心。

2）当均布荷载在一定宽度范围内时，如图 3.10b 所示，从荷载首尾 O 及 O' 作两条辅助

线，与水平面均成 θ 角，交墙背于 D、E 点，认为 D 点以上和 E 点以下的土压力都不受地面荷载的影响，D、E 之间的土压力按有均布荷载情况计算。AB 墙面上的主动土压力分布如图阴影部分所示，主动土压力大小为阴影部分面积，作用在阴影面积的形心。

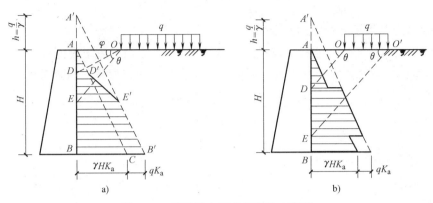

图 3.10　墙后填土面有局部均布荷载

3.1.4　例题

【例 3-1】　有一挡土墙，高 8m，墙背直立、光滑，填土面水平。填土的物理力学性质如下：$\varphi = 30°$、$\gamma = 18\text{kN/m}^3$。试求静止、主动和被动土压力及其作用点。

【解】　（1）$E_0 = \dfrac{1}{2}\gamma H^2 K_0 = \dfrac{1}{2} \times 18.0 \times 8^2 \times (1 - \sin 30°)\text{kN/m} = 288.0\text{kN/m}$

作用点位于墙底 $H/3 = 2.67\text{m}$ 处。

（2）$E_a = \dfrac{1}{2}\gamma H^2 K_0 = \dfrac{1}{2} \times 18.0 \times 8^2 \times \tan^2\left(45° - \dfrac{30°}{2}\right)\text{kN/m} = 192\text{kN/m}$

作用点位于墙底 $H/3 = 2.67\text{m}$ 处。

（3）$E_p = \dfrac{1}{2}\gamma H^2 K_0 = \dfrac{1}{2} \times 18.0 \times 8^2 \times \tan^2\left(45° + \dfrac{30°}{2}\right)\text{kN/m} = 192\text{kN/m}$

作用点位于墙底 $H/3 = 2.67\text{m}$ 处。

【例 3-2】　有一挡土墙高 6m，墙背直立、光滑，填土面水平。填土的物理力学性质如下：$c = 10\text{kPa}$，$\varphi = 20°$、$\gamma = 18\text{kN/m}^3$。试求主动土压力及其作用点，并绘出主动土压力分布图，求出土压力作用点位置。

【解】　1）在墙底处的主动土压力强度为

$$\sigma_a = \gamma H \tan^2\left(45° - \dfrac{\varphi}{2}\right) - 2c\tan\left(45° - \dfrac{\varphi}{2}\right)$$

$$= 18 \times 6 \times \tan^2\left(45° - \dfrac{20°}{2}\right)\text{kPa} - 2 \times 10 \times \tan\left(45° - \dfrac{20°}{2}\right)\text{kPa}$$

$$= 38.92\text{kPa}$$

2）主动土压力

$$E_a = \frac{1}{2}\gamma H \tan^2\left(45° - \frac{\varphi}{2}\right) - 2c\tan\left(45° - \frac{\varphi}{2}\right) + \frac{2c^2}{\gamma}$$

$$= \frac{1}{2} \times 18 \times 6^2 \times \tan^2\left(45° - \frac{20°}{2}\right) \text{kN/m} - 2 \times 10 \times 6 \times \tan\left(45° - \frac{20°}{2}\right) \text{kN/m} + \frac{2 \times 10^2}{18} \text{kN/m}$$

$$= 85.87 \text{kN/m}$$

3）计算临界深度

$$z_0 = \frac{2c}{\gamma\sqrt{K_a}} = \frac{2 \times 10}{18 \times \tan\left(45° - \frac{20°}{2}\right)} \text{m} \approx 1.59 \text{m}$$

4）绘出主动土压力强度分布图，如图 3.11 所示。

5）计算主动土压力 E_a 离墙底的距离为

$$\frac{(H - z_0)}{3} = \frac{6 - 1.59}{3} \text{m} = 1.47 \text{m}$$

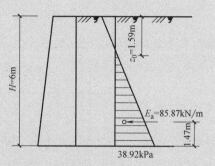

图 3.11　例 3-2 土压力强度分布图

【例 3-3】　某挡土墙如图 3.12a 所示，墙高 6m，墙后填土的物理力学性能指标为：$\gamma = 19 \text{kN/m}^3$；$\varphi = 30°$；$c = 0$。墙背竖直光滑，填土面水平且作用均布荷载 $q = 20 \text{kPa}$。试求：墙后土体的主动土压力 E_a，并绘出土压力强度分布图。

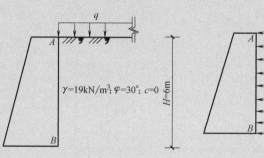

a）挡土墙示意图　　　　b）土压力强度分布图

图 3.12　例 3-3 挡土墙及土压力强度分布图

【解】　1）均布荷载转为当量土层厚度 h：$h = \frac{q}{\gamma} = 20/19 \text{m} = 1.05 \text{m}$

2）墙顶处的主动土压力强度：$\sigma_{aA} = K_a\gamma h = q\tan^2\left(45° - \frac{\varphi}{2}\right)$

$$= 20\tan^2\left(45° - \frac{30°}{2}\right) \text{kPa} = 6.67 \text{kPa}$$

3）墙底处的主动土压力强度：

$$\sigma_{aB} = K_a\gamma(h + H) = \tan^2\left(45° - \frac{30°}{2}\right) \times 19 \times (1.05 + 6) \text{kPa}$$

$$= 38.32 \text{kPa}$$

4）每延米墙长（$l = 1\text{m}$）主动土压力 E_a：

$$E_a = \frac{(\sigma_{aA} + \sigma_{aB})}{2} Hl = \frac{(6.67 + 38.32)}{2} \times 6 \times 1\text{kN} = 134.96\text{kN}$$

5）主动土压力强度分布图，如图 3.12b 所示。

【例3-4】 某一挡土墙，墙高 8m，墙背竖直光滑，填土表面作用 20kN/m^2 的均载，墙后填土的物理力学指标如图 3.13a 所示，试计算墙后主动土压力 E_a。

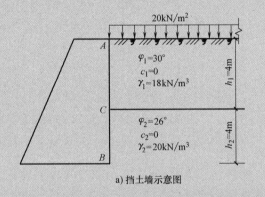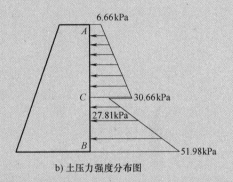

a）挡土墙示意图　　　　　　b）土压力强度分布图

图 3.13　例 3-4 挡土墙及土压力强度分布图

【解】 （1）均布荷载转为当量土层厚度：$h_1' = \dfrac{q}{\gamma_1} = 20/18\text{m} = 1.11\text{m}$

（2）墙顶处 A 点的主动土压力强度：$\sigma_{aA} = K_a \gamma h_1' = \tan^2\left(45° - \dfrac{\varphi}{2}\right) \times 18 \times 1.11\text{kPa}$

$$= 1.11\tan^2\left(45° - \frac{30°}{2}\right) \times 18\text{kPa} = 6.66\text{kPa}$$

（3）C 点的主动土压力强度：$\sigma_{aC} = K_a \gamma_1 (h_1' + h_1) = \tan^2\left(45° - \dfrac{\varphi}{2}\right) \times 18 \times (1.11 + 4)\text{kPa}$

$$= 30.66\text{kPa}$$

（4）将当量后的第一层填土转换成第二层填土相应的土层厚度

$$h_2' = \frac{\gamma_1}{\gamma_2}(h_1 + h_1') = \frac{18}{20} \times (4 + 1.11)\text{m} = 4.60\text{m}$$

（5）当量后 C 点的主动土压力强度：

$$\sigma_{aC} = K_{a2}\gamma_2 h_2' = \tan^2\left(45° - \frac{\varphi}{2}\right) \times 20 \times 4.60\text{kPa} = 27.81\text{kPa}$$

（6）墙底 B 点的主动土压力强度：

$$\sigma_{aB} = K_{a2}\gamma_2(h_2' + h_2) = \tan^2\left(45° - \frac{\varphi}{2}\right) \times 20 \times (4.60 + 4)\text{kPa} = 51.98\text{kPa}$$

（7）绘出主动土压力强度分布图 如图 3.13b 所示。

【例 3-5】 挡土墙墙背竖直光滑,填土面水平且作用均布荷载,且填土深度 4m 处有水作用,具体截面尺寸和填土的物理力学指标如图 3.14a 所示,求墙所受到的主动土压力,并绘出土压力分布图。

【解】 (1) 先将均布荷载换算成第一层土的当量土重

$$h = \frac{q}{\gamma} = \frac{50}{20}\text{m} = 2.5\text{m}$$

(2) 求截面 A 和 B 上侧土压力强度

$$\sigma_{aA} = \gamma h K_a = 20 \times 2.5 \times \tan^2\left(45° - \frac{30°}{2}\right)\text{kPa}$$

$$= 16.67\text{kPa}$$

$$\sigma_{aB上} = \gamma(h + h_1)K_a = 20 \times (2 + 2.5)\tan^2\left(45° - \frac{30°}{2}\right)\text{kPa}$$

$$= 30\text{kPa}$$

(3) 在地下水位下土压力强度:

1) B 点下表面土压力强度

$$\sigma_{aB下} = \gamma(h + h_1)K_a' = 20 \times (2 + 2.5)\tan^2\left(45° - \frac{26°}{2}\right)\text{kPa}$$

$$= 35.14\text{kPa}$$

2) C 截面处由地下水影响所产生的土压力强度

$$\sigma_{awC} = \gamma' h_2 K_a' = 10 \times 10 \times \tan^2\left(45° - \frac{26°}{2}\right)\text{kPa}$$

$$= 39.05\text{kPa}$$

3) C 截面总的土压力强度

$$\sigma_{aC} = (35.14 + 39.05)\text{kPa} = 74.19\text{kPa}$$

4) 绘出土压力强度分布图如图 3.14b 所示。

5) 求土压力

$$E_a = \frac{1}{2} \times (16.67 + 30)h_1 + \frac{1}{2} \times (35.14 + 74.19)h_2$$

$$= 0.5 \times (16.67 + 30) \times 2\text{kN/m} + 0.5 \times (35.14 + 74.19) \times 10\text{kN/m}$$

$$= 593.32\text{kN/m}$$

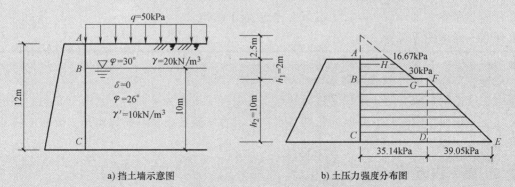

a) 挡土墙示意图   b) 土压力强度分布图

图 3.14 例 3-5 挡土墙及土压力强度分布图

3.2 水压力及流水压力

修建在水体中或含有地下水的地层中的结构物常受到水的作用。水对结构物既有物理作用又有化学作用。化学作用表现为水对结构物的腐蚀或侵蚀作用。物理作用表现为水对结构物的力学作用。根据水体状态的不同，可分为水对结构物表面产生的静水压力和动水压力。

3.2.1 静水压力

静水压力指静止的液体对其接触面产生的压力，作用在结构物侧面的静水压力有其特别重要的意义，尤其在建造水闸、堤坝、码头等工程时，必须考虑静水压力，它可能导致结构物的滑动或倾覆。

静止或相对静止的液体质点之间没有相对运动，不产生黏滞切应力。因此认为：静水压强指向作用面内部，并垂直作用面；静止液体中任一点处各个方向的静水压强都相等，与作用面的方位无关。

静水压力的分布符合阿基米德定律，为了合理地确定静水压力，将静水压力分成水平及垂直分力，垂直分力等于结构物承压面和经过承压面底部的母线到自由水面所作的垂直面之间的"压力体"体积的水重，如图 3.15 中 abc、$a'b'c'$ 所示。根据定义，其单位厚度上的水压力计算公式为

$$W = \int 1 \cdot \gamma ds = \iint \gamma dx dy \qquad (3.29)$$

式中　γ——水的重度（kN/m^3）。

静水压力的水平分力仍然是水深的直线函数关系，当质量力仅为重力时，在自由液面下作用在结构物上任意一点 A 的压强为

$$p_A = \gamma h_A \qquad (3.30)$$

式中　h_A——结构物上的计算点在水面下的掩埋深度（m）；

　　　γ——液体重度（kN/m^3）。

如果液体不是具有自由表面，而是在液体表面作用有压强 p_0，依据帕斯卡（Pas-cal）定律，则液面下结构物上任意一点 A 的压强为

$$p_A = p_0 + \gamma h_A \qquad (3.31)$$

静水压力总是作用在结构物表面的法线方向，因此水压力在结构物表面上的分布跟受压面的形状有关：受压面为平面时，水压分布图的外包线为直线；受压面为曲面时，曲面的长度与水深不成直线函数关系，所以水压力分布图的外包线亦为曲线，如图 3.16 所示。

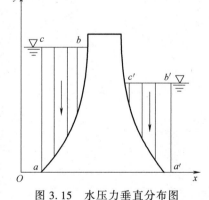

图 3.15　水压力垂直分布图

3.2.2 动水压力

在水流过结构物迎水面时，水流的方向会因结构物构件的阻碍而改变，因而会对结构物

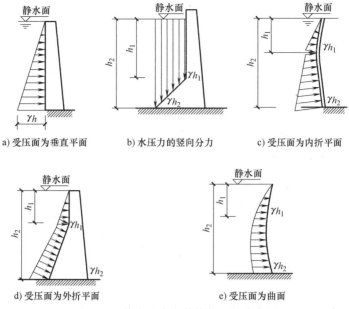

图 3.16　静水压力在结构物上的分布图

产生切应力和正应力，其大小与结构物的截面形状、水流速度、阻水面积有关，也要受到水流形状、水温、水的黏滞性影响。水的切应力与水流的方向一致，但它只有在水高速流动时，才表现出来；正应力是由于水的重量和水的流速发生改变而产生。在一般的荷载计算中，考虑较多的是水流对结构物产生的正应力。

结构物表面上某点的压力，可以用静水压力和流水引起的动水压力之和来表示：

$$p = p_{静} + p_{动} \tag{3.32}$$

而瞬时的动水压力为时段平均动压力和脉动压力之和，因此式（3.32）可写成

$$p = p_{静} + \overline{p}_{动} + p' \tag{3.33}$$

式中　p'——脉动压力；

$\overline{p}_{动}$——时段平均动压力。

平均动压力 $\overline{p}_{动}$ 和脉动压力 p' 可以用流速来计算：

$$\overline{p}_{动} = C_{p} A \frac{\gamma v^2}{2g} \tag{3.34}$$

$$p' = \delta A \frac{\gamma v^2}{2g} \tag{3.35}$$

式中　C_{p}——压力系数，可按分析方法或用半经验公式或直接由室内试验确定；

δ——脉动系数；

γ——水的重度（kg/m^3）；

v——水的平均流速（m/s）；

A——力的作用面积（m^2）。

脉动压力是随时间变化的随机变量，因而要用统计学方法来描述脉动过程。脉动压力的均方差 σ（脉动标准）是其主要统计特征。

在实际计算中 p' 采用较大的可能值，一般取 $3\sim5$ 倍的脉动标准。

动水压力的作用还可能引起结构物的振动，甚至使结构物产生自激振动或共振，而这种振动对结构物是非常有害的，在结构设计时，必须加以考虑，以确保设计的安全性。

JTG D60—2015《公路桥涵设计通用规范》给出了桥墩上流水压力标准值的计算公式为

$$F_w = KA \frac{\gamma v^2}{2g} \qquad (3.36)$$

式中　γ——水的重度（kN/m）；

　　　v——设计流速（m/s）；

　　　A——桥墩阻水面积（m^2），计算至一般冲刷线处；

　　　g——重力加速度，$g = 9.81 m/s^2$；

　　　K——桥墩形状系数，方形桥墩取 1.5，矩形桥墩取 1.3，圆形桥墩取 0.8，尖端形桥墩取 0.7，圆端形桥墩取 0.6。

流水作用点在设计水位下 0.3 倍水深处。桥墩宜做成圆形、圆端形或尖端形，以减少流水压力。

3.3　波浪荷载

波浪是液体质点在外力作用下振动的发生和传播。当风持续地作用在水面上时，水质点做复杂的旋转、前进运动而产生波浪。在有波浪时，水对结构物产生的附加应力称为波浪压力，又称波浪荷载。

波浪的运动是能量的传播和转化。大的波浪对岸边的冲击力很大，如海中波浪对海岸的冲击力可达 $20\sim30t/m^2$，大者可达 $60t/m^2$。

3.3.1　波浪分类

波浪具有波的一切特性，描述波浪运动性质和形态的要素包括：波长 λ、周期 τ、波幅 h（波浪力学中称为浪高）、波浪中心线高出静水面的高度 h_0，如图 3.17 所示。影响波浪的形状和各参数值的因素有：风速 v、风的持续时间 t、水深 H 和吹程 D（吹程等于岸边到构筑物的直线距离）。目前确定波浪各要素的方法主要采用半经验公式。

影响波浪性质的因素多为不确定因素。现行波浪的分类方法有以下几种：

第一种分类：海洋表面的波浪按频率（或周期）排列来分类。

第二种分类：根据干扰力来分类，如风成波、潮汐波、船行波等。

第三种分类：把波分成自由波和强迫波。自由波是指波动与干扰力无关而只受水性质的影响，当干扰力消失后，波的传播和演变依靠惯性力和重力作用继续运动；强迫波的传播既受干扰力的影响又受水性质的影响。

第四种分类：根据波浪前进时，是否有流量产生，把波分为输移波和振动波。输移波指波浪传播时伴有流量，而振动波传播时则没有流量产生。振动波根据波前进的方向又可分为推进波和立波，推进波是向前推进的，有水平方向的运动，立波不再向前推进，没有水平方向的运动。

如果考虑水深不同对波浪的影响，还可分成深水波和浅水波。深水波指水域底部对波浪

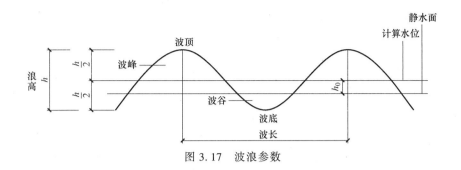

图 3.17 波浪参数

运动的形成无影响，浅水波指水域底部对波浪运动的形成产生影响。

3.3.2 波浪荷载的计算

近海建筑物及构筑物（码头、护岸、采油平台等）都需要计算波浪荷载。波浪荷载不仅与波浪本身的特性有关，还与建（构）筑物的形式、受力特性，当地的地形地貌，海底坡度等有关。根据经验，一般情况下当波高超过 0.5m 时，应考虑波浪对构筑物的作用力。不同类型的构筑物（参见表 3.1），其波浪荷载的计算方法也不同。

表 3.1 构筑物的分类

类型	直墙或斜坡	桩柱	墩柱
L/λ	$L/\lambda > 1$	$L/\lambda < 0.2$	$0.2 < L/\lambda < 1$

注：L 为构筑物水平轴线长度；λ 为波浪波长。

（1）直墙上的波浪荷载 一般应按三种波浪进行设计：立波——原始推进波冲击垂直墙面后与反射波相互叠加形成的干涉波；近区破碎波——在距直墙附近半个波长范围内发生破碎的波；远区破碎波——在距直墙半个波长外发生破碎的波。

1）立波的压力。Sainflow 方法作为计算直墙上立波荷载最古老、最简单的方法，所求解的是有限水深立波的一次近似解，它的适用范围为相对水深 H/λ 介于 $0.135 \sim 0.20$ 之间，波陡 $h/\lambda \leqslant 0.035$。若水深增大，$H/\lambda$ 增大，计算结果偏大。以下介绍给定安全系数的 Sainflow 方法的简化压强计算公式。

① 波峰压强。

静水面处的波浪压力强度

$$p_1 = (p_2 + \gamma H)\left(\frac{h + h_0}{h + H + h_0}\right) \tag{3.37}$$

其中，波峰时水底处波压力强度

$$p_2 = \frac{\gamma h}{\cosh\left(\dfrac{2\pi H}{\lambda}\right)} \tag{3.38}$$

$$h_0 = \frac{\pi h^2}{\lambda}\coth\left(\frac{2\pi H}{\lambda}\right) \tag{3.39}$$

式中 γ——水的重度。

② 波谷压强。

静水面下 $h - h_0$ 处的波压强度

$$p_1' = \gamma(h - h_0) \tag{3.40}$$

波谷时水底处波压力强度
$$p_2' = p_2 = \frac{\gamma h}{\cosh\left(\dfrac{2\pi H}{\lambda}\right)} \qquad (3.41)$$

式中符号如图 3.18 所示。为便于应用，各种规范中常给出 Sainflow 方法计算图表，以备查用。学者们还得到了浅水立波的二阶、三阶、四阶近似解。

直墙上立波压力的其他计算方法可参考相应文献。

2）远区破碎波的压力。

波浪发生破碎的位置距离直墙在半个波长以外，这种破碎波称为远区破碎波。破碎波对直墙的作用力相当于一般水流冲击直墙时产生的波压力。实验表明，这种压力的最大值出现在静水面以上 $\dfrac{1}{3}h_1$ 处（h_1 为远区破碎波的波高），沿直墙的压力分布为：向下，从最大压力开始按直线递减，到墙底处压力减为最大压力的 1/2；向上也是按直线法则递减，到静水位面以上 $z = h_1$ 时，波压力变为零，其分布如图 3.19 所示。

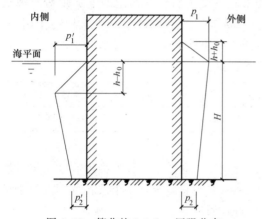

图 3.18　简化的 Sainflow 压强分布

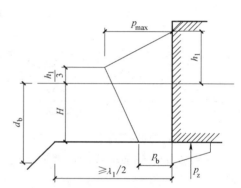

图 3.19　远区破碎波在直墙上的压强分布

作用在直墙上的最大压强为

$$p_{\max} = K\gamma \frac{\mu^2}{2g} \qquad (3.42)$$

式中　K——实验资料确定的常数，一般取 1.7；

　　　γ——水的重度（kN/m^3）；

　　　μ——波浪冲击直墙的水流速度（m/s）；

　　　g——重力加速度，$g = 9.8m/s^2$。

3）近区破碎波的压力。波浪在距离直墙前半个波长范围内破碎时，会对墙体产生一个瞬时的动压力，数值可能很大。Bagnold 通过对破碎波进行的实验研究，发现只有当破碎波夹杂着空气冲击直墙时，才会发生强烈的冲击压力。因此在进行建（构）筑物设计时，应考虑这种情况。

近区破碎波压力计算常采用最为普遍的 Minikin 法：提出最大压强发生在静水面，并由动静两部分压强组成；最大动压强的计算公式为

$$p_{\mathrm{m}} = 100\gamma H\left(1+\frac{H}{D}\right)\frac{h_{\mathrm{b}}}{\lambda} \qquad (3.43)$$

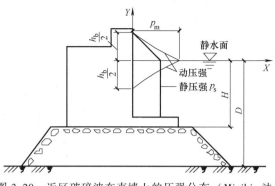

图 3.20　近区破碎波在直墙上的压强分布（Minikin 法）

式中　H——墙前基床上的水深（m）；

$\quad\quad D$——墙前基床外的水深（m）；

$\quad\quad h_{\mathrm{b}}$——破碎波的高（m）；

$\quad\quad \lambda$——对应于水深为 D 处的波长（m）。

最大动压强呈抛物线形式分布，其中静水面处压强最大，在静水面上下 $h_{\mathrm{b}}/2$ 范围内降低，直到距静水面距离为 $h_{\mathrm{b}}/2$ 处，动压力衰减为零，如图 3.20 所示。

动水压强形成的总动压力 R_{m} 为

$$R_{\mathrm{m}} = \frac{p_{\mathrm{m}}h_{\mathrm{b}}}{3} \qquad (3.44)$$

确定作用在构筑物上的总的作用力时，还必须考虑因水位上升而引起直墙上的静水压强，静水压强的计算公式为

$$p_{\mathrm{s}} = \begin{cases} 0.5\rho g h_{\mathrm{b}}\left(1-\dfrac{2y}{h_{\mathrm{b}}}\right), 0\leqslant y\leqslant \dfrac{h_{\mathrm{b}}}{2} \\[2mm] 0.5\rho g h_{\mathrm{b}}, y\leqslant 0 \end{cases} \qquad (3.45)$$

式中　y——静水面到计算点的高度，规定向上为正。

此时，作用在直墙上的总压力为

$$R_{\mathrm{t}} = R_{\mathrm{m}} + \frac{\rho g h_{\mathrm{b}}}{2}\left(H+\frac{h_{\mathrm{b}}}{4}\right) \qquad (3.46)$$

（2）圆柱体上的波浪荷载　考虑到近海构筑物如采油平台等，大多由圆柱形的构件组成，因此在相应的结构设计中需要考虑波浪对圆柱体的作用。波浪对圆柱的荷载作用理论与直墙不同：在计算中按圆柱的几何尺寸把圆柱分为两类：若令圆柱的直径 D 与波长 λ 之比 $D/\lambda=0.2$ 为临界值，则当 $D/\lambda<0.2$ 时，称为小圆柱体；当 $D/\lambda\geqslant0.2$ 时，称为大圆柱体。大、小圆柱体的计算理论不同。

1）小圆柱体波浪荷载的计算。一般采用 Morison 的计算公式，Morison 认为在非恒定流动中的圆柱体，其受力由阻力和惯性力两部分组成，阻力和惯性力的大小之比随条件的不同而变化，即在某种条件下，阻力是主要的，而在另外条件下，惯性力是主要的。计算公式为

$$F = \frac{1}{2}C_{\mathrm{D}}\rho DU\,|\,U\,| + \rho\pi\frac{D^{2}}{4}C_{\mathrm{M}}U \qquad (3.47)$$

式中　F——单位长度的圆柱体的受力（N/m）；

$\quad\quad D$——圆柱体直径（m）；

$\quad\quad U$——质点水平方向的速度分量（m/s）；

$\quad\quad C_{\mathrm{D}}$——阻力系数；

$\quad\quad C_{\mathrm{M}}$——惯性力系数。

以上公式适用于小圆柱的情况。在计算中 C_D、C_M 值的选择是非常困难的，我国规范规定：对圆形柱体不考虑雷诺数的影响，C_D 均取 1.2，C_M 取 2.0，一般讲，惯性力系数 C_M 比阻力系数 C_D 稳定。

2）大圆柱体的波浪荷载计算。圆柱体尺寸较小时，波浪流过柱体时除产生漩涡外，波浪本身的性质并不发生变化，但如果圆柱尺寸相对于波浪来说较大时，当波浪流过圆柱时就会发生绕射现象，因此大圆柱体的受力不同于小圆柱体，其计算理论自然也不同于小圆柱体，而需按绕射理论来确定。

3.4 冰压力

3.4.1 冰压力的分类

由于冰层的作用而对冰凌河流或水库中的结构物等产生的压力，称为冰压力。在具体工程设计中，应根据工程所处当地冰凌的具体条件及结构形式考虑有关冰荷载。冰荷载按照作用性质的不同，也可分为静冰压力和动冰压力。

1）冰堆整体推移产生的静压力——当大面积冰层以缓慢的速度接触结构物时，由于受到结构的阻碍而停滞，从而形成冰层或冰堆现象，使得结构物受到挤压，并在冰层破碎前的一瞬间结构物受到最大压力。

2）风和水流作用于大面积冰层产生的静压力——风和水流推动大面积冰层移动，会对结构产生静压力。可根据水流方向及风向，考虑冰层面积来计算。

3）冰覆盖层受温度影响膨胀时产生的静压力。

4）冰层因水位升降产生的竖向作用而产生的静压力——当冰覆盖层与结构物冻结在一起时，若水位升高，水通过冻结在结构物上的冰盖对结构物产生竖向上拔力。

5）河流流冰产生的冲击动压力——河流、湖泊及水库中，由于冰块的流动对结构物会产生冲击动压力，可根据流动冰块的面积及流动速度按一般力学原理予以计算。

3.4.2 冰压力的计算

冰压力的计算应根据上述冰荷载的分类区别对待，但任何一种冰压力都不得大于冰的破坏力。

（1）静冰压力 影响静冰压力的因素很多，例如冰层厚度、气温、温升率等，计算方法各异，因此所得结果相差较大，一般应根据实际工程情况确定。表 3.2 给出冰厚和静冰压力的关系。

表 3.2　冰厚对静冰压力的影响

冰厚/m	0.4	0.6	0.8	1.0	1.2
静冰压力/（kN/m）	85	180	215	245	280

注：对小型水库冰压力值应乘以 0.87，对大型平原水库乘以 1.25。

（2）动冰压力 流速较大的冰块对桥墩、坝面等结构物的撞击而产生的撞击压力为动冰压力。可见，动冰压力大小与冰块流动的速度、冰块质量、冰块尺寸、冰块流动方向和撞击方向有关，力的作用方向平行于冰块流动的方向。

当冰块的运动方向垂直于或接近垂直于结构物正面时,冰块碰到结构物时可能破碎,也可能只有撞击,而没有破碎。因此动冰压力可按下式计算,取其中较小值。

$$P_1 = 0.07 v_i d_i \sqrt{A_i f_{ic}} \tag{3.48}$$

$$P_2 = \frac{1}{2} f_{ic} b d_i \tag{3.49}$$

式中 P_1——冰块撞击时产生的动冰压力(MN);

P_2——冰块破碎时产生的动冰压力(MN);

v_i——冰块流速(m/s),宜按实测资料确定,当无实测资料时,对河流可采用水流速度;对水库可取历年流冰期内保证率为1%的风速的3%,但不大于0.6m/s;

d_i——流冰厚度(m),可采用当地最大冰厚的0.7~0.8倍;

A_i——冰块面积(m²);

b——结构物在冰作用处的宽度(m);

f_{ic}——冰的抗压强度(kPa)。

实际工程中,对不宜承受冰压力的部位,如闸门、进水口等,应采取防冰、破冰措施。

(3)极限冰荷载 冰的破坏力取决于结构物的形状、气温及冰的抗压极限强度等因素,可按下式计算:

$$F = mAf_c bh \tag{3.50}$$

式中 F——极限冰压力的合力(N);

h——计算冰厚度(m),其值等于频率为1%的冬季冰的最大厚度的0.8倍。当缺少足够年代的观测资料时,可采用由勘探确定的最大冰厚;

b——结构在流冰水位上的宽度(m);

m——结构迎冰面形状系数;矩形:$m=1.0$;半圆形:$m=0.9$;

f_c——冰的抗压极限强度(Pa),采用相应流冰期冰块的实际强度;

A——冰温系数,气温在0℃以上解冻时取1.0,气温在0℃以下解冻时且冰温为-10℃及其以下者取2.0,介于两者之间的系数可用内插法求得。

本 章 小 结

1)工程结构中的土压力原理和计算方法,主要阐述了挡土墙后压力的产生、影响因素、土压力的作用性质、计算理论和朗金理论的计算假定与计算方法;工程结构中常见的三种不同性质的土体侧压力的作用性质、计算理论与计算方法,分析了工程结构中三类土体侧压力的实践应用及特殊情况的处理方法。

2)水压力的原理和计算方法,主要阐述了静水压力和流水压力的计算方法。

3)波浪荷载的特性、产生、分类和对建筑物的作用及其计算方法。

4)冰荷载产生、分类及冰压力的计算方法。

思 考 题

1. 土压力的定义是什么?分类有哪些?影响各种土压力的大小及分布的主要因素有哪些?

2. 简述挡土墙后静止土压力、主动土压力和被动土压力产生的条件，并比较同一挡土墙后同样填土类型下三者的大小关系。

3. 朗金土压力理论的基本假定是什么？推导土压力的计算公式。

4. 挡土墙背后填土分层时的土压力如何计算？

5. 填土面上有连续均布荷载或局部荷载作用时，挡土墙背的土压力如何计算？

6. 挡土墙后填土分层、有均布荷载和有水同时存在时，土压力如何计算？

7. 什么是静水压力？什么是流水压力？在工程结构中如何考虑？

8. 简述确定波浪荷载计算理论的依据和计算方法。

9. 设计中要考虑的冰压力的主要类型有哪些？计算冰压力时如何考虑结构物形状的影响。

 习 题

1. 某一挡土墙墙高6m，填土表面作用10kN/m²的均载，墙后填土分成两层，填土的物理力学指标如图 3.21 所示，试计算墙后静止土压力 E_0、主动土压力 E_a 和被动土压力 E_p。

2. 某浆砌毛石重力式挡土墙，如图 3.22 所示。墙高 6m，墙背垂直光滑；墙后填土的表面水平并与墙齐高，挡土墙的基础埋深 1m。

（1）当墙后填土重度 $\gamma = 19$ kN/m³、内摩擦角 $\varphi = 30°$，黏聚力 $c = 0$，土对墙背的摩擦角 $\delta = 0°$，填土表面水平无均布荷载，试求该挡土墙的主动土压力 E_a。

（2）除已知条件同（1）外，墙后尚有地下水，地下水在墙地面 2m 处，地下水位以下的填土重度 $\gamma' = 20$ kN/m³，假定其内摩擦角 $\varphi = 30°$ $c = 0$，$\delta = 0°$，试计算作用在墙背的总压力 E_a。

（3）当墙后填土重度 $\gamma = 19$kN/m³、内摩擦角 $\varphi = 30°$，黏聚力 $c = 0$，土对墙背的摩擦角 $\delta = 0°$，填土表面有均布荷载 $q = 20$kPa，试求该挡土墙的主动土压力 E_a。

（4）假定墙后填土为黏性土，重度 $\gamma = 19$ kN/m³、内摩擦角 $\varphi = 30°$，黏聚力 $c = 10$kPa，土对墙背的摩擦角 $\delta = 0°$，填土表面有均布荷载 $q = 20$kPa，试求该挡土墙的主动土压力 E_a。

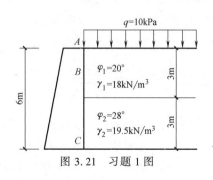

图 3.21 习题 1 图

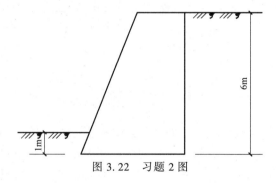

图 3.22 习题 2 图

风荷载 第4章

学习要求:

　　本章要求了解风的形成、风力和风级等风荷载的基本知识;理解风压、基本风压的概念和结构的风效应;掌握建筑工程结构和桥梁工程结构风荷载的计算方法。

　　风是空气从气压大的地方向气压小的地方流动而形成,气流一遇到结构的阻塞,就形成高压气幕。风速越大,对结构产生的压力也越大,从而使结构产生大的变形和振动。结构如果抗风设计不当,或者产生过大的变形会使结构不能正常工作,或者使结构产生局部破坏,甚至整体破坏 (图4.1)。因此,风荷载是各种工程结构的重要设计荷载,对高层房屋、高

a) 飓风拍打建筑物

b) 飓风后受损的窗户

c) 飓风损坏的建筑

d) 微风吹垮的塔科马大桥

图 4.1　风对工程结构影响

e) 遭受风灾的某体育场

图 4.1 风对工程结构影响 (续)

耸结构、桥梁、屋盖等结构起着主要作用，因而对风荷载进行研究，是对上述工程结构设计计算中必不可少的部分。

4.1 风的基本知识

4.1.1 风的形成

风是地球表面大气运动形成的一种自然现象，空气运动的原因是地表上各点气压不同，存在压力差，空气从气压大的地方向气压小的地方流动而形成。

由于地球是一个不规则球体，太阳对地球表面的加热是不均匀的，从而导致地面上空大规模的空气运动。由于地球的自转以及地球表面陆地和海洋吸热的差异等因素的影响，使地面上空的空气运动非常复杂。在接受热量较多的赤道附近地区，气温高，空气密度小，则气压小，大气因加热膨胀由表面向高空上升。在接受热量较少的极地附近地区，气温低，空气密度大，则气压大，大气因冷却收缩由高空向地表下沉。因此，在低空，受指向低纬度气压梯度力的作用，空气从高纬度地区流向低纬度地区；在高空，气压梯度指向高纬度，空气则从低纬度地区流向高纬度地区，于是形成了全球性的南北向大气环流，如图 4.2 所示。

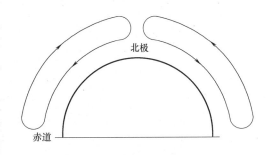

图 4.2 大气热力学环流模型

受大气环流、地形、水域等不同因素的综合影响，在地面上空复杂的空气运动，形成各类不同性质的大风，例如台风、季风、峡谷风等。

4.1.2 两类性质的风

1. 台风

台风是大气环流中的组成部分，它是热带洋面上形成的低压气旋。

台风的发生与发展过程如下：若有一个弱的热带气旋性涡旋产生，在合适的环境下，因摩擦作用产生的复合气流把大量暖湿空气带到涡旋内部，并产生上升和对流运动，释放潜热，使涡旋中心上空气柱的温度提高，形成暖心，于是涡旋内部空气密度减小，下部海面气压下降，低涡增强，反过来又使复合加强，更多的水汽向中心集中。如此循环不止，逐渐增强，而形成台风。

2. 季风

由于大陆和海洋在一年之中增热和冷却程度不同，在大陆和海洋之间大范围的、风向随季节有规律改变的风，称为季风。形成季风最根本的原因，是地球表面性质不同，热力反映有所差异。

冬季：大陆温度低、气压高；相邻海洋温度比大陆高、气压低，风从大陆吹向海洋。

夏季：大陆温度高、气压低；相邻海洋温度比大陆低、气压高，风从海洋吹向大陆。

4.1.3　我国的风气候总况

我国大陆是季风显著的地区，因此具有夏季多云雨、冬季晴朗干冷的季风气候；南海北部、台湾海峡、台湾及其东部沿海、东海西部和黄海均为台风通过的高频区。我国总体风气候情况如下。

1）台湾、海南和南海诸岛由于地处海洋，常年受台风的直接影响，是我国最大的风区。

2）东南沿海地区由于受台风影响，是我国大陆的大风区。风速梯度由沿海指向内陆。台风登陆后，受地面摩擦的影响，风速削弱很快。统计表明，在离海岸 100km 处，风速约减小一半。

3）东北、华北和西北地区是我国的次大风区，风速梯度由北向南，与寒潮入侵路线一致。华北地区夏季受季风影响，风速有可能超过寒潮风速。黑龙江西北部处于我国纬度最北地区，它不在蒙古高压的正前方，因此那里的风速不大。

4）青藏高原地势高，平均海拔在 4~5km，属较大风区。

5）长江中下游、黄河中下游是小风区，一般台风到此已大为减弱，寒潮风到此也是强弩之末。

6）云贵高原处于东亚大气环流的死角，空气经常处于静止状态，加之地形闭塞，形成了我国的最小风区。

我国除了受季风、台风的影响之外，还有特殊条件下形成的龙卷风。龙卷风的出现具有偶然性，持续时间虽短，但破坏力大。此外，在天然的峡谷、高楼耸立的街道或具有山口的地形上，当气流遇到地面阻碍物时，大部分气流沿水平方向绕过阻碍物，形成峡谷风。

4.1.4　风力和风级

风的强度称为风力，常用风级来表示。风级是风对地面或海面物体的影响程度。英国人蒲福（Francis Beaufort）于 1805 年拟定了风级，由于风对地面或海面物体的影响程度比较笼统，以后逐渐采用风速的大小来表示风级。自 0 至 12 划分为 13 个等级。风速越大，风级越大。风的 13 个等级见表 4.1。

表 4.1　风力等级

风力等级	名称	海面浪高/m		海岸渔船征象	陆地地面物征象	距地 10m 高处相当风速		
		一般	最高			km/h	mile/h	m/s
0	静风	—	—	静	静、烟直上	<1	<1	0~0.2
1	软风	0.1	0.1	普通渔船略觉摇动	烟能表示风向,但风向标不能转动	1~5	1~3	0.3~1.5
2	轻风	0.2	0.3	渔船张帆时,可随风移行 2~3km/h	人面感觉有风,树叶有微响,风向标能转动	6~11	4~6	1.6~3.3
3	微风	0.6	1.0	渔船渐觉簸动,随风移行 5~6km/h	树叶及微枝摇动不息,旌旗展开	12~19	7~10	3.4~5.4
4	和风	1.0	1.5	渔船满帆时船身倾于一侧	能吹起地面的灰尘和纸张,树的小枝摇动	20~28	11~16	5.5~7.9
5	清劲风	2.0	2.5	渔船缩帆(即收去帆的一部分)	有叶的小树摇摆,内陆的水面有小波	29~38	17~21	8.0~10.7
6	强风	3.0	4.0	渔船加倍缩帆,捕鱼须注意风险	大树枝摇动,电线呼呼有声,举伞困难	39~49	22~27	10.8~13.8
7	疾风	4.0	5.5	渔船停息港中,在海上下锚	全树摇动,迎风步行感觉不便	50~61	28~33	13.9~17.1
8	大风	5.5	7.5	近港渔船皆停留不出	微枝折毁,人向前行,感觉阻力甚大	62~74	34~40	17.2~20.7
9	烈风	7.0	10.0	汽船航行困难	烟囱顶部及平瓦移动,小屋有损	75~88	41~47	20.8~24.4
10	狂风	9.0	12.5	汽船航行颇危险	陆上少见,有时可使树木拔起或将建筑物吹毁	89~102	48~55	24.5~28.4
11	暴风	11.5	16.0	汽船遇之极危险	陆上很少,有时必有重大损毁	103~117	56~63	28.5~32.6
12	飓风	14	—	海浪滔天	陆上绝少,其摧毁力极大	118~133	64~71	32.7~36.9

4.2　风荷载计算的基本概念

风的强度常用风速表示。当风以一定的速度向前运动遇到建筑物、构筑物、桥梁等阻碍时,就会形成压力气幕,即为风压。一般来讲,风速越大,风对建(构)筑物产生的压力也越大。

4.2.1　风压与风速的关系

风速随着离地高度不同而变化,也与地貌等多种因素有关。为了设计上的方便,可按规定的量测高度、地貌环境等标准条件确定风速,该风速称为基本风速。基本风速用于确定基本风压,并进而确定用于工程结构上的风荷载,是结构抗风设计必需的基本数据。

风压与风速之间的关系，可以根据流体力学中的伯努利方程得到，自由气流的风速产生的单位面积上的风压力为

$$w = \frac{1}{2}\rho v^2 = \frac{\gamma}{2g}v^2 \tag{4.1}$$

式中　w——单位面积上的风压力（kN/m^2）；

　　　ρ——空气密度（kg/m^3）；

　　　v——风速（m/s）；

　　　γ——空气单位体积重力（kN/m^3）；

　　　g——重力加速度（m/s^2）。

在不同的地理位置，大气条件是不同的，因而空气密度也不同，γ 和 g 值也不相同。重力加速度 g 不仅随高度变化，而且与纬度有关。空气重度 γ 与当地气压、气温和温度有关，因此，各地的 γ/g 的值均不相同。因而风压随各因素的变化而变化。

4.2.2　GB 50009—2012《建筑结构荷载规范》规定的基本风压

按规定的地貌、高度、时距等条件测量所得的风速为基本风速。基本风速是风荷载计算的基本参数，确定基本风速时，观测场地应能反映本地区较大范围内的气象特点，因此必须规定一个标准的条件。基本风压指在规定的标准条件下的风压。非标准条件下（不同高度、不同地貌等）的风速和风压可依据一定关系式进行换算。

确定基本风压的标准条件为以下几个方面：

（1）标准地貌　同一高度风速的大小，和气流与地面物体的摩擦力大小有关，即与地面的粗糙度有关。地面粗糙度越大，风速越小。我国及世界上大多数国家都规定，基本风速或基本风压按空旷平坦地貌而定。我国目前对气象台（站）的场地选择有明确的要求，必须设在周围开阔平坦的市郊地区。GB 50009—2012《建筑结构荷载规范》规定基本风压的标准地貌条件是比较空旷平坦的地面。

（2）标准高度　风速随高度而变化。离地面越近，由于地表摩擦耗能大，平均风速越小。由于我国各地气象台（站）记录风速的风速仪一般安装在 8~12m 高度处，因此，《建筑结构荷载规范》规定基本风压的标准高度是离地面 10m。标准高度处的最大风速为基本风速。对桥梁结构则规定标准高度为 20m。

（3）公称风速的时距　公称风速即一定时间间隔内（称为时距）的平均风速。风速随时间不断变化，最大的平均风速与时距有很大关系。时距太短，易突出风的脉动作用，所得的最大平均风速较大，时距太长，势必把较多的小风平均进去，致使最大风速值偏低。风速记录表明，10min 至 1h 的平均风速基本上是一个稳定值。因此确定不同地点的基本风速时，应规定统一的时距。《建筑结构荷载规范》规定基本风速的时距为 10min。

（4）最大风速的样本时间　最大风速有其周期性，每年季节性地重复。因此，年最大风速具有代表性。我国《建筑结构荷载规范》规定取 1 年作为统计最大风速的样本时间。

（5）基本风速的重现期　取年最大风速为样本，但每年的最大风速值是不同的，而工程设计时，一般应考虑结构在使用过程中几十年时间范围内，可能遭遇到的最大风速。《建筑结构荷载规范》规定：对于一般结构，基本风速的重现期为 50 年；对于高耸结构及对风荷载比较敏感的高层结构，重现期为 100 年。

综上所述，基本风压是指按当地空旷平坦地面上 10m 高度处，统计所得的 50 年一遇 10min 时距最大风速为标准确定的风压。

《建筑结构荷载规范》中给出了我国基本风压分布图及部分城市重现期为 10 年、50 年和 100 年的风压数据，见附录 B。

4.2.3 地面粗糙度类别

根据我国的地形地貌特点，《建筑结构荷载规范》将地面粗糙度分为 A、B、C、D 四类，见表 4.2。

表 4.2 地面粗糙度类别划分

粗糙度类别	定义	粗糙度指数 α	梯度风高度 H_T
A 类	近海海面和海岛、海岸、湖岸及沙漠地区	$\alpha_A = 0.12$	$H_{TA} = 300m$
B 类	田野、乡村、丛林、丘陵以及房屋比较稀疏的乡镇	$\alpha_B = 0.15$	$H_{TB} = 350m$
C 类	有密集建筑群的城市市区	$\alpha_C = 0.22$	$H_{TC} = 450m$
D 类	有密集建筑群且房屋较高的城市市区	$\alpha_D = 0.30$	$H_{TD} = 550m$

在确定区域的地面粗糙度类别时，若无指数 α 的实测值，可按下述原则近似确定。

1）以拟建 2km 为半径的迎风半圆影响范围内的房屋高度和密集度来区分地面粗糙度类别，风向原则上应以该地区最大风的风向为标准，但也可取其主导风向。

2）以半圆影响范围内建筑物的平均高度 h 来划分地面粗糙度类别：当 $h \geq 18m$ 时，为 D 类；当 $9m < h < 18m$ 时，为 C 类；当 $h \leq 9m$ 时，为 B 类。

3）影响范围内不同高度的面域可按下述原则确定，即每座建筑物向外延伸距离为其高度的面域内均为该高度，当不同高度的面域相交时，交叠部分的高度取大者。

4）平均高度 h 取各面域面积为权数计算。

《建筑结构荷载规范》规定离地 $300 \sim 550m$ 以上的地方，风速不再受地面粗糙度的影响，能够在气压梯度的作用下自由流动，达到所谓梯度速度，而将出现这种速度的高度称为梯度风高度，可用 H_T 表示，各类地貌的梯度风高度见表 4.2。

4.2.4 非标准条件下的风速（风压）的换算

基本风压是按规定的标准条件确定的。在利用不同设计规范进行风荷载计算时，必须注意基本风速（风压）的规定条件。例如，我国 JTG/D 60-01—2004《公路桥梁抗风设计规范》规定，基本风速的重现期为 100 年，TB 10002—2017《铁路桥涵设计规范》规定，基本风速的频率为 1/100（即重现期为 100 年），基本风速的标准离地高度为 20m。

因此进行工程结构抗风设计计算时，必须考虑非标准条件（如非标准高度、非标准地貌、非标准时距和非标准重现期等）和标准条件下基本风压的换算。

1. 非标准高度换算

当实测风速高度不是 10m 标准高度时，应由气象台（站）根据不同高度风速的对比观测资料，并考虑风速的大小的影响，给出非标准高度风速与 10m 标准高度风速的换算系数，缺乏观测资料时，可近似按下式进行换算：

$$v_{s0} = \phi_h v_z \tag{4.2}$$

式中　　v_{s0}——标准条件 10m 高度处、时距为 10min 的平均风速（m/s）；

v_z——非标准条件 z 高度处、时距为 10min 的平均风速（m/s）；

ϕ_h——高度换算系数，$\phi_h = \left(\dfrac{z}{z_s}\right)^{\alpha}$，也可按表 4.3 取值；

z、z_s——任意一点高度和标准高度；

α——与地貌或地面粗糙度有关的指数，地面粗糙程度越大，α 越大。

表 4.3　实测风速高度换算系数 ϕ_h

实测风速高度/m	4	6	8	10	12	14	16	18	20
高度换算系数	1.158	1.085	1.036	1.000	0.971	0.948	0.928	0.910	0.895

根据式（4.1），在确定的地貌条件下（设此时的地貌粗糙度指数为 α），非标准高度处的风压 w 与标准高度处的风压 w_0 间的关系为

$$\frac{w}{w_0} = \frac{v}{v_s} = \left(\frac{z}{z_s}\right)^{2\alpha} \tag{4.3}$$

2. 非标准地貌的换算

基本风压是按空旷平坦地面处所测得的数据求得的。若地貌不同，则由于地面建（构）筑物的阻碍不同，使得该地区 10m 高度处的风压与基本风压不同。实测资料表明，由于地表摩擦的结果，使接近地表的风速随着离地面距离的减小而降低。

地表粗糙度不同，近地面风速变化的快慢将不同。地面越粗糙，风速变化越慢（α 越大），梯度风高度将越高；反之，地面越平坦，风速变化将越快（α 越小），梯度风高度将越小。设标准地貌的基本风速及其测定高度、梯度风高度和风速变化指数分别为 v_{0s}、z_{as}、H_{Ts}、α_s，另一任意地貌的上述各值分别为 v_{0a}、z_a、H_{Ta}、α_a。由于在同一大气环境中各类地貌梯度风风速应相同，则由式（4.3）可得

$$v_{0s}\left(\frac{H_{Ts}}{z_s}\right)^{\alpha_s} = v_{0a}\left(\frac{H_{Ta}}{z_a}\right)^{\alpha_a} \tag{4.4}$$

或

$$v_{0a} = v_{0s}\left(\frac{H_{Ts}}{z_s}\right)^{\alpha_s}\left(\frac{H_{Ta}}{z_a}\right)^{-\alpha_a} \tag{4.5}$$

由式（4.3）可得任意地貌的基本风压 w 与标准地貌的标准高度处的风压 w_0 的关系为

$$w = w_0\left(\frac{H_{Ts}}{z_s}\right)^{2\alpha_s}\left(\frac{H_{Ta}}{z_a}\right)^{-2\alpha_a} \tag{4.6}$$

3. 不同时距的换算

平均风速的大小与时距的选取有很大关系，实际上各个国家选用的时距也不相同，因此要了解不同时距之间平均风速的换算。

$$v_{10} = v_t / \phi_t \tag{4.7}$$

式中　　v_{10}——时距 10min 的平均风速（m/s）；

v_t——时距 t（min）的平均风速（m/s）；

ϕ_t——时距换算系数，可按表 4.4 取值。

根据国内外学者所得到的各种不同时距间平均风速的比值，经统计得出各种不同时距与

10min 时距风速的平均比值见表 4.4。

表 4.4 实测风速时距换算系数 ϕ_t

实测风速时距	60min	10min	5min	2min	1min	0.5min	20s	10s	5s	瞬时
时距换算系数 ϕ_t	0.94	1	1.07	1.16	1.20	1.26	1.28	1.35	1.39	1.50

表 4.4 所列出的是平均比值。实际上有许多因素影响该比值，资料表明，10min 平均风速越小，比值越大；天气变化越剧烈，该比值越大，雷暴大风天气时的比值是最大的。

4. 不同重现期的换算

重现期不同，最大风速的保证率将不同，这将直接影响到结构的安全度。对于风荷载比较敏感的结构，重要性不同的结构，设计时需采用不同重现期的基本风压，以调整结构的安全水准。另外，计算不同的风荷载响应时，也需考虑不同的重现期。任意重现期 R 年的风压与 50 年重现期风压之间进行换算。

$$w_{50} = w_R/\phi_T \tag{4.8}$$

式中　w_{50}——重现期为 50 年的基本风压（kN/m^2）；

　　　w_R——重现期为 R 年的基本风压（kN/m^2）；

　　　ϕ_T——重现期换算系数，可按表 4.5 取值。

表 4.5 不同重现期风压与 50 年重现期风压的比值

重现期 T_0(年)	100	60	50	40	30	20	10	5
重现期换算系数 ϕ_T	1.10	1.03	1.00	0.97	0.93	0.87	0.77	0.66

GB 50009—2012《建筑结构荷载规范》中给出了另外一种换算关系，若已知重现期为 10 年和 100 年的风压值分别为 w_{10} 和 w_{100}，任意重现期 R 的相应值可按下式确定：

$$w_R = w_{10} + (w_{100} - w_{10})\left(\frac{\ln R}{\ln 10} - 1\right) \tag{4.9}$$

4.3 结构的风力和风效应

4.3.1 结构的风力与风效应

将水平风压沿结构物表面积分可求出作用在结构上的风力，包括顺风向风力 P_D、横风向风力 P_L 和扭风力距 P_M。

物体表面所受的风压沿表面积分可得到三种力（图 4.3）：即使结构截面是对称的，由于水平风速在水平面内可以是任意方向，或者形成不对称的旋涡，因而除了顺风向风力以外，均可以产生横风向风力和扭风力矩。

$$P_D = \mu_D 0.5\rho v^2 B \tag{4.10}$$

$$P_L = \mu_L 0.5\rho v^2 B \tag{4.11}$$

$$P_M = \mu_M 0.5\rho v^2 B \tag{4.12}$$

式中　P_D、P_L、P_M——单位长度上的顺风向风力、横风向风力和扭风力矩；

　　　μ_D、μ_L、μ_M——阻力系数、横向力系数、扭矩系数；

B——结构的参考尺度，常取垂直于流动的最大尺度。

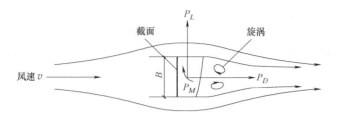

图 4.3 风流经任意截面上所产生的力（作用于结构上的风力）

由风力产生的结构位移、速度、加速度响应等称为结构风效应。风扭力只引起扭转响应。一般情况下不对称气流产生的扭风力矩数值很小，工程上可不予考虑，仅当结构有较大偏心时，才考虑扭风力矩的影响。顺风向风力和横风向风力是结构设计主要考虑的对象。结构的风效应包括顺风向效应、横风向效应、共振效应和空气动力失稳。

4.3.2 顺风向平均风与脉动风

实测资料表明，顺风向风速时程曲线（图 4.4）中，包括两种成分：一种是长周期部分，其值常在 10min 以上；另一种是短周期部分，常只有几秒左右。根据上述两种成分，实际上常把风分为平均风（稳定风）和脉动风（阵风脉动）来加以分析。

平均风是在给定的时间间隔内，把风对结构作用力的速度、方向及其他物理量都看成不随时间而改变，其作用相当于静力；而脉动风是由于风的不规则性引起的，其强度是随机变化的。由于它的周期较短，与一些工程结构的自振周期较接近，可使结构产生动力响应。实际上，脉动风是引起结构顺风向振动的主要原因。

图 4.4 平均风速和脉动风速

4.3.3 横风向风振

建筑物或构筑物受到风力作用时，不但顺风向可以发生风振，在一定条件下，横风向也能发生风振。对于高层建筑、高耸塔架、烟囱等结构物，横向风作用引起的结构共振会产生很大的动力效应，甚至对工程设计起着控制作用。横风向风振是由不稳定的空气动力作用造成的，有可能产生旋涡脱落、驰振、颤振和扰振等空气动力学现象。它与结构的截面形状及雷诺数有关。现以圆柱体为例，导出雷诺数的定义。

英国物理学家雷诺在 19 世纪 80 年代，通过大量试验，首先给出了以流体惯性力与黏性力之比为参数的动力相似定律，该参数命名为雷诺数。雷诺数相同，则流体动力相似。对风作用下的结构物，有

$$Re = \frac{\rho v D}{\mu} = \frac{vD}{x} \qquad\qquad (4.13)$$

式中 ρ——空气密度（kg/m³）；

      D——圆形结构截面的直径，或其他形状物体表面特征尺寸（m）；

      μ——空气的黏性系数；

      x——空气的动黏性系数，$x = \mu/\rho$。

将空气的动黏性系数 $x = 1.45\times10^{-5}\,\mathrm{m^2/s}$ 代入式（4.13）得

$$Re = 69000vD \qquad\qquad (4.14)$$

由此可见，雷诺数与风速的大小成比例。如果雷诺数很小（如小于 1/1000），则惯性力与黏性力之比可以忽略，即意味着高黏性行为；相反，如果雷诺数很大（如大于 1000），则意味着黏性力影响很小。空气流体的作用一般是后一种情况，惯性力起主要作用。

下面以圆截面柱体结构为例，说明横风向风振的产生。

为说明横风向风振的产生，以圆截面柱体结构为例。当空气流绕过圆截面柱体时（图4.5a），沿上风面 AB 速度逐渐增大，到 B 点压力达到最低值，再沿下风面 BC 速度又逐渐降低，压力又重新增大，但实际上由于在边界层内气流对柱体表面的摩擦要消耗部分能量，因此气流实际上是在 BC 中间某点处速度停滞，旋涡就在 S 点生成，并在外流的影响下，以一定的周期脱落（图4.5b），这种现象称为卡门（Karman）涡街。设脱落频率为 f_s 并以无量纲的斯脱罗哈数（Strouhal number）St 来表示。

$$St = \frac{f_s D}{v} \qquad\qquad (4.15)$$

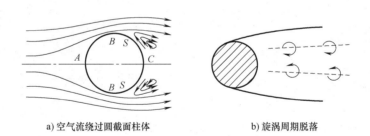

a) 空气流绕过圆截面柱体   b) 旋涡周期脱落

图 4.5 旋涡的产生与脱落

试验表明，气流旋涡脱落频率或斯脱罗哈数 St 与气流的雷诺数 Re 有关：当 $3\times10^2 < Re < 3\times10^5$ 时，周期脱落很明显，St 接近于常数，约为 0.2；当 $3\times10^5 \leqslant Re < 3.5\times10^6$ 时，脱落具有随机性，St 的离散性很大；当 $Re \geqslant 3.5\times10^6$，脱落又重新出现大致的规则性，$St = 0.27 \sim 0.3$。当气流旋涡脱落频率 f_s 与结构横向自振频率接近时，结构会发生剧烈的共振，即产生横风向风振。

工程上雷诺数 $Re < 3\times10^2$ 极少遇到，因而根据上述气流旋涡脱落的三段现象，将圆筒式结构划分为 3 个临界范围，即亚临界范围，$3\times10^2 < Re < 3\times10^5$；超临界范围，$3\times10^5 \leqslant Re < 3.5\times10^6$；跨临界范围 $Re \geqslant 3.5\times10^6$。

对于其他截面结构，也会产生类似圆柱结构的横风向振动效应，但斯脱罗哈数有所不同，表4.6列出了一些常见截面的斯脱罗哈数。

表 4.6 常用截面的斯脱罗哈数

截面及风向	Re	St
→ □ — ⊢ ⌐ ⌐		0.15
→ ○	$3 \times 10^2 < Re < 3 \times 10^5$	0.2
	$3 \times 10^5 \leqslant Re < 3.5 \times 10^6$	0.2~0.3
	$Re \geqslant 3.5 \times 10^6$	0.3

4.4 建筑工程结构风荷载计算

4.4.1 顺风向风荷载标准值

建筑结构荷载规范中有关顺风向结构风效应计算的风荷载规定如下：

1）对于主要承重结构，风荷载标准值的表达可有两种形式，其一为平均风压加上由脉动风引起结构风振的等效风压；另一种为平均风压乘以风振系数。由于在结构的风振计算中，一般往往是第 1 振型起主要作用，因而我国与大多数国家相同，采用后一种表达形式，即采用风振系数 β_g，它综合考虑了结构在风荷载作用下的动力响应，其中包括风速随时间、空间的变异性和结构的阻尼特性等因素。

2）对于围护结构，由于其刚性一般较大，在结构效应中可不必考虑其共振分量，此时可仅在平均风压的基础上，近似考虑脉动风瞬间的增大因素，原则上可通过局部风压体型系数 μ_{s1} 和风阵系数 β_{gz} 来计算其风荷载。

1. 计算公式

风荷载标准值 w_k 是指建筑物某一高度处，垂直于其表面的单位面积上的风荷载，是当地基本风压和当地风压高度变化系数、结构的风荷载体型系数以及相应高度处的风振系数的乘积。

1）当计算主体结构时，风荷载标准值 w_k 应按下式计算：

$$w_k = \beta_z \mu_s \mu_z w_0 \qquad (4.16)$$

式中　w_k——风荷载标准值（kN/m^2）；

β_z——高度 z 处的风振系数；对于单层厂房，$\beta_z = 1$；

μ_s——风荷载体型系数；

μ_z——风压高度变化系数；

w_0——基本风压（kN/m^2）。

计算主体结构的风荷载效应时，建筑物承受的顺风向总风荷载是各个表面承受的风荷载的矢量和，而且是沿高度变化的分布荷载。距地高度 z 处的顺风向总风荷载 $F_k(z)$（kN/m）可按下式计算：

$$F_k(z) = \sum_{i=1}^{n} w_{ki} B \cos\alpha_i = \beta_z \mu_z w_0 \sum_{i=1}^{n} \mu_{si} B_i \cos\alpha_i \qquad (4.17)$$

式中　n——高度 z 处建筑物外围表面积数（每个平面作为一个表面积）；

B_i——第 i 个表面的宽度；

μ_{si}——第 i 个表面风荷载体型系数；

α_i——第 i 个表面法线与风力作用方向的夹角。

计算风荷载时应注意：建筑物表面上风荷载是风力在作用方向的投影值按矢量叠加（注意区别风压力还是风吸力）。

2）当计算围护结构时，风荷载标准值 w_k 应按下式计算：

$$w_k = \beta_{gz}\mu_{s1}\mu_z w_0 \tag{4.18}$$

式中　β_{gz}——高度 z 处的风阵系数；

μ_{s1}——局部风压体型系数。

2. 风荷载体型系数 μ_s

风荷载体型系数是指风作用在建筑物表面上所引起的实际压力（或吸力）与按式（4.1）计算得到的自由气流风速产生的压力的比值，它描述的是建筑物表面在稳定风压作用下的静态压力的分布规律，主要与建筑物的体型和尺度有关，也与周围环境和地面粗糙度有关。由于它涉及的是关于固体与流体相互作用的流体动力学问题，对于不规则形状的固体，问题尤为复杂，无法给出理论上的结果，一般均应由试验确定。鉴于原型实测的方法对结构设计的不现实性，目前只能采用相似原理，在边界层风洞内对拟建的建筑物模型进行测试。

（1）单体风载体型系数　风荷载体型系数一般均通过风洞试验方法确定。试验时，首先测得建筑物表面上任一点沿顺风向的净风压力，再将此压力除以建筑物前方来流风压，即得该测点的风压力系数。由于同一面上各测点的风压分布是不均匀的，通常采用受风面各测点的加权平均风压系数。

根据国内外风洞试验资料，GB 50009—2012《建筑结构荷载规范》中列出了不同类型的建筑物和构筑物风荷载体型系数。常见截面的风荷载体型系数见表4.7。当结构物与表中列出的体型类同时可参考取用；若结构物的体型与表中不符，一般应由风洞试验确定。

单体结构物风荷载体型系数值 μ_s 的一些规律如下：

1）μ_s 与建筑物尺度比例的关系：迎风墙面，墙高与墙长之比越大，μ_s 值越大；背风墙面与顺风山墙，房屋宽度与高度之比越大，μ_s 值越小。

2）μ_s 与屋面坡度的关系：封闭式建筑迎风坡屋面，当 $\alpha>30°$ 时，μ_s 值为正；背风坡屋面，μ_s 值为负。封闭式建筑多跨屋面，凹面中各面的 μ_s 值为负；天窗屋面上 μ_s 值为负。

3）圆形截面构筑物的 μ_s：随直径和雷诺数 Re 变化，且与地面粗糙度有关。

常见截面的风荷载体型系数见表4.7。其中，若风荷载体型系数 μ_s 为正值，代表风对结构产生压力作用，其方向垂直指向建筑物表面；若风荷载体型系数 μ_s 为负值，代表风对结构产生吸力作用，其方向垂直离开建筑物表面。

表 4.7　常见截面的风荷载体型系数 μ_s

项次及类别		体型及体型系数 μ_s				
1	封闭式落地双坡屋面		α	$0°$	$30°$	$\geqslant 60°$
			μ_s	0	$+0.2$	$+0.8$

（续）

项次及类别	体型及体型系数 μ_s			
2 封闭式双坡屋面		α	$\leqslant 15°$	$30°$	$\geqslant 60°$
		μ_s	-0.6	0	$+0.8$
3 封闭式落地拱形屋面		f/l	0.1	0.2	0.5
		μ_s	$+0.1$	$+0.2$	$+0.6$
4 封闭式拱形屋面		f/l	0.1	0.2	0.3
		μ_s	-0.8	0	$+0.6$
5 封闭式单坡屋面		迎风坡面的 μ_s 按第 2 项采用		
6 封闭式高低双坡屋面		迎风坡面的 μ_s 按第 2 项采用		
7 封闭式带天窗双坡屋面		带天窗的拱形屋面可按本图采用		
8 封闭式双跨双坡屋面		迎风坡面的 μ_s 按第 2 项采用		

（续）

项次及类别	体型及体型系数 μ_s	
9 封闭式不等高不等跨的双跨双坡屋面	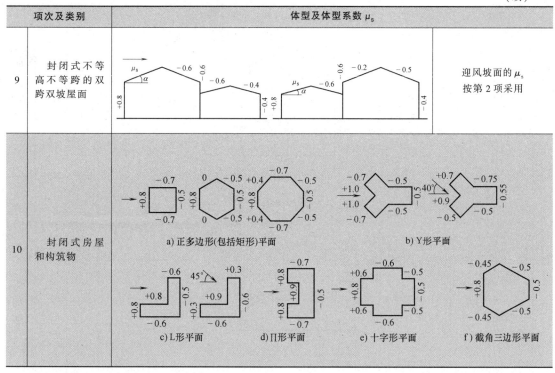	迎风坡面的 μ_s 按第 2 项采用
10 封闭式房屋和构筑物		

（2）群体风压体型系数 当多个建筑物，特别是群集的高层建筑，相互间距较近时，宜考虑风力相互干扰的群体效应，使得房屋某些部分的局部风压显著增大。设计时可将单体建筑物的体型系数 μ_s 乘以相互干扰系数。相互干扰系数可按下列规定确定：

1）对矩形平面高层建筑，当单个施扰建筑与受扰建筑高度相近时，根据施扰建筑的位置，对顺风向风荷载在 1.00~1.10 范围内选取，对横风向风荷载在 1.00~1.20 范围内选取。

2）其他情况可比照类似条件的风洞试验资料确定，必要时宜通过风洞试验确定。

（3）局部风荷载体型系数 局部风荷载体型系数 μ_{sl} 是考虑建筑物表面风压分布不均匀的实际情况做出的调整。因为风力作用在建筑物表面的压力分布是不均匀的，在角隅、檐口、边棱处和附属结构部位（如阳台、雨篷等外挑构件）的局部风压会超过建筑物的平均风压。

GB 50009—2012《建筑结构荷载规范》规定，验算围护结构构件及其连接的风荷载时，可按下列规定采用局部风荷载体型系数 μ_{sl}。

1）封闭式矩形平面房屋的墙面及屋面可按表 4.8 的规定采用。

2）檐口、雨篷、遮阳板、边棱处的装饰条等突出构件，取 -2.0。

3）其他房屋和构筑物可按该建（构）筑物的整体体型系数的 1.25 倍取值。

计算非直接承受风荷载的围护构件风荷载时，应采用局部体型系数 μ_{sl}，并可按构件的从属面积折减，折减系数按下列规定采用。

1）当从属面积 $A \leqslant 1\text{m}^2$ 时，折减系数取 1.0。

2）当从属面积 $A \geqslant 25\text{m}^2$ 时，对墙面折减系数取 0.8，对局部体型系数绝对值大于 1.0 的屋面区域折减系数取 0.6，对其他屋面区域折减系数取 1.0。

表 4.8 封闭式矩形平面房屋的局部体型系数

项次	类别	体型及局部体型系数					备 注
1	封闭式矩形平面房屋的墙面						E 应取 $2H$ 和迎风宽度 B 中较小者
		迎风面		1.0			
		侧面	S_a	-1.4			
			S_b	-1.0			
		背风面		-0.6			
2	封闭式矩形平面房屋的双坡屋面						1) E 应取 $2H$ 和迎风宽度 B 中较小者 2) 中间值可按线性插值法计算（应对相同符号项插值） 3) 同时给出两个值的区域应分别考虑正负风压的作用 4) 风沿纵轴吹来时，靠近山墙的屋面可参照表中 $\alpha \leqslant 5$ 时的 R_a 和 R_b 取值
		α	$\leqslant 5$	15	30	$\geqslant 45$	
		R_a $H/D \leqslant 0.5$	-1.8 0.0	-1.5 +0.2	-1.5 +0.7	0.0 +0.7	
		R_a $H/D \geqslant 1.0$	-2.0 0.0	-2.0 +0.2			
		R_b	-1.8 0.0	-1.5 +0.2	-1.5 +0.7	0.0 +0.7	
		R_c	-1.2 0.0	-0.6 +0.2	-0.3 +0.4	0.0 +0.6	
		R_d	-0.6 +0.2	-1.5 0.0	-0.5 0.0	-0.3 0.0	
		R_e	-0.6 0.0	-0.4 0.0	-0.4 0.0	-0.2 0.0	

（续）

项次	类别	体型及局部体型系数	备 注
3	封闭式矩形平面房屋的单坡屋面		1）E 应取 $2H$ 和迎风宽度 B 中的较小者 2）中间值可按线性插值法计算 3）迎风坡面可参考第 2 项取值

α	$\leqslant 5$	15	30	$\geqslant 45$
R_a	-2.0	-2.5	-2.3	-1.2
R_b	-2.0	-2.0	-1.5	-0.5
R_c	-1.2	-1.2	-0.8	-0.5

3）当从属面积 $1\mathrm{m}^2 \leqslant A \leqslant 25\mathrm{m}^2$ 时，墙面和局部体型系数绝对值大于 1.0 的屋面可采用对数插值，即按下式计算局部体型系数：

$$\mu_{sl}(A) = \mu_{sl}(1) + \frac{[\mu_{sl}(25) - \mu_{sl}(1)]}{1.4} \lg A \tag{4.19}$$

计算围护构件风荷载时，建筑物内部压力的局部体型系数可按下列规定采用。

1）封闭式建筑按外表面风压的正负情况取 -0.2 或 0.2。

2）仅一面墙有主导洞口的建筑物：①当开洞率大于 0.02 且小于或等于 0.10 时，取 $0.4\mu_{sl}$；②当开洞率大于 0.10 且小于或等于 0.30 时，取 $0.6\mu_{sl}$；③当开洞率大于 0.30 时，取 $0.8\mu_{sl}$。

3）其他情况应按开放式建筑物的 μ_{sl} 取值。

这里，主导洞口的开洞率是指单个主导洞口面积与该墙面全部面积之比；μ_{sl} 应取主导洞口对应位置的值。

3. 风压高度变化系数 μ_z

风速随地面高度而变化，离地面越高，风速越大，风压也越大。设任意粗糙度任意高度处的风压力为 $w_a(z)$，将其与标准粗糙度标准高度处的基本风压 w_0 之比定义为风压高度变化系数，即

$$\mu_z(z) = \frac{w_a(z)}{w_0} \tag{4.20}$$

将式（4.3）、式（4.6）代入式（4.20）可得

$$\mu_z(z) = \left(\frac{H_{\mathrm{Ts}}}{z_{\mathrm{s}}}\right)^{2\alpha_{\mathrm{s}}}\left(\frac{H_{\mathrm{Ta}}}{z_{\mathrm{a}}}\right)^{-2\alpha_{\mathrm{a}}}\left(\frac{z}{z_{\mathrm{s}}}\right)^{2\alpha_{\mathrm{a}}} \tag{4.21}$$

根据经验和理论分析，不同地面粗糙度的风压高度变化系数 μ_z 分别按以下公式计算：

A 类
$$\mu_z^{\mathrm{A}} = 1.284\left(\frac{z}{10}\right)^{0.24} \tag{4.22}$$

B 类
$$\mu_z^{\mathrm{B}} = 1.000\left(\frac{z}{10}\right)^{0.30} \tag{4.23}$$

C 类
$$\mu_z^{\mathrm{C}} = 0.544\left(\frac{z}{10}\right)^{0.44} \tag{4.24}$$

D 类
$$\mu_z^{\mathrm{D}} = 0.262\left(\frac{z}{10}\right)^{0.60} \tag{4.25}$$

为了应用方便，根据地面粗糙度的不同，对于平坦或稍有起伏的地形，风压高度变化系数 μ_z 制成表 4.9，计算时可以直接查用。

表 4.9　风压高度变化系数 μ_z

离地面或海平面高度/m	地面粗糙度类别			
	A	B	C	D
5	1.09	1.00	0.65	0.51
10	1.28	1.00	0.65	0.51
15	1.42	1.13	0.65	0.51
20	1.52	1.23	0.74	0.51
30	1.67	1.39	0.88	0.51
40	1.79	1.52	1.00	0.60
50	1.89	1.62	1.10	0.69
60	1.97	1.71	1.20	0.77
70	2.05	1.79	1.28	0.84
80	2.12	1.87	1.36	0.91
90	2.18	1.93	1.43	0.98
100	2.23	2.00	1.50	1.04
150	2.46	2.25	1.79	1.33
200	2.64	2.46	2.03	1.58
250	2.78	2.63	2.24	1.81
300	2.91	2.77	2.43	2.02
350	2.91	2.91	2.60	2.22
400	2.91	2.91	2.76	2.40
450	2.91	2.91	2.91	2.58
500	2.91	2.91	2.91	2.74
≥550	2.91	2.91	2.91	2.91

对于山区的建筑物，风压高度变化系数除由表 4.9 确定外，还应考虑地形的修正，修正系数 η 分别按下述规定采用：

1）对于山峰和山坡，其顶部 B 处的修正系数可按下式采用：

$$\eta_B = \left[1 + \kappa\tan\alpha\left(1 - \frac{z}{2.5H}\right)\right]^2 \tag{4.26}$$

式中　α——山峰或山坡在迎风面一侧的坡度；当 $\tan\alpha > 0.3$ 时，取 $\tan\alpha = 0.3$；

　　　κ——系数，对山峰取 3.2，对山坡取 1.4；

H——山顶或山坡全高（m）；

z——建筑物计算位置离建筑物地面的高度（m）；当 $z>2.5H$ 时，取 $z=2.5H$。

对于山坡和山峰的其他部位如图4.6所示，取 A、C 处的修正系数 η_A、η_C 为1，AB 间和 BC 间的修正系数按 η 的线性插值确定。

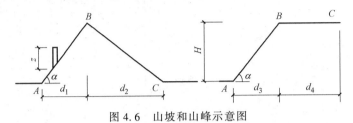

图4.6　山坡和山峰示意图

2）山间盆地、谷地等闭塞地形 $\eta=0.75\sim0.85$；对于与风向一致的谷口、山口，$\eta=1.20\sim1.50$。

3）对于远海海面和海岛的建筑物或构筑物，风压高度变化系数除按 A 类粗糙度类别确定外，还应考虑表4.10中给出的修正系数。

表4.10　远海海面和海岛的修正系数 η

距海岸距离/km	修正系数 η
<40	1.0
40~60	1.0~1.1
60~100	1.1~1.2

4. 风振系数 β_z

风振系数是反映风速中高频脉动部分对建筑结构不利影响的风压动力系数。

脉动风是一种随机动力荷载，风压脉动在高频段的峰值周期为 $1\sim2\mathrm{min}$，一般大于低层和多层结构的自振周期，因此脉动影响很小，不考虑风振影响也不至于影响到结构的抗风安全性。对于高耸构筑物和高层建筑等柔性结构，风压脉动引起的动力反应较为明显，结构的风振影响必须加以考虑。GB 50009—2012《建筑结构荷载规范》规定：

1）对于高度大于30m且高宽比大于1.5以及结构自振周期 T_1 大于0.25s的各种高耸结构，均应考虑风压脉动对结构产生顺风向风振的影响。

2）对于风振敏感的或跨度大于36m的屋盖结构，不仅应考虑风压脉动对结构产生的风振影响，还应考虑风流动分离、旋涡脱落等复杂流动现象。因而屋盖结构的风振响应，宜依据风动试验结果按随机振动理论计算确定。

结构顺风向风振响应计算应按随机振动理论进行。分析结果表明，对于一般悬臂型结构，例如构架、塔架、烟囱等高耸结构，以及高度大于30m、高宽比大于1.5且可忽略扭转影响的高层建筑，其风振响应中第一振型起控制作用。此时，可以仅考虑结构第一振型的影响，采用风振系数法计算结构的顺风向风荷载。z 高度处的风振系数 β_z 可按下式计算：

$$\beta_z=1+2gI_{10}B_z\sqrt{1+R} \tag{4.27}$$

式中　g——峰值因子，$g=2.5$；

　　I_{10}——10m 高度处的名义湍流强度，对应 A、B、C 和 D 类地面粗糙度，可分别取
　　　　0.12、0.14、0.23 和 0.39；

R——脉动风荷载的共振分量因子；

B_z——脉动风荷载的背景分量因子。

（1）脉动风荷载的共振分量因子 R　由随机振动理论可导出脉动风荷载的共振分量因子 R，经过一定的近似简化，可得

$$R = \sqrt{\frac{\pi}{6\zeta_1} \frac{x_1^2}{(1+x_1^2)^{3/4}}} \qquad (4.28)$$

$$x_1 = \frac{30f_1}{\sqrt{k_w w_0}} \qquad (x_1 > 5) \qquad (4.29)$$

式中　ζ_1——结构的阻尼比，按表 4.11 确定，表中未列出可根据工程经验确定；

w_0——基本风压（kN/m^2）

f_1、T_1——结构的基本自振频率（Hz）、基本自振周期（s），$f_1 = 1/T_1$；

k_w——地面的粗糙度修正系数，对应 A、B、C 和 D 类地面的粗糙度，可分别取 1.28、1.0、0.54 和 0.26。

表 4.11　结构的阻尼比 ζ_1

结构类型	钢结构	有填充墙的房屋钢结构	钢—混凝土混合结构	混凝土结构	砌体结构
阻尼比 ζ_1	0.01	0.02	0.04	0.05	0.05

（2）脉动风荷载的背景分量因子 B_z　脉动风荷载的背景分量因子可按下列规定确定。

① 对体型和质量沿高度均匀分布的高层建筑和高耸结构，可按下式计算：

$$B_z = kH^{\alpha_1}\rho_x\rho_z \frac{\phi_1(z)}{\mu_z(z)} \qquad (4.30)$$

式中　$\phi_1(z)$——结构的基本振型系数；

H——结构的总高度（m），对 A、B、C 和 D 类地面的粗糙度，H 的取值分别不应大于 300m、350m、450m 和 550m；

ρ_z——脉动风荷载的竖直相关系数，且有

$$\rho_z = \frac{10\sqrt{H+60e^{-H/60}-60}}{H} \qquad (4.31)$$

ρ_x——脉动风荷载的水平方向相关系数，对迎风面宽度较小的高耸结构取 $\rho_x = 1$，其他情况下为

$$\rho_x = \frac{10\sqrt{B+50e^{-B/50}-50}}{B} \qquad (4.32)$$

其中，B 为结构迎风面宽度（m），$B \leqslant 2H$；

k、α_1——系数，按表 4.12 取值。

表 4.12　系数 k 和 α_1

结构类型	高层				高耸			
地面粗糙度	A	B	C	D	A	B	C	D
k	0.944	0.670	0.295	0.112	1.276	0.910	0.404	0.155
α_1	0.155	0.187	0.261	0.346	0.186	0.218	0.292	0.376

② 对迎风面和侧风面的宽度沿高度按直线或接近直线规律变化，而质量沿高度按连续规律变化的高耸结构，按式（4.30）计算的背景分量因子应乘以修正系数 θ_B 和 θ_v。θ_B 为构筑物迎风面在 z 高度处的宽度 $B(z)$ 与底部宽度 $B(0)$ 的比值，θ_v 可按表 4.13 确定。

表 4.13 修正系数 θ_v

$B(z)/B(0)$	1.0	0.9	0.8	0.7	0.6	0.5	0.4	0.3	0.2	≤0.1
θ_v	1.00	1.10	1.20	1.32	1.50	1.75	2.08	2.53	3.30	5.60

（3）结构振型系数 $\phi_1(z)$　结构振型系数应根据结构动力学方法计算确定。一般情况下，对结构顺风向风振响应，可仅考虑第一振型的影响；对圆截面高层建筑及构筑物横风向的共振响应，应验算第一至第四振型的响应。

为了简化计算，在确定风荷载时，根据结构的变形特点，采用下列近似方法计算结构振型系数。

① 对于高耸构筑物，可按弯曲型考虑，结构第一振型系数近似按下式计算：

$$\phi_1(z) = \frac{1}{3}\left(\frac{z}{H}\right)^4 - \frac{1}{3}\left(\frac{z}{H}\right)^3 + 2\left(\frac{z}{H}\right)^2 \tag{4.33}$$

当悬臂型高耸结构的外形由下向上逐渐收近，截面沿高度按连续规律变化（如烟囱）时，其振型计算公式十分复杂。此时可根据结构迎风面顶部宽度 $B(z)$ 与底部宽度 $B(0)$ 的比值 θ_v，按表 4.14 确定第一振型的振型系数。

表 4.14 截面沿高度规律变化的高耸结构第一振型系数

$B(z)/B(0)$	相对高度（z/H）									
	0.1	0.2	0.3	0.4	0.5	0.6	0.7	0.8	0.9	1.0
1.0	0.1	0.06	0.14	0.23	0.34	0.46	0.59	0.79	0.86	1.00
0.8	0.02	0.06	0.12	0.21	0.32	0.44	0.57	0.71	0.86	1.00
0.6	0.01	0.05	0.11	0.19	0.29	0.41	0.55	0.69	0.85	1.00
0.4	0.01	0.04	0.09	0.16	0.26	0.37	0.51	0.66	0.83	1.00
0.2	0.01	0.03	0.07	0.13	0.21	0.31	0.45	0.61	0.80	1.00

② 对于高层建筑结构，当以剪力墙的工作为主时，可按弯剪切型考虑，结构的第一振型系数近似计算公式为

$$\phi_1(z) = \tan\left[\frac{\pi}{4}\left(\frac{z}{H}\right)^{0.7}\right] \tag{4.34}$$

对质量和刚度沿高度分布比较均匀的弯剪型结构，也可采用振型计算点距室外地面高度 z 与房屋高度 H 的比值，即 $\phi(z) = z/H$。

③ 对于底层建筑结构，一般可不考虑风振效应，对风荷载较为敏感而需考虑风振效应时，按剪切型结构考虑，结构第一振型系数近似计算公式为

$$\phi_1(z) = \sin\left[\frac{\pi}{2}\left(\frac{z}{H}\right)^{0.7}\right] \tag{4.35}$$

5. 结构基本自振周期经验公式

在考虑风压脉动引起的风振效应时，需要计算结构的基本周期。各类结构的自振周期均可按照结构动力学的方法进行求解。初步设计或近似计算时，结构基本自振周期 T_1 可采用实测基础上回归得到的经验公式近似求出。

（1）高耸结构　一般情况下的钢结构和钢筋混凝土结构自振周期为

$$T_1 = (0.007 \sim 0.013)H \tag{4.36}$$

式中　H——结构物总高（m）。

钢结构刚度小，结构自振周期长，可取高值；钢筋混凝土结构刚度相对较大，结构自振周期短，可取低值。

烟囱的基本自振周期可按下述公式确定。

高度不超过 60m 砖烟囱　　$T_1 = 0.23 + 0.22 \times 10^{-3} H^2/d \tag{4.37}$

高度不超过 120m 钢筋混凝土烟囱

$$T_1 = 0.413 + 0.10 \times 10^{-3} H^2/d \tag{4.38}$$

高度超过 150m，但低于 210m 的钢筋混凝土烟囱

$$T_1 = 0.53 + 0.08 \times 10^{-3} H^2/d \tag{4.39}$$

式中　H——烟囱高度（m）；

　　　d——烟囱 1/2 高度处的外径（m）。

（2）高层建筑　一般情况下的钢结构和钢筋混凝土结构的基本周期经验公式如下：

钢结构　　　　　　　　　$T_1 = (0.10 \sim 0.15)n \tag{4.40}$

钢筋混凝土结构　　　　　$T_1 = (0.05 \sim 0.10)n \tag{4.41}$

式中　n——建筑层数。

钢筋混凝土结构基本自振周期可按下述公式确定：

钢筋混凝土框架和框剪结构　$T_1 = 0.25 + 0.53 \times 10^{-3} H^2/\sqrt[3]{B} \tag{4.42}$

钢筋混凝土剪力墙结构　　　$T_1 = 0.03 + 0.03 H/\sqrt[3]{B} \tag{4.43}$

式中　H——房屋总高度（m）；

　　　B——房屋宽度（m）。

6. 阵风系数 β_{gz}

对于围护结构，包括玻璃幕墙在内，脉动引起的振动影响很小，可不考虑风振影响，但应考虑脉动风压的分布，即在平均风的基础上乘以阵风系数。阵风系数参照国外规范取值水平，按下述公式确定：

$$\beta_{gz} = 1 + 2gI_{10}\left(\frac{z}{10}\right) \tag{4.44}$$

同样，取 A、B、C、D 四种地貌截面高度分别为 5m、10m、15m 和 30m，即阵风系数分别不大于 1.65、1.70、2.05 和 2.40。

阵风系数 β_{gz} 也可根据不同粗糙度类别和计算位置离地面高度按表 4.15 采用。

表 4.15　阵风系数 β_{gz}

离地面高度 /m	地面粗糙度类别			
	A	B	C	D
5	1.65	1.70	2.05	2.40
10	1.60	1.70	2.05	2.40
15	1.57	1.66	2.05	2.40
20	1.55	1.63	1.99	2.40
30	1.53	1.59	1.90	2.40

（续）

离地面高度 /m	地面粗糙度类别			
	A	B	C	D
40	1.51	1.57	1.85	2.29
50	1.49	1.55	1.81	2.20
60	1.48	1.54	1.78	2.14
70	1.48	1.52	1.75	2.09
80	1.47	1.51	1.73	2.04
90	1.46	1.50	1.71	2.01
100	1.46	1.50	1.69	1.98
150	1.43	1.47	1.63	1.87
200	1.42	1.45	1.59	1.79
250	1.41	1.43	1.57	1.74
300	1.40	1.42	1.54	1.70
350	1.40	1.41	1.53	1.67
400	1.40	1.41	1.51	1.64
450	1.40	1.41	1.50	1.62
500	1.40	1.41	1.50	1.60
550	1.40	1.41	1.50	1.59

4.4.2 横风向风振及扭转效应

当建筑物受到风力作用时，不但顺风向可能发生风振，而且在一定条件下也能发生横风向的风振。导致建筑横风向风振的主要激励有：尾流激励（旋涡脱落激励）、横风向紊流激励以及气动弹性激励（建筑振动和风之间的耦合效应），其激励特性远比顺风向要复杂。

在工程上，判断高层建筑是否需要考虑横风向风振的影响，一般要考虑建筑的高度、高宽比、结构自振频率及阻尼比等多种因素，并借鉴工程经验及有关资料。一般而言高度超过150m或高宽比大于5的高层建筑可能出现较为明显的横风向风振效应，并且效应随着建筑高度或建筑高宽比增加而增加。高度超过30m且高宽比大于4的细长圆形截面构筑物，也需要考虑横风向风振的影响。

判断高层建筑是否需要考虑扭转风振的影响，主要考虑建筑的高度、高宽比、深宽比、结构自振频率、结构刚度与质量的偏心等因素。扭转风荷载是由于建筑各个立面风压的非对称作用产生的，受截面形状和湍流度等因素的影响较大。

1. 横风向风振的锁定现象

实验研究表明，当横风向风力作用力频率 f_s 与结构横向自振频率 f_1 接近时，结构横向产生共振反应。此时，若风速继续增大，风旋涡脱落频率仍保持常数（图4.7）而不是按式（4.15）（斯脱罗哈数）规律变化。将风旋涡脱落频率保持常数（等于结构自振频率）的风速区域，称为锁定区域。

2. 共振区高度

在一定的风速范围内将发生共振，共振发生的初始风速为临界风速。对图4.8所示圆形截面，距离地面高度为 z 处的临界风速 v_{cr} 可由斯脱罗哈数定义导出：

$$v_{cr} = \frac{D(z)}{T_j St} \tag{4.45}$$

式中　T_j——结构第 j 振型自振周期，验算亚临界微风共振时取结构基本自振周期 T_1(s)；

　　　St——斯脱罗哈数，对圆截面结构取 0.2；

　$D(z)$——圆柱体结构距离地面高度 z 处的直径，当结构沿高度截面缩小时（倾斜度不大于 0.02），也可近似取 2/3 结构高度处的直径。

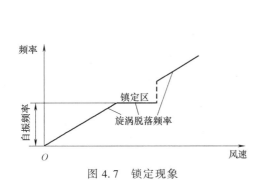

图 4.7　锁定现象

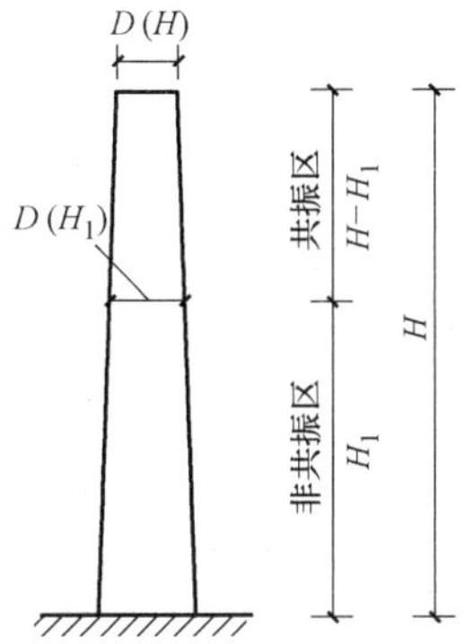

图 4.8　共振区高度

由锁定现象可知，在一定的风速范围内将发生涡激共振，可沿高度方向取（1.0～1.3）v_{cr} 的区域为锁定区，即共振。对应于共振区起点高度 H_1 的风速 v_{cr} 为临界风速，由风剖面的指数变化规律，取离地标准高度为 10m，有：

$$\frac{v_{cr}}{v_0} = \left(\frac{H_1}{10}\right)^\alpha \tag{4.46}$$

由式（4.46）可得

$$H_1 = 10 \left(\frac{v_{cr}}{\beta_v v_H}\right)^{1/\alpha} \tag{4.47}$$

式中　v_H——结构顶部风速（m/s）；

　　　β_v——结构顶部风速的增大系数，考虑结构在强风共振时的安全性及试验资料的局限性，为避免在设计中低估横向风振的影响，取 $\beta_v = 1.2$。

若取结构总高度 H 为基准高度，则得 H_1 另一表达式。

对应于风速 $1.3v_{cr}$ 的高度 H_2，由风剖面的指数变化规律，取离地标准高度为 10m，得 H_2 表达式：

$$H_2 = 10 \left(\frac{1.3 v_{cr}}{v_0}\right)^{1/\alpha} \tag{4.48}$$

由式（4.48）计算得出的 H_2 值有可能大于结构总高度 H，但超出总高度 H 的部分没有实际意义，故工程中一般取 $H_2 = H$，即共振区范围为（$H - H_1$）区段，个别情况 $H_2 < H$ 时，可根据实际情况进行计算。

3. 圆形截面结构的横风向风振等效风荷载

对圆截面柱体结构，当发生旋涡脱落时，若脱落频率与结构自振频率相符，将出现共振。GB 50009—2012《建筑结构荷载规范》规定，对圆形截面的结构应按雷诺数 Re 和结构顶部的风速 v_H 的不同情况进行横风向风振的校核。临界风速由上述公式确定。

根据风压的定义，结构顶部风速 v_H 可按下式确定：

$$v_H = \sqrt{\frac{2000\mu_H w_0}{\rho}} \tag{4.49}$$

式中　μ_H——结构顶部风压高度变化系数；

　　　w_0——基本风压（kN/m^2）；

　　　ρ——空气密度（kg/m^3）。

根据不同雷诺数，圆形截面结构或构件的横风向共振响应及防振措施如下：

1）亚临界范围，可发生亚临界范围的微风共振，一般不会对结构产生破坏。此时，可在构造上采取防振措施，如调整结构布置使结构基本周期 T_1 改变而避免微风共振，或控制结构的临界风速 v_{cr} 不小于 15m/s，以降低共振的发生率。

2）超临界范围，则发生超临界范围的风振，可不做处理。此范围旋涡脱落没有明显周期，结构的横向振动呈现随机特征，不会产生共振响应，且风速也不是很大，工程上一般不考虑横风向振动。

3）跨临界范围，结构顶部风速的 1.2 倍大于临界风速 v_{cr} 时，可发生跨临界的强风共振，此时应考虑横风向风振的等效风荷载。跨临界强风共振引起的在 z 高度处第 j 振型的横风向风振等效风荷载 $w_{Lk,j}$ 可由下式确定：

$$w_{Lk,j} = \frac{\mu_L |\lambda_j| v_{cr}^2 \phi_j(z)}{3200\zeta_j} \tag{4.50}$$

式中　μ_L——横向力系数，取 0.25；

　　　λ_j——共振区域计算系数，按表 4.16 确定；

　　　ζ_j——结构第 j 振型的阻尼比，对高层建筑和一般高耸结构的第 1 振型，按表 4.11 确定，对高阶振型，若无相关资料，可近似按第 1 振型的值取用，对烟囱结构，按 GB 50051—2013《烟囱设计规范》的规定确定；

　　　$\phi_j(z)$——在 z 高度处结构的第 j 振型的振型系数，由计算确定或参考表 4.17 确定。

表 4.16　跨临界强风共振计算系数 λ_j

结构类型	振型序号	H_1/H										
		0	0.1	0.2	0.3	0.4	0.5	0.6	0.7	0.8	0.9	1.0
高耸结构	1	1.56	1.55	1.54	1.49	1.42	1.31	1.15	0.94	0.68	0.37	0
	2	0.83	0.82	0.76	0.60	0.37	0.09	−0.16	−0.33	−0.38	−0.27	0
	3	0.52	0.48	0.32	0.06	−0.19	−0.30	−0.21	0.00	0.20	0.23	0
	4	0.30	0.33	0.02	−0.20	−0.23	0.03	0.16	0.15	−0.05	−0.18	0
高层建筑	1	1.56	1.56	1.54	1.49	1.41	1.28	1.12	0.91	0.65	0.35	0
	2	0.73	0.72	0.63	0.45	0.19	−0.11	−0.36	−0.52	−0.53	−0.36	0

表 4.17 高耸结构和高层建筑的振型系数 $\phi_j(z)$

相对高度 z/H	振型序号 (高耸结构)				振型序号 (高层建筑)			
	1	2	3	4	1	2	3	4
0.1	0.02	-0.09	0.23	-0.39	0.02	-0.09	0.22	-0.38
0.2	0.06	-0.30	0.61	-0.75	0.08	-0.30	0.58	-0.73
0.3	0.14	-0.53	0.76	-0.43	0.17	-0.50	0.70	-0.40
0.4	0.23	-0.89	0.53	0.32	0.27	-0.68	0.46	0.33
0.5	0.34	-0.71	0.02	0.71	0.38	-0.63	-0.03	0.68
0.6	0.46	-0.59	-0.48	0.33	0.45	-0.48	-0.49	0.29
0.7	0.59	-0.32	-0.66	-0.40	0.67	-0.18	-0.63	-0.47
0.8	0.79	0.07	-0.40	-0.64	0.74	0.17	-0.34	-0.62
0.9	0.86	0.52	0.23	-0.05	0.86	0.58	0.27	-0.02
1.0	1.00	1.00	1.00	1.00	1.00	1.00	1.00	1.00

横风向风振主要考虑的是共振影响,因而可与结构不同的振型发生共振效应。对跨临界的强风共振,设计时必须按不同振型对结构予以验算。跨临界强风共振系数 λ_j 是对 j 振型情况下考虑与共振区分布有关的折算系数。若临界风速起点在结构底部,整个高度为共振区,它的效应最为严重,系数值最大;若临界风速起点在结构顶部,则不发生共振,也不必验算横风向的风振荷载。一般认为低振型的影响占主导作用,只需考虑前 4 个振型即可满足要求,其中以前两个振型的共振最为常见。

4. 矩形截面结构的横风向风振等效风荷载

矩形截面高层建筑,也会发生类似的旋涡脱落现象,产生涡激共振,其规律更为复杂。对于重要的柔性结构的横风向风振等效风荷载宜通过风洞试验确定。

矩形截面高层建筑当满足下列条件时,可按本节的规定确定其横风向风振等效风荷载。

1)建筑的平面形状和质量在整个高度范围内基本相同。

2)高宽比 $H/B = 4 \sim 8$,深宽比 $D/B = 0.5 \sim 2$,其中,B 为结构的迎风面宽度,D 为结构平面的进深(顺风向尺寸)。

$\dfrac{v_H T_{L1}}{\sqrt{BD}} \leqslant 10$。其中 T_{L1} 为结构横风向一阶自振周期,v_H 为结构顶部风速。

矩形截面高层建筑横风向风振等效风荷载标准值可按下式计算:

$$w_{Lk} = g w_0 \mu_z C'_L \sqrt{1 + R_L^2} \tag{4.51}$$

式中　w_{Lk}——横风向风振等效风荷载标准值（kN/m^2）;

　　g——峰值因子,可取 2.5;

　　w_0——基本风压（kN/m^2）;

　　μ_z——风压高度变化系数;

　　C'_L——横风向风力系数;

　　R_L——横风向共振因子。

横风向风力系数 C'_L 可按下式计算:

$$C'_L = (2+2\alpha) C_m \gamma_{CM}$$
$$\gamma_{CM} = C_R - 0.019 \left(\frac{D}{B}\right)^{-2.54} \Bigg\} \tag{4.52}$$

式中　C_m——横风向风力角沿修正系数，可按 GB 50009—2012《建筑结构荷载规范》附录 H. 2. 5 条规定取用；

α——风速剖面指数，对应 A、B、C 和 D 类粗糙度分别取 0.12、0.15、0.22 和 0.30；

C_R——地面粗糙度系数，对应 A、B、C 和 D 类粗糙度分别取 0.236、0.211、0.202 和 0.197。

对于非圆形截面的柱体，如三角形、方形、矩形、多边形等棱柱体，都会发生类似的旋涡脱落现象，产生涡激共振，其规律更为复杂。对于重要的柔性结构，横风向风振等效风荷载宜通过风洞试验确定。

5. 矩形截面结构的扭转风振等效风荷载

矩形截面高层建筑当满足下列条件时，可按本节的规定确定其扭转风振等效风荷载。

1）建筑的平面形状和质量在整个高度范围内基本相同。

2）刚度及质量的偏心率（偏心距/回转半径）小于 0.2。

3）高宽比 $H/B = 4 \sim 8$，其中，B 为结构的迎风面宽度，D 为结构平面的进深（顺风向尺寸）。

4）$\dfrac{H}{\sqrt{BD}} \leq 6$，深宽比 $D/B = 1.5 \sim 5$，$\dfrac{v_H T_{L1}}{\sqrt{BD}} \leq 10$，其中，$T_{L1}$ 为结构横风向一阶自振周期（s），应按结构动力计算确定，v_H 为结构顶部风速。

矩形截面高层建筑扭转等效风荷载标准值可按下式计算：

$$w_{Tk} = 1.8 g w_0 \mu_H C'_T \left(\frac{z}{H}\right)^{0.9} \sqrt{1+R_T^2} \tag{4.53}$$

式中　w_{Tk}——扭转风振等效风荷载标准值（kN/m^2）；

g——峰值因子，可取 2.5；

C'_T——风振扭转系数；

R_T——扭转共振因子；

μ_H——结构顶部风压高度变化系数。

4.4.3　结构共振效应

顺风向风荷载、横风向风振及扭转风振等效风荷载宜按表 4.18 考虑风荷载组合工况。

表 4.18　风荷载组合工况

工况	顺风向风荷载	横风向风振等效风荷载	扭转风振等效风荷载
1	F_{Dk}	—	—
2	$0.6F_{Dk}$	F_{Lk}	—
3	—	—	T_{Tk}

表中，顺风向单位高度风荷载标准值 F_{Dk} 应按式计算，横风向风振单位高度等效风荷载

标准值 F_{Lk} 及扭转风振单位高度等效风荷载标准值 T_{Tk} 应按下列公式计算：

$$F_{Lk} = w_{Lk}B \qquad (4.54)$$

$$T_{Tk} = w_{Tk}B^2 \qquad (4.55)$$

式中　w_{Lk}、w_{Tk}——横风向风振和扭转风振等效风荷载标准值（kN/m^2）；

　　　　B——迎风面宽度（m）。

风荷载作用下同时发生顺风向和横风向风振时，结构的风荷载效应应按矢量叠加。当发生横风向强风共振时，顺风向的风力如达到最大的设计风荷载，横风向的共振临界风速起始高度 H_1 最小，此时横向共振影响最大。所以，当发生横风向强风共振时，横风向风振的效应 S_c 和顺风向风荷载的效应 S_A 按矢量叠加所得的结构效应最为不利，即得结构的总风效应，即

$$S = \sqrt{S_c^2 + S_A^2} \qquad (4.56)$$

4.4.4　风荷载计算

风荷载是房屋、构筑物的主要荷载之一，它不仅使结构产生内力，而且可能产生侧向位移，它对高层建筑及高耸的柔性结构尤为重要。

风荷载一般是水平作用于房屋和构筑物上，沿高度方向大致成倒三角形分布。在工程设计中为了简化计算，对单层或多层混合结构、单层厂房排架结构等建筑，一般选择一个或几个有代表性的单元计算水平风荷载；对于钢筋混凝土框架结构等多高层建筑结构，一般将风荷载简化为作用于各楼层处的集中力。对于单层的排架结构，作用在柱顶以下墙面上的风荷载按均布考虑，其风压高度变化系数按柱顶标高取值；柱顶至屋脊间屋盖部分的风荷载，仍取为均布的，其对排架的作用则按作用在柱顶的水平集中荷载来考虑。对于多层混合结构，一般将风荷载简化为作用于各层墙体上的均布荷载。

4.4.5　例题

【例 4-1】　某高层建筑为剪力墙结构，上部结构为 38 层，底部 1~3 层层高为 4m，其他各层层高为 3m，室外地面至檐口的高度为 120m，平面尺寸为 30m×40m，地下室采用筏形基础，埋置深度为 12m，如图 4.9 所示，已知基本风压为 $w_0 = 0.45 kN/m^2$，建筑场地位于大城市郊区，已计算求得作用于突出屋面小塔楼上的风荷载标准值的总值为 800kN。为简化计算，将建筑物沿高度划分六个区段，每个区段为 20m，近似取其中点位置的风荷载作为该区段的平均值，计算在风荷载作用下结构底部（一层）的剪力和筏形基础底面的弯矩。

【解】　（1）基本自振周期。根据钢筋混凝土剪力墙结构基本自振周期的经验公式，可求得

$$T_1 = 0.05n = 0.05 \times 38s = 1.90s$$

（2）判别是否考虑风振影响。由于本结构计算高度 $H = 120m > 30m$，且 $H/B = 120/40 = 3.0 > 1.5$，因此应考虑风振系数。

（3）风振系数。风振系数公式：

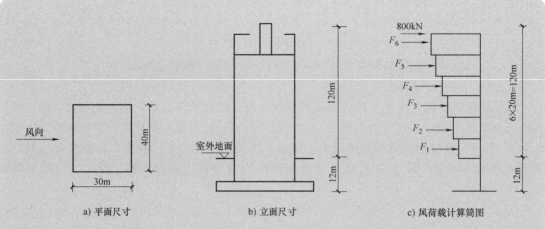

a) 平面尺寸   b) 立面尺寸   c) 风荷载计算简图

图 4.9　某高层建筑外形尺寸及风荷载计算简图

$$\beta_z = 1 + 2gI_{10}B_z\sqrt{1+R}$$

确定风振系数公式各系数的值：

1）峰值因子：$g = 2.5$

2）$I_{10} = 0.14$（10m 高度名义湍流强度，B 类为 0.14）

3）由于计算脉动风荷载的共振分量 R，要计算 f_1、x_1、k_w、ζ_1，其中 $f_1 = 1/T_1 =$ 0.53Hz（结构第 1 阶自振频率）。$k_w = 1.0$（B 类地貌粗糙度的修正系数为 1.0）、$\zeta_1 =$ 0.05（钢筋混凝土阻尼比为 0.05）。

$$x_1 = \frac{30f_1}{\sqrt{k_w\omega_0}} = \frac{30 \times 0.53}{\sqrt{1.0 \times 0.45}} = 23.69 > 5$$

$$R = \sqrt{\frac{\pi}{6\zeta_1} \frac{x_1^2}{(1+x_1^2)^{3/4}}} = \sqrt{\frac{3.14}{6 \times 0.05} \times \frac{23.69^2}{(1+23.69^2)^{3/4}}} = 1.13$$

4）脉动风荷载的背景分量因子 B_z：

$$B_z = kH^{\alpha_1}\rho_x\rho_z\frac{\phi_1(z)}{\mu_z(z)}$$

所以求 B_z 要计算 ρ_x、ρ_z、k、α_1、$\phi_1(z)$。

$\phi_1(z)$：1 阶阵型系数，可由结构动力计算确定，对迎风面宽度较大的高层建筑，其振型系数按表 4.17 确定。

$\mu_z(z)$：风压沿高度变化系数。

$k = 0.670$，$\alpha_1 = 0.187$（由高层建筑风荷载系数 k 和 α_1 的表确定）

$$\rho_x = \frac{10\sqrt{H + 60e^{-H/60} - 60}}{H} = \frac{10\sqrt{120 + 60e^{-120/60} - 60}}{120} = 0.69$$

$$\rho_z = \frac{10\sqrt{B + 50e^{-B/50} - 50}}{B} = \frac{10\sqrt{40 + 50e^{-40/50} - 50}}{40} = 0.88$$

$$B_z = kH^{\alpha_1}\rho_x\rho_z\frac{\phi_1(z)}{\mu_z(z)} = 0.67 \times 120^{0.187} \times 0.88 \times 0.69\frac{\phi_1(z)}{\mu_z(z)} = 1.00\frac{\phi_1(z)}{\mu_z(z)}$$

5）计算 β_z：

$$\beta_z = 1 + 2gI_{10}B_z\sqrt{1+R} = 1 + 2 \times 2.5 \times 0.14 \times 1.00\frac{\phi_1(z)}{\mu_z(z)}\sqrt{1+1.13^2} = 1 + 1.06\frac{\phi_1(z)}{\mu_z(z)}$$

$\mu_z(z)$、$\phi_1(z)$ 由风压沿高度变化系数表和高层建筑振型系数表确定。

（4）风荷载体型系数。$\mu_s = 0.8 + 0.5 = 1.3$

（5）风荷载计算。

1）基本风压：$w_0 = 0.35$

2）各段风荷载标准值 $w_{ki} = \beta_z\mu_s(z)\mu_z(z)w_0 = 0.35 \times (0.8+0.5) \times 40\mu_z(z)\beta_z$

3）各段风荷载合力 $F_i = w_{ki}Bh$

按上述可求得各区段终点处的风荷载标准值及各区段的合力见表4.19。

表 4.19　风荷载计算

区段	z/m	H/m	$\mu_z(z)$	$\phi_1(z)$	β_z	$q(z)/(kN/m^2)$	区段合力 F_i/kN
突出屋面							800
6	110	0.917	2.05	0.884	1.457	69.89	1397.8
5	90	0.750	1.93	0.705	1.387	62.64	1252.8
4	70	0.583	1.79	0.438	1.259	52.75	1055.0
3	50	0.417	1.62	0.289	1.189	45.08	901.6
2	30	0.250	1.39	0.125	1.095	35.63	712.6
1	10	0.083	1.00	0.017	1.018	23.82	476.4

（6）在风荷载作用下的底部剪力：

$$V_1 = 800kN + \sum_{i=1}^{6} w_{ki}Bh = \sum w_{ki} \times 40 \times 20 = (800 + 476.4 + 712.6 +$$

$$901.6 + 1055.0 + 1252.8 + 1397.8)kN$$

$$= 8596.2kN$$

（7）筏形基础底面的弯矩为

$$M = \sum F_i \times h = (800 \times 132 + 1397.8 \times 122 + 1252.8 \times 102 + 1055.0 \times 82 +$$

$$901.6 \times 62 + 712.6 \times 42 + 476.4 \times 22)kN \cdot m = 586736.4kN \cdot m$$

4.5　桥梁工程风荷载计算

　　风荷载是公路桥梁工程设计时考虑的活荷载之一。作用在桥梁上的风荷载由迎风面的压力和背风面的吸力所组成，它可分为垂直桥轴方向的横桥向风荷载、顺桥轴方向的纵向风荷载以及竖向风荷载。JTG D60—2015《公路桥涵设计通用规范》介绍风荷载标准值按下述进行计算。

4.5.1 横桥向风荷载计算

横桥向风荷载假定水平地垂直作用于桥梁各部分迎风面积的形心上，其标准值为横向风压乘以迎风面积，即按下式计算：

$$F_{wh} = k_0 k_1 k_3 w_0 A_{wh} \qquad (4.57)$$

式中　F_{wh}——横桥向风荷载标准值（kN）；

　　　k_0——设计风速重现期换算系数，对于单孔跨径指标为特大桥和大桥的桥梁，$k_0 = 1.0$；对其他桥梁，$k_0 = 0.9$；对施工架设期桥梁，$k_0 = 0.75$；当桥梁位于台风多发地区时，可根据实际情况适当提高 k_0 值；

　　　k_1——风载阻力系数；

　　　k_3——地形、地理条件系数，按表 4.20 取用；

　　　A_{wh}——横向迎风面积（m²），按桥跨结构各部分的实际尺寸计算；

　　　w_0——基本风压（kN/m²）；全国各主要气象台站 10 年、50 年、100 年一遇的基本风压，可按"全国各气象台站的基本风速和基本风压值"的有关数据并经实地核实后采用。

表 4.20　地形、地理条件系数 k_3

地形、地理条件	地形、地理条件系数 k_3
一般地区	1.00
山间盆地、谷地	0.75 ~ 0.85
峡谷口、山口	1.20 ~ 1.40

1. 基本风压

基本风压可以按下式计算：

$$w_0 = \frac{\gamma V_d^2}{2g} \qquad (4.58)$$

$$V_d = k_2 k_5 V_{10} \qquad (4.59)$$

$$\gamma = 0.012017 e^{-0.0001Z} \qquad (4.60)$$

式中　V_d——高度 Z 处的设计基准风速（m/s）；

　　　V_{10}——设计基本风速（m/s）；按平坦空旷地面，离地面 10m 高，重现期为 100 年的 10min 平均最大风速计算确定；当桥梁所在地区缺乏风速观测资料时，V_{10} 可按"全国基本风速图"及给出的数据并经实地核实后采用，但不得小于 0.7m/s；

　　　γ——空气重力密度（kg/m³）；

　　　g——重力加速度，$g = 9.81 \text{m/s}^2$；

　　　k_2——风速高度变化修正系数；地表类别见表 4.21；

　　　k_5——阵风风速系数，对 A、B 类地表，$k_5 = 1.38$；C、D 类地表，$k_5 = 1.70$；A、B、C、D 地表类别对应的地表状况见表 4.21。

表 4.21 地表分类

地面粗糙度类别	地表状况
A	海面、海岸、开阔水面
B	田野、乡村、丛林及低层建筑物稀少地区
C	树木及低层建筑物等密集地区、中高层建筑物稀少地区、平缓的丘陵地
D	中高层建筑物密集地区、起伏较大的丘陵地

2. 风载阻力系数 k_1

风载阻力系数是表示稳定风压在不同截面上的分布状态，实际上是风对结构表面的实际压力（或吸力）与按原始风速所算得的理论风压的比值，此值主要与结构物的体型、尺度有关。风载阻力系数应按下列规定确定。

普通实腹桥梁上部结构的风载阻力系数 k_1 可按下式计算：

$$k_1 = \begin{cases} 2.1 - 0.1\left(\dfrac{B}{H}\right) & 1 \leqslant \dfrac{B}{H} < 8 \\ 1.3 & \dfrac{B}{H} \geqslant 8 \end{cases} \tag{4.61}$$

式中　H——梁高（m）。

桁架桥梁上部结构的风载阻力系数 k_1 按表 4.22 取值。上部结构为两片或两片以上桁架时，所有背风桁架的风载阻力系数均取 ηk_1，η 为遮挡系数，按表 4.23 取值；桥面系构造的风载阻力系数取 $k_1 = 1.30$。

表 4.22 桁架的风载阻力系数 k_1

实面积比	矩形与 H 形截面构件	圆柱形构件（D 为圆柱直径）	
		$D\sqrt{W_0} < 5.8\,\text{m}^2/\text{s}$	$D\sqrt{W_0} \geqslant 5.8\,\text{m}^2/\text{s}$
0.1	1.9	1.2	0.7
0.2	1.8	1.2	0.8
0.3	1.7	1.2	0.8
0.4	1.7	1.1	0.8
0.5	1.6	1.1	0.8

注：1. 实面积比=桁架净面积/桁架轮廓面积。

2. 表中圆柱直径 D 以 m 计，基本风压以 kN/m^2 计。

表 4.23 桁架遮挡系数 η

间距比	实面积比				
	0.1	0.2	0.3	0.4	0.5
$\leqslant 1$	1.0	0.90	0.80	0.60	0.45
2	1.0	0.90	0.80	0.65	0.50
3	1.0	0.95	0.80	0.70	0.55
4	1.0	0.95	0.80	0.70	0.60
5	1.0	0.95	0.85	0.75	0.65
6	1.0	0.95	0.90	0.80	0.70

注：间距比=两桁架中心距/迎风桁架高度。

桥墩或桥塔的风载阻力系数 k_1，可依据桥墩或桥塔的断面形状、尺寸比及高宽比的不同由表 4.24 查得。表中没有包括的断面，其 k_1 值宜由风洞实验确定。

表 4.24　桥墩或桥塔的阻力系数 k_1

平面形状	$\dfrac{t}{b}$	桥墩或桥塔的高宽比						
		1	2	4	6	10	20	40
风向 →□	≤1/4	1.3	1.4	1.5	1.6	1.7	1.9	2.1
→□	1/3,1/2	1.3	1.4	1.5	1.6	1.8	2.0	2.2
→□	2/3	1.3	1.4	1.5	1.6	1.8	2.0	2.2
→□	1	1.2	1.3	1.4	1.5	1.6	1.8	2.0
→□	3/2	1.0	1.1	1.2	1.3	1.4	1.5	1.7
→□	2	0.8	0.9	1.0	1.1	1.2	1.3	1.4
→□	3	0.8	0.8	0.8	0.9	0.9	1.0	1.2
→□	≥4	0.8	0.8	0.8	0.8	0.8	0.9	1.1
→◇ ⬡		1.0	1.1	1.1	1.2	1.2	1.3	1.4
12边形 →◯		0.7	0.8	0.9	0.9	1.0	1.1	1.3
光滑表面圆形 →◯ 且 $D\sqrt{W_0}\geqslant 5.8$		0.5	0.5	0.5	0.5	0.5	0.6	0.6

（续）

平面形状	$\dfrac{t}{b}$	桥墩或桥塔的高宽比						
		1	2	4	6	10	20	40
光滑表面圆形且 $D\sqrt{W_0}<5.8$　粗糙表面或带凸起的圆形		0.7	0.7	0.8	0.8	0.9	1.0	1.2

注：1. 上部结构架设后，应根据高宽比为 40 计算 k_1 值。

　　2. 对于带圆弧角的矩形桥墩，其风载阻力系数从表中查得 k_1 值后，再乘以折减系数 $(1-1.5r/b)$ 或 0.5，取两者中的较大者，其中 r 为圆弧角的半径。

　　3. 对于带三角尖端的桥墩，其 k_1 应包括桥墩外边缘的矩形截面计算。

　　4. 对于沿桥墩高度有锥度变化的桥墩，k_1 应按桥墩高度分段计算；每段的 t 和 b 应取该段的平均值；高宽比则应以桥墩总高度对每段的平均宽度之比计算。

3. 风速高度变化修正系数 k_2

风速随高度变化的原因是气流贴近地面运动时，气流受地面摩擦的影响消耗了一定的动能，使风速降低，形成梯度风。离地面越高，这种影响越小，因此，桥梁设计基准风速，要考虑地表粗糙度影响进行适当修正，其修正系数可按表 4.25 取用。位于山间盆地、谷地或峡谷口、山口等特殊场合的桥梁上、下部结构的风速高度变化修正系数 k_2 按 B 类地表类别取值。

表 4.25　风速高度变化修正系数 k_2

离地面或水面高度/m	地表类别			
	A	B	C	D
5	1.08	1.00	0.86	0.79
10	1.17	1.00	0.86	0.79
15	1.23	1.07	0.86	0.79
20	1.28	1.12	0.92	0.79
30	1.34	1.19	1.00	0.85
40	1.39	1.25	1.06	0.85
50	1.42	1.29	1.12	0.91
60	1.46	1.33	1.16	0.96
70	1.48	1.36	1.20	1.01
80	1.51	1.40	1.24	1.05
90	1.53	1.42	1.27	1.09
100	1.55	1.45	1.30	1.13
150	1.62	1.54	1.42	1.27
200	1.73	1.62	1.52	1.39
250	1.73	1.67	1.59	1.48
300	1.77	1.72	1.66	1.57
350	1.77	1.77	1.71	1.64
400	1.77	1.77	1.77	1.71
≥450	1.77	1.77	1.77	1.77

4.5.2　顺桥向风荷载计算

顺桥向的纵向风荷载与横桥向风荷载的计算方法相同。但纵向风力因受上部构造、墩台和路堤的阻挡，较横向风力小，常按折减后的横向风压或风速来计算。桥梁顺桥向可不计桥面系及上承式梁所受的风荷载，下承式桁架顺桥向风荷载标准值按其所受横桥向风压的40%乘以桁架迎风面积计算。桥墩上的顺桥向风荷载标准值可按横桥向风压的70%乘以桥墩迎风面积计算。悬索桥、斜拉桥桥塔上的顺桥向风荷载标准值可按横桥向风压乘以迎风面积计算。桥台可不计算纵、横向风荷载。上部构造传至墩台的顺桥向风力，其在支座的着力点及其在墩台上的分配，可根据上部构造的支座条件，按 JIG D60—2015《公路桥涵设计通用规范》中汽车制动的规定处理。

桥梁上部结构所承受顺桥向的竖向风荷载，可假定其沿桥长垂直地作用于结构水平投影面积的形心上，其值按下式计算：

$$F_{wv} = k_0 k_4 k_3 \frac{\rho V_d^2}{2} A_{wv} \tag{4.62}$$

式中　k_4——风荷载升力系数，板式或桁架式桥梁上部结构超高角小于 1°时，风荷载升力系数由图 4.10 确定，超高角为 1°~5°时，取 $k_4 = 0.75$；T 形组合梁桥的上部结构超高角小于 5°时，取 $k_4 = 1.0$，上部结构超高角大于 5°时，风荷载升力系数 k_4 值应由风洞实验确定；对普通板式或桁架式桥梁，当斜向风荷载斜攻角达 5°时，$k_4 = \pm 0.75$，此时，斜攻角为风速攻角与桥的超高角之和，斜攻角超过 5°时，k_4 值宜由风洞试验确定。

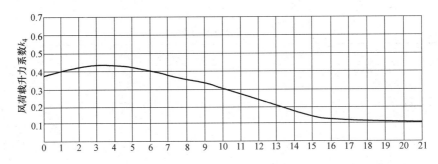

图 4.10　风荷载升力系数 k_4

桥梁上部结构竖向风荷载的受载面积 A_{wv} 应取结构或构件以及桥面系的水平投影主面实体面积。

上述风力计算公式是在现有规范的基础上所做的进一步修订。其中设计基准期基本风速的高度基准由原来的 20m 改为 10m，使得与我国建筑结构荷载规范相统一；将原来的风压高度变化系数改为风速高度变化修正系数，同时考虑了不同地表分类因素的影响，使风速更接近于实际情况；将原来的风载体形系数改为风载阻力系数，同时增加了桥梁上部结构的风载阻力系数，使风载阻力系数更为合理和完善；增加了竖向风荷载的计算，弥补了现有规范的不足之处。

本章小结

1）风的基本知识。主要阐述风的形成、两类性质的风、风力和风级等基本知识。

2）基本风压原理与确定。主要阐述影响基本风压的 5 个限制条件、地面粗糙度类别、非标准条件下基本风压的换算。

3）结构的风力和风效应。主要阐述结构风力和风效应具体内容，并且阐述了顺风向平均风与脉动风、横风向风振及扭转效应、风向风振的锁定现象、矩形截面结构的横风向风振等效风荷载等内容。

4）阐述了建筑工程结构风荷载计算和桥梁工程结构风荷载计算。

思 考 题

1. 风压与基本风压的定义是什么？简述影响基本风压的主要因素。
2. 什么是梯度风和梯度风高度？
3. 简述 GB 50009—2012《建筑结构荷载规范》地面粗糙度的划分原则。
4. 如何确定风载体型系数、风压高度变化系数、风振系数？与哪些因素有关？
5. 简述横风向风振产生的原因及适用条件。
6. 建筑工程风荷载的标准值如何计算？
7. 公路桥梁工程风荷载标准值如何计算？

习 题

1. 一矩形平面钢筋混凝土建筑，平面沿高度保持一致，总高度 $H = 30\text{m}$，宽度 $B = 20\text{m}$，地面粗糙度类别为 B 类，基本风压为 0.5kN/m^2，该结构的自振周期 $T_1 = 0.2\text{s}$，将建筑物分成 3 个区段，每个区段 10m，近似取每段顶点计算风荷载的标准值，计算风荷载作用在建筑物底部所产生的弯矩。

2. 某钢筋混凝土高层建筑，房屋总高 $H = 69\text{m}$，室内外高差 0.5m。外形和质量沿高度方向均匀分布；房屋的平面尺寸 $L \times B = 30\text{m} \times 20\text{m}$，平面沿高度保持不变。已知该结构的基本自振周期为 $T_1 = 2.5\text{s}$，地面粗糙度为 A 类，基本风压为 $w_0 = 0.55\ \text{kN/m}^2$，试计算风荷载作用下建筑物底层地面标高处的弯矩和剪力标准值。

地震作用 第5章

学习要求：

本章要求学生了解地震类型、成因、分布、地震波、地面运动等基本知识和术语；理解震级、地震烈度、基本烈度与抗震设防烈度等基本概念；熟悉工程结构抗震设防分类、标准、设防目标和抗震设计方法；了解抗震计算理论，掌握工程结构单质点和多质点体系地震作用计算方法。

5.1 地震的基本知识

地震是工程结构（如建筑物、桥梁等）在使用期间承受的主要水平作用之一。与风荷载相比，地震作用的时间更短、随机性更强，使其强度更大，同时地震经常引发地基液化失效、火灾及煤气爆炸等次生灾害，因而对工程结构造成破坏也更严重（图5.1）。另一方面，工程结构的使用功能和造价决定其使用期较长，无法避免经受地震的考验。因此，搞好工程结构抗震设计是一项重要的根本性的减灾措施。

5.1.1 地震的类型和成因

1. 地震的分类和成因

地震一般可分为人工地震和天然地震两大类。由人类活动（如开山、采矿、爆炸、水库蓄水、地下核试验等）引起的地面振动称为人工地震，其余统称为天然地震。

天然地震按其成因主要分为火山地震、陷落地震和构造地震。由于火山喷发而引起的地震，称为火山地震；由于地表或地下岩层突然大规模陷落和崩塌而造成的地震叫陷落地震；由于地壳运动，推挤地壳岩层使其薄弱部位发生断裂错动而引起的地震叫构造地震。一般火山地震和陷落地震强度低，影响范围小，而构造地震释放的能量大，影响范围广，造成的危害严重。构造地震约占地震总数的90%以上，因而对构造地震应予重点考虑。

构造地震的成因与地球的构造和地质运动有关。由地质勘探可知，地表以下越深，温度越高。经推算，地壳以下地幔外部的温度大于1000℃，在这样的高温下，地幔的物质变得具有流动性，又由于地幔越往地球内部温度越高，构成地幔热对流，引起地壳岩层的地质运动。除地幔热对流外，地球的公转和自转、月球和太阳的引力影响等，也会引起地质运动，但目前普遍认为地幔热对流是引起地质运动的主要原因。地球内部在运动过程中，孕育了巨大的能量，能量的释放在地壳岩层中产生强大的地应力，使原本水平状的岩层在地应力作用下发生变形。当地应力只能使岩层产生弯曲而未丧失其连续完整性时，岩层仅仅能够发生褶

a) 建筑物倒塌　　　　　　　　　　　b) 桥梁的断裂

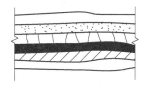
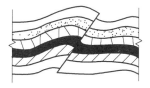

c) 水坝溃坝　　　　　　　　　　　d) 道路的破坏

图 5.1　地震造成的工程结构的破坏

皱；当地应力引起的变形超过某处岩层的本身极限应变时，岩层就发生突然断裂和猛烈错动，而承受应变的岩层在其自身的弹性应力作用下发生回跳，弹回到新的平衡位置。在回弹过程中，岩层中原先积累的应变能全部释放，并以弹性波的形式传到地面，从而使地面随之产生强烈振动，形成地震，如图 5.2 所示，这就是地震成因之一的断层学说。

图 5.2　构造运动与地震的形成

　　板块学说则认为，地壳和地幔外部厚 70～100km 的岩石层，是由欧亚板块、太平洋板块、美洲板块、非洲板块、印澳板块和南极板块等大大小小的板块组成，类似一个破裂后仍连在一起的蛋壳，板块下面是呈塑性状态并具有黏弹性质的软流层。软流层的热对流推动软流层上的板块做刚体运动，从而使各板块互相挤压、碰撞，致使其边缘附近岩石层脆性破裂而引发地震。板块学说更易于解释地球上的主要地震带主要分布在板块的交界地区的原因。

2. 地震术语

下面介绍几个有关地震的术语。地震的发震点即为震源。震源正上方的地面地点称为震中。震中至震源的距离为震源深度。地面某处到震中的距离称为震中距。

地震按震源的深浅可分为浅源地震（震源深度小于 60km）、中源地震（震源深度为 60~300km）和深源地震（震源深度大于 300km）。破坏性地震一般是浅源地震，发生的数量也最多，约占世界地震总数的 85%。当震源深度超过 100km 时，地震释放的能量在传播到地面的过程中大部分被损失掉，故通常不会在地面造成震害。我国发生的地震绝大多数是浅源地震，震源深度一般为 5~50km。

5.1.2 地震分布

地震虽然是一种随机现象，但从对已发生地震分布的统计中仍可以发现世界上的地震分布集中在两个带状的区域上，其中环太平洋的地震带称为环太平洋地震带，横跨欧亚大陆的地震带称为欧亚地震带。统计可知，世界上 75% 地震发生在环太平洋地震带上，其他大部分地震发生在欧亚地震带上。

我国地处世界两大地震带的交汇处，因此地震发生频繁，且强度较大。我国主要地震带有两条：第一条为南北地震带，北起贺兰山，向南经六盘山，穿越秦岭沿川西至云南省东北，纵贯南北。地震带宽度各处不一，在数十至百余公里，分界线由一系列规模很大的断裂带及断陷盆地组成，构造相当复杂。第二条为东西地震带，主要的东西构造带有两条，北面的一条沿陕西、山西、河北北部向东延伸，直至辽宁北部的千山一带；南面的一条自帕米尔起经昆仑山、秦岭，直到大别山区。据此，我国大致可划分为六个地震活动区：台湾及其附近海域，喜马拉雅山脉活动区，南北地震带，天山地震活动区，华北地震活动区，东南沿海地震活动区。其中台湾地区东部是我国地震活动最强、频率最高的地区。

5.1.3 地震波与地面运动

1. 地震波

地震时，将引起周围介质运动，并以波的形式从震源向各个方向传播并释放能量，这种波称为地震波。地震波包括在地球内部传播的体波和只限于在地面附近传播的面波。

（1）体波　体波包括纵波（P 波）和横波（S 波）。纵波传播时，介质质点的振动方向与波的行进方向一致，从而使介质不断地压缩和疏松，故纵波又被称为压缩波或疏密波，如图 5.3a 所示。其特点是周期较短，振幅较小，波速快。纵波在固体和液体内部都能传播。

纵波的传播速度可按下式计算：

$$v_p = \sqrt{\frac{E(1-\nu)}{\rho(1+\nu)(1-2\nu)}} \tag{5.1}$$

式中　E——介质弹性模量；

ρ——介质密度；

ν——介质的泊松比。

横波传播时，介质质点的振动方向与波的行进方向垂直。横波又被称为剪切波，如图 5.3b 所示。其特点是周期较长，振幅较大，波速慢。横波只能在固体中传播。横波的传播

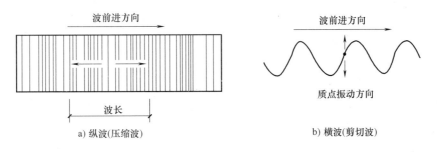

图 5.3　体波质点振动形式

速度可按下式计算:

$$v_{s}=\sqrt{\frac{E}{2\rho(1+\nu)}}=\sqrt{\frac{G}{\rho}} \qquad (5.2)$$

式中　G——介质剪切模量。其余符号同式 (5.1)。

当取 $\nu=0.25$ 时, $v_{p}=\sqrt{3}\,v_{s}$。

由上述可知, 纵波的传播速度比横波的传播速度要快。发生地震时, 在地震仪上首先记录到的地震波是纵波, 也被称为 "初波" (Primary Wave) 或 P 波, 随后记录到的才是横波, 也被称为 "次波"(Secondary Wave) 或 S 波。

(2) 面波　面波是体波经过地球的各层界面时, 经过界面多次反射、折射所形成的次声波。面波包括瑞雷波 (R 波) 和洛甫波 (L 波)。瑞雷波传播时, 质点在波的传播方向与地表面法向组成的平面内做与波行进方向相反的椭圆形运动, 故此波呈现滚动形式, 如图 5.4a 所示。洛甫波传播时, 将使质点在地平面内做与波的行进方向相垂直的水平方向运动, 即在地面上做蛇形运动, 如图 5.4b 所示。与体波相比, 面波波速慢, 周期长, 振幅大, 衰减慢, 能传播到很远的地方。

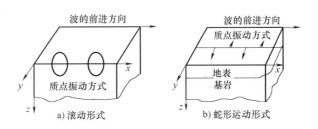

图 5.4　面波质点振动形式

地震波的传播速度, 以纵波最快, 横波次之, 面波最慢。一般情况下, 面波的能量比体波大, 造成建筑物和地表的破坏主要以面波为主。

2. 地震地面运动

当地震体波到达地面上某一点或面波经过该点时, 就会引起该点往复运动, 即产生地震地面运动。

地震波从震源产生后, 向周围扩散, 在不同介质中传播会发生折射。由于地表土层一般总是越深越坚硬, 弹性模量一般是上小下大, 因为波的折射, 从震源向上传播的波的行进方向逐步与地面相垂直，而向下传播的波的行进方向则逐步接近水平，而后再返回地面。因此，在地面某点观察到的地震波是多种波的混合。但是由于不同波形有不同的波速，故到达地面点有先有后；而且不同波形其振动方向和轨迹也不相同，所以可以通过波的震相分析，辨别一些特殊的波，以便了解波的振动和地面运动的关系。实际的地面运动总是三维运动，其中 P 波和 R 波引起地面竖向运动，S 波和 L 波引起地面水平向运动。

地震地面运动是非常复杂的，具有很强的随机性。地震动的主要特性可以通过三个基本要素来描述，即地震动的幅值、频谱和持时。地震动幅值是指地面运动的加速度、速度或位移中某种最大值或某种意义下的有效值，它表征地面运动的强烈程度。频谱指地震波分解后不同频率简谐运动的幅值与其频率的关系，或指地震动对具有不同自振周期的结构的反应特性，它表征地面运动的频率成分（特别是主要频率成分）。持时指强震持续时间，表征地面运动时对工程结构反复作用的次数和对其损伤、破坏的累积效应。

5.1.4　震级与地震烈度

1. 震级

震级是表示地震本身大小的尺度，是按一次地震本身强弱程度而定的等级。目前国际上比较通用的是里氏震级，其定义由里克特（Richter）于 1935 年给出，即

$$M = \lg A \tag{5.3}$$

式中　M——震级，即里氏震级；

　　　A——用标准地震仪（周期为 0.8s，阻尼系数为 0.8，放大倍数为 2800 倍的地震仪）在距震中 100km 处记录到的最大水平位移（单振幅，以 μm 计）。

震级 M 与震源释放的能量 E（单位：尔格（erg），$1erg = 10^{-7}J$）之间有如下对应关系：

$$\lg E = 11.8 + 1.5M \tag{5.4}$$

2. 地震烈度

地震烈度是指某一地区的地面和各类建筑物遭受到一次地震影响的强弱程度。对于一次地震，表示地震大小的震级只有一个，但在不同地点，它的影响是不一样的。一般来说，随距离震中的远近不同，烈度就有差异，距震中越远，地震影响越小，烈度就越低；反之，距震中越近，烈度就越高。此外，地震烈度还与地震大小、震源深度、地震传播介质、表土性质、建筑物动力特性、施工质量等因素有关。

为评定地震烈度，需要建立一个标准，这个标准就称为地震烈度表。它以描述震害宏观现象为主，即根据建筑物的损坏程度、地貌变化特征、地震时人的感觉、家具及器皿的反应等不同以及在宏观现象和定量指标确定方面存在差异，加之各国建筑情况及地表条件的不同，各国所制定的烈度也不同。日本采用从 0 到 7 度分成 8 等的烈度表；少数欧洲国家用 10 度划分地震烈度表，大多数国家（包括中国）都采用 12 度划分的地震烈度表。GB 50011—2010《建筑抗震设计规范》（2016 年版）给出了最新我国主要城镇抗震设防烈度、设计基本地震加速度和设计地震分组。

3. 震级和地震烈度的关系

地震震级与地震烈度是两个不同的概念。一次地震，只有一个震级，对于不同地点的影响是不同的，震中距越大，地震影响越小，烈度越低；震中距越小，地震影响越大，烈度越

高。震中区的烈度称为震中烈度，震中烈度往往最高。

定性地讲，震级越大，确定地点上的烈度也越大；定量的关系为只在特定条件下存在大致的对应关系，根据我国的地震资料，对于多发性的浅源地，可建立起震中烈度 I_0 与震级 M 之间近似关系式为

$$M = 1 + \frac{2}{3} I_0 \qquad (5.5)$$

对于非震中区，利用烈度随震中距衰减的函数关系，可建立的公式为

$$M = 1 + \frac{2}{3} I + \frac{2}{3} c \cdot \lg\left(\frac{\Delta}{h} + 1\right) \qquad (5.6)$$

5.2 工程结构抗震设防基本概念

5.2.1 地震烈度的区域划分和基本烈度、多遇地震烈度、罕遇地震烈度

1. 地震烈度的区域划分和基本烈度

工程结构抗震的目的是减轻工程结构的破坏，最大限度地减少地震灾害造成的人员伤亡和财产损失。因此，工程抗震是对已有工程进行抗震加固、对新建工程进行抗震设防，但在采取抗震措施之前，必须了解工程结构所处区域的地震危险性及其危害程度。预测某地地震发生的强度大小，目前主要采用基于概率统计的地震预测方法预测某地区未来可能发生的最大地震烈度。

根据区域性地质构造、地震活动性和历史地震资料，划分潜在震源区，分析震源地区活动性，确定地震衰减规律，利用概率方法评价该地区未来一定期限内遭受不同强度地震影响的可能性，给出用概率形式表达的地震烈度区划或其他地震动参数，作为抗震设防的依据。基于上述方法编制的 GB 18306—2015《中国地震动参数区划图》，于 2015 年 5 月 15 日发布，2016 年 6 月 1 日实施。该图用基本烈度表示各地方存在地震的危险性和危害程度。该区划图把全国划分为基本烈度不同的 5 个地区。基本烈度是指在 50 年期限内、一般场地土条件下、可能遭遇的地震事件中超越概率为 10% 所对应的烈度值。

GB 50011—2010《建筑抗震设计规范》（2016 年版）规定，一般情况下可采用地震烈度区划图上给出的基本烈度作为建筑抗震设计中的抗震设防烈度。

地震烈度区划图上标明的某一地区的基本烈度，总是相应于一定震源的，当然也包括几个不同震源所造成的同等烈度的影响。

但由于地震地质构造的变化，一个地区的基本烈度并不是一成不变的。因此 2015 年由国家地震局编制，国家质量技术监督局颁布了 GB 18306—2015《中国地震动参数区划图》，替代 GB 18306—2001《中国地震动参数区》本次发布的《中国地震动参数区划图》已是我国第五代地震动参数（烈度）区划图，相较于第四代区划图有两大变化：一是取消了不设防地区；二是在附录中将地震动参数明确到乡镇。

GB 18306—2015《中国地震动参数区划图》由《中国地震动峰值加速度区划图》（1∶400 万）、《中国地震动反应谱特征周期区划图》（1∶400 万）和《地震动反应谱特征周期调整表》组成，根据地震危险性分析方法，提供了一般中硬场地条件下，设防水准为 50

年，超越概率为10%的地震动参数（地震动峰值加速度和反应谱特征周期）。该区划图吸收了我国自2001年以来新增的、大量的地震区划基础资料及其综合研究的最新成果，并与国际接轨，采用了国际上最新的编图方法，能更准确地反映地震动的物理效应和满足现代工程对地震区划的要求。

2. 多遇地震烈度与罕遇地震烈度

根据大量地震发生概率数据统计分析，确认我国地震烈度的概率分布服从极限Ⅲ型。所谓多遇地震，就是发生机会较多的地震，故多遇地震烈度应是烈度概率密度函数曲线峰值点所对应的烈度，50年期限内多遇地震烈度的超越概率为63.2%，这就是第一水准的烈度。基本烈度是GB 18306—2015《中国地震动参数区划图》规定的峰值加速度所对应的烈度，将它定义为第二水准的烈度。罕遇地震就是发生机会较少的地震，50年超越概率约为2%的烈度称为罕遇烈度，作为第三水准烈度。

根据我国华北、西北和西南地区地震发生概率的统计分析，多遇地震烈度比基本烈度约低1.55度，罕遇地震烈度比基本烈度高约1度，当基本烈度时为7度强，7度时为8度强，8度时为9度弱，9度时为9度强。

5.2.2 抗震设防分类与设防标准

抗震设防是指对建筑进行建筑抗震设计，包括抗震概念设计、地震作用计算、抗震承载力计算和采取抗震措施达到抗震的效果。

抗震设防依据是抗震设防烈度。在我国，一个地区的抗震设防烈度，一般情况下可采用《中国地震动参数区划图（2015）》的地震基本烈度（或与GB 50011—2010《建筑抗震设计规范》(2016年版)规定的设计基本地震加速度值对应的烈度值)。对已编制抗震设防区划的城市，可采用已批准的抗震设防烈度或设计地震动参数。

地震经验表明，在宏观烈度相似的情况下，处在大震级远震中距下的柔性建筑，其震害要比中、小级近震中距的情况重很多；理论分析也发现，震中距不同时反应谱频谱特性并不相同。《建筑抗震设计规范》(2016年版)将建筑工程的设计地震划分为三组，即对同样场地条件、同样烈度的地震、按震源机制、震级大小和震中距远近区别对待。

1. 建筑重要性分类

在进行建筑设计时，应根据建筑的重要性不同，采取不同的抗震设防标准。GB 50223—2008《建筑工程抗震设防分类标准》将建筑按其重要程度不同，分为以下四类。

1）特殊设防类：指使用上有特殊设施，涉及国家公共安全的重大建筑工程和地震时可能发生严重次生灾害等特别重大灾害后果，需要进行特殊设防的建筑，简称甲类。

2）重点设防类：指地震时使用功能不能中断或需尽快恢复的生命线相关建筑以及地震时可能导致大量人员伤亡等重大灾害后果，需要提高设防标准的建筑，简称乙类。

3）标准设防类：指大量的除1）、2）、4）类以外按标准要求进行设防的建筑，简称丙类。

4）适度设防类：指使用上人员稀少且震损不致产生次生灾害，允许在一定条件下适度降低要求的建筑。

2. 抗震设防标准

对于重要性不同的建筑，其抗震设防标准也不同，主要体现在地震作用的计算和抗震构造措施两个方面。各抗震设防类建筑的抗震设防标准应符合下列要求。

（1）特殊设防类　应按本地区抗震设防烈度提高一度的要求加强其抗震措施；但抗震设防烈度为 9 度时应按比 9 度更高的要求采取抗震措施。同时，应按批准的地震安全性评价的结果且高于本地区抗震设防烈度的要求确定其地震作用。

（2）重点设防类　应按高于本地区抗震设防烈度一度的要求加强其抗震措施；但抗震设防烈度为 9 度时应按比 9 度更高的要求采取抗震措施；地基基础的抗震措施，应符合有关规定。同时，应按本地区抗震设防烈度确定其地震作用。

（3）标准设防类　应按本地区抗震设防烈度确定其抗震措施和地震作用，达到在遭遇高于当地抗震设防烈度的预估罕遇地震影响时不致倒塌或发生危及生命安全的严重破坏的抗震设防目标。

（4）适度设防类　允许比本地区抗震设防烈度的要求适当降低其抗震措施，但抗震设防烈度为 6 度时不应降低。一般情况下，仍应按本地区抗震设防烈度确定其地震作用。

另外，对于划为重点设防类而规模很小的工业建筑，当改用抗震性能较好的材料且符合抗震设计规范对结构体系的要求时，允许按标准设防类设防。

其他土木工程结构也有相应的抗震设防标准。例如，JTG B02—2013《公路工程抗震规范》规定：构筑物一般应按基本烈度采取抗震措施。对于高速公路和一级公路上的抗震重点工程，可比基本烈度提高一度采取抗震措施，但基本烈度为 9 度的地区，提高一度的抗震措施应专门研究；对于四级公路上的一般工程，可不考虑或采用简易抗震措施。立体交叉的跨线工程，其抗震设计不应低于线下工程的要求等。

5.2.3　抗震设防目标及抗震设计方法

建筑结构的抗震设防目标，是对建筑结构应具有的抗震安全性的要求。即建筑结构物遭遇不同水准的地震影响时，结构、构件、使用功能、设备的损坏程度的总要求。

1.“三水准”设防目标

GB 50011—2010《建筑抗震设计规范》（2016 年版）规定，进行一般建筑的抗震设计，其基本设防目标如下。

第一水准：当遭受低于本地区抗震设防烈度（众值烈度）的多遇地震影响时，主体结构不受损坏或不需修理仍可继续使用。

第二水准：当遭受相当于本地区抗震设防烈度（基本烈度）的地震影响时，建筑物可能损坏，但经一般修理或不需修理仍可继续使用。

第三水准：当遭受高于本地区抗震设防烈度预估的罕遇地震影响时，建筑物不致倒塌或发生危及生命的严重破坏。

基于上述设防目标，建筑物在使用期间，对不同强度的地震应具有不同的抵抗能力，一般多遇地震（小震）发生的概率较大，因此要做到结构不损坏，这在技术上、经济上是不合理的，因此可以允许结构破坏，但不应导致建筑物倒塌。概括起来，“三水准”抗震设防的目标就是要做到“小震不坏，中震可修，大震不倒”。

使用功能或其他方面有专门要求的建筑，当采用抗震性能优化设计时，具有更具体或更高的抗震设防目标。

对于桥梁工程，则应考虑修复问题，因为它是保证公路、铁路运输的关键。《公路工程抗震规范》规定的抗震目标为：经抗震设防后，在发生与之相当的基本烈度地震影响时，位于一般地段的高速公路、一级公路工程，经一般整修即可正常使用；位于一般地段的二级公路工程及位于软弱黏性土层或液化土层上的高速公路、一级公路工程，经短期抢修即可恢复使用；三、四级公路工程和位于抗震危险地段、软弱黏性土层或液化土层上的二级公路以及位于抗震危险地段的高速公路、一级公路工程，保证桥梁、隧道及重要的构造物不发生严重破坏。

2. "二阶段"设计方法

在进行建筑抗震设计时，原则上应满足"三水准"抗震设防目标的要求，在具体做法上，为了简化计算起见，《建筑抗震设计规范》（2016 年版）采取了"二阶段"设计方法。

第一段设计是承载力和弹性变形验算。在方案布置符合抗震原则的前提下，取第一水准（多遇地震烈度）地震动参数计算结构的地震作用标准值和相应的地震作用效应，采用 GB 50068—2001《建筑结构可靠度设计统一标准》规定的分项系数设计表达式进行结构构件的截面承载力验算，对较高的建筑物还要进行变形验算，以控制侧向变形过大。这样，既满足了第一水准下必要的强度可靠度，又满足了第二水准的设防要求（损坏可修）。对大多数的结构，可只进行第一阶段设计，并通过概念设计和抗震构造措施来满足第三水准的设防要求。抗震概念设计是指根据地震灾害和工程经验等所形成的基本设计原则和设计思想，进行建筑和结构总体布置并确定细部构造的过程。由于地震的不确定性和复杂性，以及假定的结构计算模型与实际情况的差异，因此，结构抗震计算很难有效地控制结构的抗震性能。从某种意义上说，概念设计对结构的抗震性能起决定作用，它是保证结构具有良好抗震性能的基本设计原则和思路的一种经验性优化选择。概念设计包括场地选择、建筑与结构布置、结构体系、构件选型和细部构造的各种原则，以及对非结构构件及建筑材料与施工方面的最低要求等。

第二阶段设计是弹塑性变形验算。对有特殊要求的建筑、抗震时易倒塌的结构以及有明显薄弱层的不规则结构，除进行第一阶段设计外，还要按与基本烈度相对应的罕遇烈度进行结构薄弱部位的弹塑性层间变形验算并采取相应的抗震构造措施，以实现第三水准的设防要求"大震不倒"。

这里的抗震措施，是指地震作用计算和抗力计算以外的抗震设计内容，包括抗震构造措施；抗震构造措施是指根据抗震概念设计原则，一般不需计算而对结构和非结构各部分必须采取的各种细部要求。不同建筑的抗震构造措施要求也不同。一般地震烈度越高，建筑越重要，抗震构造措施要求也越高。

工程结构抗震设计是指对结构进行的抗震概念设计、地震作用及其计算、抗震承载力计算和采取抗震措施等。

5.2.4 设计地震分组

地震表明，在地震烈度相似的情况下，处在大震级远震中距下的柔性建筑，其震害要比中、小震级近震中距的情况严重得多；理论分析也发现，震中距不同时反应谱频谱特性并不相同。建筑所受到的地震影响，需要采用设计地震动的强度及设计反应谱的特征周期来表征。

震害也表明，如果两个震级、震中距不同的地震对某一地区引起的地震烈度相同，但它们对不同动力特性的结构的破坏作用并不相同。大震级远震中距的地震对长自振周期高柔建筑结构破坏严重，短周期的砖平房破坏较轻。小震级近震中距的地震则情况相反。这是因为，地震波在传播时，短周期分量衰减快，而长周期分量衰减慢，并且长周期地震波在软土中又比短周期地震波得到较多的放大，加之共振现象的存在，因此在远离震中区的软土地基上的长自振周期结构，将遭到较严重的破坏。抗震设计时，对同样场地条件、同样烈度的地震，应按震源机制、震级大小和震中距远近区别对待。采用设计地震分组，可更好地体现震级和震中距的影响，因此 GB 50011—2010《建筑抗震设计规范》（2016 年版）将建筑工程的设计地震分为三组。

5.2.5　场地土的卓越周期、设计特征周期和结构自振周期

场地是指工程群体所在地，具有相似的反应谱特征。其范围大体上相应于厂区、居民小区、自然村或不小于 $1.0km^2$ 的平面面积。场地根据场地土的土层剪切波速和场地覆盖层厚度划分为 I、II、III、IV 四类，其中 I 类分为 I_0 和 I_1 两个亚类。震害表明，不同场地上的建筑物的震害差异很大，土质越软、覆盖层越厚，建筑物震害越严重，反之则越轻。将场地划分类型是为了在计算地震作用时，反映场地的影响。根据场地土的坚硬或密实程度，将场地土分为坚硬场地土、中硬场地土、中软场地土和软弱场地土四种类型。划分场地土类型的目的是确定场地类别。当场地土有若干层时，应对地面下 15m 且不深于场地覆盖层厚度范围内的各土层类型和厚度综合评定，确定场地类别。

1. 场地土的卓越周期

影响地面运动频谱主要有两个因素：一是震中距，二是场地条件。一般波的周期越短、在有阻尼介质中传播衰减得越快，因此随着震中距的增加，地面运动短周期成分所占的比例越来越小，长周期成分所占的比例越来越大。

场地土对由基岩传来的地震波的分量有放大作用，但不同的场地土对地震波的各个分量的放大作用不同，被场地土放大得最多的波的周期，称为场地土的卓越周期。这种被放大得最多的波，引起土的振动也最为激烈。卓越周期的数值与场地土的厚度及性质有关。坚硬场地土的卓越周期比软弱场地短。基岩以上土层越厚，场地土的卓越周期越长。

2. 设计特征周期

设计特征周期 T_g（简称特征周期）是考虑了震级和震中距影响的场地卓越周期。特征周期应根据建筑物所在地区的地震环境确定。所谓的地震环境，是指建筑物所在地区及周围可能发生地震的震源机制、震级大小、震中距远近以及建筑物所在地区的场地条件等。GB 18306—2015《中国地震动参数区划图》附录 B《中国地震动反应谱特征周期划分图》中给出相应的一般（中硬、II 类）场地的特征周期值，在附录 C 中给出了相应各特征周期分区、各种场地类别下的反应谱特征周期调整值。在此基础上，《建筑抗震设计规范》（2016 年版）进行了调整，用设计地震分组对应于各特征周期分区，并将 I 类场地（坚硬土和岩石场地）细分为 I_0 类和 I_1 类（坚硬土场地），即可根据不同地区所属的设计地震分组和场地类别确定其特征周期，见表 5.1。特征周期是计算地震作用时的一个主要参数。

在计算地震作用时，可以按 GB 50011—2010《建筑抗震设计规范》（2016 年版）确定建筑所在地的设计地震分组，再按场地类别根据表 5.1 确定设计特征周期 T_g。

表 5.1　特征周期 T_g 　　　　　　　　　　　　　　　　　　（单位：s）

设计地震分组	场地类别				
	I_0	I_1	II	III	IV
第一组	0.20	0.25	0.35	0.45	0.65
第二组	0.25	0.30	0.40	0.55	0.75
第三组	0.30	0.35	0.45	0.65	0.90

注：计算罕遇地震作用时，特征周期应增加 0.05s。

3. 结构自振周期

结构按某一振型完成一次自由振动所需要的时间，称为结构自振周期。它反映出结构刚度大小。结构刚度越大，自振周期越短，地震作用也越大。

采用反应谱计算水平地震作用时，首先要确定结构的自振周期 T。结构自振周期一般可以采用以下三种方法确定：根据动力学的方法计算确定；通过对已建成的同类建筑实测取值，近似确定；在调查的基础上，通过实测数据经统计后得出经验公式，计算确定。但是，由于结构自振周期的影响因素很复杂，上述三种方法确定的结构自振周期都有一定的差异。就目前来说，无论是理论计算、按经验公式或实测求得的结构自振周期，都不能概括各种复杂的情况，究竟用哪种方法更好，目前尚无定论。

对应于第一振型（基本振型）的自振周期，称为结构的基本自振周期。

震害调查表明，凡结构的自振周期与场地土的卓越周期相等或接近时，由于共振现象，振动激烈，使建筑物的震害加重。在进行结构抗震设计时，应尽量使结构的自振周期避开场地的卓越周期。

5.2.6　设计基本地震加速度

烈度主要是从宏观上描述地震对地面及建筑物的影响程度，根据作用在质点上的惯性力等于质量乘以它的绝对加速度，用加速度能量化表征地震作用的影响。《建筑抗震设计规范》引入了"设计基本地震加速度"，并以设计基本地震加速度和设计特征周期来表征建筑所遭受的地震影响，引入了设计基本地震加速度，可与新修订的 GB 18306—2015《中国地震动参数区划图》（中国地震动峰值加速度区划图，图 A.1）相匹配。

设计基本地震加速度是 50 年设计基准期超越概率 10% 的地震加速度的设计取值。

"设计基本地震加速度"是计算地震作用的参数，而抗震构造措施是按设防烈度规定的，在"设计基本地震加速度"与设防烈度间应规定对应关系，见表 5.2。

表 5.2　抗震设防烈度和设计基本地震加速度取值及地震系数的对应关系

水平地震影响系数最大值 α_{max} 地震影响	抗震设防烈度 I					
	6 度	7 度 (0.10g)	7 度 (0.15g)	8 度 (0.20g)	8 度 (0.30g)	9 度
多遇地震	0.04	0.08	0.12	0.16	0.24	0.32
设防地震	0.12	0.23	0.34	0.45	0.68	0.90
罕遇地震	0.28	0.50	0.72	0.90	1.20	1.40
地震系数 k	0.05	0.10		0.20		0.40

注：周期大于 6.0s 的建筑结构，所采用的计算地震影响系数应专门研究。

5.3　结构地震作用计算

在振动的过程中，结构的质量因受到地面运动加速度和结构振动相对加速度作用而产生惯性力。这种由于地面运动而引起的惯性力，称为地震作用。因此地震作用可以理解为一种能反映地震影响的等效荷载，由于地面运动引起结构的动态作用，属于间接作用；同时也属于动态作用，它不仅取决于地震烈度，而且与工程结构的动力特性（结构自振周期、阻尼）有密切关系。因此，地震作用的计算比一般荷载要复杂得多。

5.3.1　结构抗震理论

地震动使工程结构产生内力与变形的动态反应通常称为结构的地震反应。结构地震反应的分析理论的发展可以分为静力理论、反应谱理论和动态分析三个阶段。

1. 静力理论阶段——静力法

20 世纪初，日本大森房吉等提出了分析结构地震反应的静力理论。即假设建筑物为绝对刚体，地震时建筑物和地面一起运动而无相对于地面的位移，建筑物各部分的加速度与地面加速度大小相同，并取其最大值用于结构抗震设计。将地震作用作为静荷载，按静力计算方法计算结构的地震效应，即

$$F = m\,\ddot{x}_{g\max} = \frac{G}{g}\ddot{x}_{g\max} = Gk \tag{5.7}$$

$$k = \frac{\ddot{x}_{g\max}}{g} \tag{5.8}$$

式中　G——建筑的重力荷载代表值（标准值）；

k——地震系数，是地面运动最大加速度 $\ddot{x}_{g\max}$ 与重力加速度 g 的比值，反映该地区地震的强烈程度。

2. 反应谱理论阶段——反应谱法

1940 年，由美国人比奥特提（M. A. Biot）教授通过对强地震记录的研究，首先提出反应谱这一概念，为抗震设计理论进入一个新的发展阶段奠定了基础。20 世纪 50 年代初，美国豪斯纳（G. W. Housener）等人发展了这一理论，并在美国加州抗震设计规范中首先采用反应谱概念作为抗震设计理论，以取代静力法。这一理论至今仍然是我国和世界上许多国家工程结构设计规范中地震作用计算的理论基础。

反应谱理论考虑了结构的动力特性与地震动特性之间的动力关系，并保持了原有的静力理论的简单形式。按照反应谱理论，对于单自由度体系，把惯性力看作反映地震对结构体系影响的等效力，用它对结构进行抗震验算（即地震作用就是质点的惯性力，它等于质点质量 m 与最大绝对加速度 S_a 的乘积）：

$$F = \left| F(t) \right|_{\max} = m\left| \ddot{x}(t) + \ddot{x}_g(t) \right|_{\max} = mS_a \tag{5.9}$$

$$= mg\frac{S_a}{\left| \ddot{x}_g(t) \right|_{\max}}\frac{\left| \ddot{x}_g(t) \right|_{\max}}{g} = G\beta k = \alpha G \tag{5.10}$$

$$\beta = \frac{S_a}{\mid \ddot{x}_g(t) \mid_{max}} \tag{5.11}$$

由此可知，单质点体系等效地震作用可以写成

$$F_{Ek} = \alpha G \tag{5.12}$$

$$\alpha = k\beta = \frac{\mid \ddot{x}_g(t) \mid_{max}}{g} \cdot \frac{S_a}{\mid \ddot{x}_g(t) \mid_{max}} = \frac{S_a}{g} \tag{5.13}$$

式中　β——动力系数（反映结构的特性，如周期、阻尼等的影响）。

随着震害经验的积累和研究的不断深入，人们逐步认识到建筑场地（包括表层土的动力特性和覆盖层厚度）、震级和震中距对反应谱的影响。考虑到这些因素，一般抗震规范中都规定了不同的反应谱形状。利用振型分解原理，可有效地将上述概念用于多质点抗震计算，这就是抗震规范中给出的振型分解反应谱法。它以结构自由振动的 N 个振型为广义坐标，将多质点体系的振动分解成 n 个独立的等效单质点体系的振动，然后利用反应谱概念求出各个（或前几个）振型的地震作用，并按一定的法则进行组合，即可求出结构的总的地震作用。

目前，在我国和其他许多国家的抗震设计规范中，广泛采用反应谱理论来确定地震作用，其中以加速度反应谱应用得最多。所谓加速度反应谱，就是单质点弹性体系在给定的地震作用下，最大反应加速度与体系自振周期的关系曲线。如果已知体系的自振周期，利用反应谱曲线或相应计算公式，就可很方便地确定体系的反应加速度，进而求出地震作用。

3. 动态分析阶段——时程分析法

由于强震时地面和建筑物的振动记录不断积累以及核电站、海洋平台、超高层建筑的大量兴建，需要计算这些重要结构物在地震作用下的弹塑性变形以防止结构倒塌。因此，将实际地震加速度时程记录（简称地震记录）作为动荷载输入，进行结构的地震响应分析，即时程分析法。时程分析法根据结构振动的动力方程，选择适当的强震记录作为地震地面运动，然后按照所设计的建筑结构，确定结构振动的计算模型和结构恢复力模型，利用数值解法求解动力方程。该方法可以直接计算出地面运动过程中结构的各种地震反应（位移、速度和加速度）的变化过程，并且能够描述强震作用下，整个结构反应的全过程，由此可得出结构抗震过程中的薄弱部位，以便修正结构的抗震设计。

20 世纪 60 年代后，随着计算技术和计算机技术的发展，工程地震反应的数值分析成为现实，从而抗震设计理论进入到动态阶段。

我国 GB 50011—2010《建筑抗震设计规范》（2016 年版）规定，各类建筑结构的地震作用，应根据不同的情况，分别采用下列计算方法。

1）不超过 40m、以剪切变形为主且质量和刚度沿高度比较均匀的结构以及近似于单质点体系的结构，可采用底部剪力法等简化方法。

2）一般的规则结构采用两个主轴的振型分解反应谱法。

3）质量和刚度分布明显不对称结构可采用考虑扭转或双向地震作用的振型分解反应谱法。

4）特别不规则、甲类和超过规范规定范围的高层建筑应采用弹性时程分析法进行多遇

地震下的补充计算。

5）8、9度时的大跨、长悬臂结构和9度的高层建筑宜考虑竖向地震作用。

高层建筑结构的地震作用宜采用振型分解法进行计算。但在7~9度抗震设防地区的甲类高层建筑、部分乙丙类高层建筑结构、质量沿竖向分布特别不规则的高层建筑结构应采用弹性时程分析法进行多遇地震下的补充计算。

5.3.2 地震反应谱和地震影响系数

地震反应谱是指对一组不同自振周期的单质点体系，在给定的地震地面运动作用下，产生的最大反应值与各自相应质点的周期绘制的关系曲线。

如以自振周期为横坐标，最大加速度反应为纵坐标，可得到在特定地面加速度的作用下，各质点最大加速度与各自相应质点周期的关系曲线，即地震加速度反应谱。

除加速度反应谱外，还可以得出位移、速度反应谱。加速度反应谱所表示的是绝对反应值。在进行结构抗震设计时，地面运动使结构产生的地震作用应根据作用在质点上的惯性力等于质量乘以它的绝对加速度，故结构抗震设计采用地震加速度反应谱。

影响地震反应谱的因素很多，如地面运动加速度、阻尼等。在结构抗震设计中，不可能预知所设计的建筑物将遭到怎样的地面运动，即不知其反应谱曲线的形式。因此，抗震设计不可能采用某一确定的地震记录的反应谱曲线作为计算地震作用的依据，而应确定一个考虑了地面运动的随机性且反映各种影响因素供抗震设计用的设计反应谱。

根据场地类别，不同震中距分别绘出反应谱曲线，然后按统计分析，从大量的反应谱曲线中，找出每种场地和不同震中距有代表性的平均反应谱曲线，作为设计用的标准反应谱曲线。

土木工程结构（如建筑结构、铁路桥梁结构、公路桥梁结构、水工建筑物等）所采用的设计反应谱曲线形状不尽相同，但其原理是相同的。

下面介绍建筑结构抗震设计反应谱曲线。GB 50011—2010《建筑抗震设计规范》（2016年版）中地震加速度反应谱曲线是以地震影响系数 α 曲线的形式表示的，即以地震影响系数 α 作为抗震设计参数，如图5.5所示。

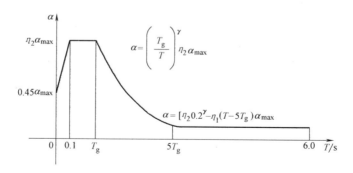

图 5.5 地震影响系数曲线

α—地震影响系数　α_{max}—地震影响系数最大值　η_1—直线下降段的下降斜率调整系数

γ—衰减指数　T_g—特征周期　η_2—阻尼调整系数　T—结构自振周期

从图5.3可以看出，各段的形状参数和阻尼调整应符合下列要求。

1）直线上升段，即周期小于 0.10s 的区段，地震影响系数按直线变化。

2）直线水平段，即自 0.10s 至特征周期 T_g 区段，地震影响系数取最大值 $\eta_2 \alpha_{max}$。

3）曲线下降段，自特征周期 T_g 至 $5T_g$，地震影响系数应取

$$\alpha = \left(\frac{T_g}{T}\right)^\gamma \eta_2 \alpha_{max} \qquad (5.14)$$

$$\gamma = 0.9 + \frac{0.05 - \xi}{0.3 + 6\xi} \qquad (5.15)$$

$$\eta_2 = 1 + \frac{0.05 - \xi}{0.08 + 1.6\xi} \qquad (5.16)$$

式中　γ——曲线下降段的衰减指数；

ξ——阻尼比，对钢筋混凝土结构可取 $\xi = 0.05$，对钢结构可取 $\xi = 0.02$，对钢和钢筋混凝土混合结构可取 $\xi = 0.04$；

T_g——特征周期；

η_2——阻尼调整系数，当 $\eta_2 < 0.55$ 时，取 $\eta_2 = 0.55$。

4）直线下降段，自 $5T_g$ 至 6s 区段，地震影响系数应取

$$\alpha = \left[\eta_2 0.2^\gamma - \eta_1 (T - 5T_g) \right] \alpha_{max} \qquad (5.17)$$

$$\eta_1 = 0.02 + \frac{0.05 - \xi}{4 + 32\xi} \qquad (5.18)$$

式中　η_1——直线下降段的下降斜率调整系数，η_1 小于 0 时取 0。

地震影响系数曲线中一些参数的取值的特别说明如下：

1）特征周期 T_g。特征周期 T_g 由场地类别和所在地的设计地震分组按表 5.1 查用，计算按 8、9 度罕遇地震作用时，特征周期应增加 0.05s。

2）地震影响系数最大值 α_{max}。地震资料统计结果表明，动力系数 β_{max} 与地震烈度、地震环境影响不大，GB 50011—2010《建筑抗震设计规范》（2016 年版）中动力系数 $\beta_{max} = 2.25$。将 $\beta_{max} = 2.25$ 与表 5.2 所列地震系数 k 值相乘，便得到不同设防烈度时 α_{max} 值，见表 5.2。

说明：当需要在条状突出的山嘴、高耸孤立的山丘、非岩石和强风化岩石的陡坡、河岸和边坡边缘等不利地段建造丙类及丙类以上建筑时，除保证其在地震作用下的稳定性外，尚应估计不利地段对设计地震动参数可能产生的放大作用，其水平地震影响系数最大值应乘以增大系数。其值应根据不利地段的具体情况确定，在 1.1~1.6 范围内采用。

3）结构自振周期 T。结构自震周期可按 5.2.5 节所述结构自振周期的计算方法进行确定。对于可以简化为单质点体系的建筑，例如一般的单层房屋、单跨和等高多跨厂房等，可以按下式计算自振周期。

$$T = 2\pi \sqrt{\frac{G\delta}{g}} \qquad (5.19)$$

式中　δ——单位水平集中力使质点产生的侧移。

5.3.3 结构水平地震作用计算

1. 底部剪力法

底部剪力法是把地震当作等效静力，作用在结构上，以此计算结构的最大地震反应。可以简述为首先计算地震产生的结构底部最大剪力，然后将该剪力分配到结构各质点上作为地震作用，由此而得名。采用底部剪力法时，各楼层的质量集中于楼板处，看作是一个集中质点。

底部剪力法适用于一般的多层砖房等砌体结构、内框架和底部框架抗震墙砖房、单层空旷房屋、单层工业厂房及多层框架结构等低于40m以剪切变形为主且质量和刚度沿高度分布均匀的规则房屋，以及近似于单质点体系的结构。

如图5.6所示，结构的水平地震作用标准值按下列公式确定。

1）当 $T_1 \le 1.4T_g$ 时，不考虑顶部附加地震作用的影响的地震作用标准值计算

$$F_{Ek} = \alpha_1 G_{eq} \qquad (5.20)$$

$$F_i = \frac{G_i H_i}{\sum_{j=1}^{n} G_j H_j} F_{Ek} \qquad (i=1,2,\cdots,n) \qquad (5.21)$$

式中 F_{Ek}——结构总水平地震作用标准值；

     α_1——相应于结构基本自振周期的水平地震影响系数，应按本章节5.3.2的方法和地震影响系数曲线计算确定，T取结构基本自振周期T_1；多层砌体房屋、底部框架和多层内框架砖房，宜取水平地震影响系数最大值；

     G_{eq}——结构等效总重力荷载 $G_{eq} = 0.85 \sum G_i$，单质点取总重力荷载代表值 $G_{eq} = G$；

     F_i——质点i的水平地震作用标准值；

   G_i、G_j——集中于质点i、j的重力荷载代表值；

   H_i、H_j——i、j质点的计算高度。

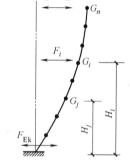

图5.6 底部剪力法
模型图示

2）当 $T_1 > 1.4T_g$，考虑顶部附加地震作用的影响的地震作用标准值计算。

结构总的水平地震作用仍然按上式计算 F_{Ek}。

$$F_i = \frac{G_i H_i}{\sum_{j=1}^{n} G_j H_j} F_{Ek}(1-\delta_n) \qquad (i=1,2,\cdots,n) \qquad (5.22)$$

$$\Delta F_n = \delta_n F_{Ek} \qquad (5.23)$$

式中 δ_n——顶部附加地震作用系数，当 $T_1 \le 1.4T_g$，$\delta_n = 0$；当 $T_1 > 1.4T_g$，多层钢筋混凝土和钢结构房屋可按表5.3采用，多层内框架砖房可采用0.2，其他房屋可采用0.0；

   ΔF_n——顶部附加水平地震作用。

当考虑顶部附加地震作用时，结构顶部的水平地震作用为 F_n 与 ΔF_n 两项之和，即

$$F'_n = F_n + \Delta F_n \qquad (5.24)$$

3）底部剪力法计算中重力荷载代表值 G_i、等效重力荷载代表值 G_{eq}、顶部附加地震作用 ΔF_n 的确定及带有小塔楼的结构地震作用计算说明如下：

① 质点的重力荷载代表值 G_i。质点的重力荷载代表值是指发生地震时，各楼层（即各质点）处可能具有的永久荷载和可变荷载之和。此时永久荷载取 100%，可变荷载按下列规定采用：雪荷载取 50%；楼面活荷载按实际情况计算时取 100%，按等效均布活荷载计算时，藏书库、档案库、库房取 80%，一般民用建筑取 50%。

② 结构等效总重力荷载代表值 G_{eq}。底部剪力法是视多质点体系为等效单质点体系。等效总重力荷载 G_{eq} 是指采用该荷载按单质点体系计算出的底部剪力与按多质点体系计算出的底部剪力相等。等效总重力荷载是重力荷载代表值的 0.85 倍。0.85 为等效质量系数，它反映了多质点体系底部剪力值与对应单质点体系（质量等于多质点体系总质量，周期等于多质点体系基本周期）剪力值的差异。

③ 顶部附加水平地震作用标准值 ΔF_n。顶部附加水平地震作用 ΔF_n 是出于考虑结构底部总的地震剪力确定之后，水平地震作用沿结构高度大体上按倒三角形的规律分布的问题。经检验，按倒三角形计算出的结构上部水平地震剪力，比振型分解法等较精确的方法计算的结果要小，尤其是对周期较长的结构，计算结果往往相差更大。采用在顶部附加集中力 ΔF_n 的方法，既可适当改进倒三角形分布的误差，又可保持计算简便的优点。研究表明，这个附加集中力的大小，既与自振周期有关，又与场地类别有关，故用顶部附加地震作用系数 δ_n 来反映，δ_n 按表 5.3 取值。

表 5.3 顶部附加地震作用系数 δ_n

T_g/s	$T_1 > 1.4T_g$	$T_1 \leq 1.4T_g$
$T_g \leq 0.35$	$0.08T_1 + 0.07$	
$0.35 < T_g \leq 0.55$	$0.08T_1 + 0.01$	0.0
$T_g > 0.55$	$0.08T_1 - 0.02$	

注：T_1 为结构基本自振周期，T_g 为特征周期。

④ 带有小塔楼的结构。震害表明，突出屋面的屋顶间（如电梯机房、水箱间）、女儿墙、烟囱等"小塔楼结构"，由于突出屋面的这些部分的质量和刚度突然变小，地震反应随之增大，它们的震害比主体结构严重；在地震工程中，把这种现象称为"鞭端效应"。考虑到这种情况，GB 50011—2010《建筑抗震设计规范》（2016 年版）中规定，采用底部剪力法时，该类屋顶间的地震作用效应，宜乘以增大系数 β_n，此增大部分不应往下传递，仅用于小塔楼自身及与小塔楼直接连接的主体结构构件。

2. 振型分解反应谱法

振型分解反应谱法根据结构质量中心与刚度中心是否存在偏心距可分为考虑平动-扭转耦联和仅考虑平动两种情况的计算方法。

1）不考虑扭转耦联，而只考虑平动时，应按下列规定计算结构地震作用和作用效应：

① 结构 j 振型第 i 质点上的水平地震作用标准值，应按下列公式确定：

$$F_{ji} = \alpha_j \gamma_j x_{ji} G_i \quad (i=1,2,\cdots,n; j=1,2,\cdots,m) \qquad (5.25)$$

$$\gamma_j = \frac{\sum_{i=1}^{n} x_{ji} G_i}{\sum_{i=1}^{n} x_{ji}^2 G_i} \qquad (5.26)$$

式中　F_{ji}——j 振型第 i 质点的水平地震作用标准值；

　　　α_j——相应于 j 振型自振周期地震影响系数，应按本章 5.3.2 节图 5.5 确定；

　　　x_{ji}——j 振型第 i 质点的水平相对位移；

　　　γ_j——j 振型的振型参与系数；

　　　G_i——集中于质点 i 的重力荷载代表值。

② 水平地震作用效应（弯矩、剪力、轴向力和变形），应按下列公式确定：

$$S_{Ek} = \sqrt{\sum S_j^2} \tag{5.27}$$

式中　S_{Ek}——水平地震作用标准值的效应；

　　　S_j——j 振型水平地震作用标准值的效应，可只取前 2~3 个振型，当基本自振周期大于 1.5s 或房屋高宽比大于 5 时，振型个数应适当增加。

2）考虑扭转耦联时，应按下列规定计算结构地震作用和作用效应：

JGJ 3—2010《高层建筑混凝土结构技术规程》要求即使是规则建筑也应考虑偶然偏心影响，因此，对于高层建筑混凝土结构设计时，必须进行平动-扭转耦联振动的计算。

在高层建筑平动—扭转耦联振动中，当高层建筑楼面在自身平面内的刚度很大时，每层楼面有三个独立的自由度，相应于任一振型 j 在任意层 i 具有三个相对位移：x_{ji}、y_{ji}、φ_{ji}，此时，第 j 振型第 i 层质心处地震作用有 x 向和 y 向水平力分量和绕质心轴的扭矩，其计算公式为

$$\left.\begin{array}{l} F_{xji} = \alpha_j \gamma_{tj} x_{ji} G_i \\ F_{yji} = \alpha_j \gamma_{tj} y_{ji} G_i \\ F_{tji} = \alpha_j \gamma_{tj} r_i^2 \varphi_{ji} G_i \end{array}\right\} \quad (i = 1, 2, \cdots, n; j = 1, 2, \cdots, m) \tag{5.28}$$

式中　F_{xji}、F_{yji}、F_{tji}——j 振型第 i 层的 x、y 方向和转角方向地震作用标准值；

　　　x_{ji}、y_{ji}——j 振型第 i 层质心在 x、y 方向的水平相对位移；

　　　φ_{ji}——j 振型第 i 层的相对扭转角；

　　　r_i——第 i 层转动半径，可取 i 层绕质心的转动惯量除以该层质量的商的正二次方根；

　　　α_j——相应于第 j 振型自振周期 T_j 的地震影响系数；

　　　G_i——质点 i 的重力荷载代表值；

　　　n——结构计算总质点数，小塔楼宜每层作为一个质点参加计算；

　　　m——结构计算振型数，一般情况下可取 9~15；

　　　γ_{tj}——考虑扭转的 j 振型参与系数，可按下列公式计算。

当仅考虑 x 方向地震作用时

$$\gamma_{xj} = \frac{\sum_{i=1}^{n} x_{ji} G_i}{\sum_{i=1}^{n} (x_{ji}^2 + y_{ji}^2 + \varphi_{ji}^2 r_i^2) G_i} \tag{5.29}$$

当仅考虑 y 方向地震作用时

$$\gamma_{yj} = \frac{\sum_{i=1}^{n} y_{ji} G_i}{\sum_{i=1}^{n} (x_{ji}{}^2 + y_{ji}{}^2 + \varphi_{ji}{}^2 r_i{}^2) G_i} \tag{5.30}$$

当考虑 x 方向夹角为 θ 的地震作用时

$$\gamma_{tj} = \gamma_{xj} \cos\theta + \gamma_{yj} \sin\theta \tag{5.31}$$

式中　γ_{xj}、γ_{yj}——由式（5.29）、式（5.30）求得的振型参与系数。

地震作用效应计算：

① 单向水平地震作用下，考虑扭转的地震作用效应，应按下式确定：

$$S = \sqrt{\sum_{j=1}^{m} \sum_{k=1}^{m} \rho_{jk} S_j S_k} \tag{5.32}$$

$$\rho_{jk} = \frac{8\zeta_j \zeta_k (1+\lambda_T) \lambda_T^{1.5}}{(1-\lambda_T^2)^2 + 4\zeta_j \zeta_k (1+\lambda_T)^2 \lambda_T} \tag{5.33}$$

式中　S——考虑扭转的地震作用标准值的效应；S_j，S_k 分别为 j，k 振型地震作用标准值的效应；

　　　　ρ_{jk}——j 振型与 k 振型的耦联系数；

　　　　λ_T——k 振型与 j 振型的自振周期比；

　　ζ_j、ζ_k——j、k 振型的阻尼比。

② 考虑双向水平地震作用下的扭转地震作用效应，应按下列公式中较大值确定：

$$S = \sqrt{S_x^2 + (0.85 S_y)^2} \tag{5.34}$$

$$S = \sqrt{S_y^2 + (0.85 S_x)^2} \tag{5.35}$$

式中　S——考虑双向水平地震作用下的扭转地震作用效应；

　S_x、S_y——仅考虑 x、y 方向水平地震作用效应，系指两个正交方向地震作用在每个构件的同一局部坐标方向的地震作用效应，如 x 方向地震作用下的局部坐标 x_i 向的弯矩 M_{xx} 和 y 方向地震作用下在局部坐标 x_i 方向的弯矩 M_{xy}。

3. 时程分析法

（1）振动方程　一单质点体系的基底受到地面运动加速度 $\ddot{x}_g(t)$ 的作用，质点 m 在任意时刻 t 的振动方程为

$$m\ddot{x} + c\dot{x} + F(x) = -m\ddot{x}_g \tag{5.36}$$

式中　　m——质量；

　　　　c——阻尼系数；$c\dot{x}$ 为阻尼力；

　　$F(x)$——当质点产生相对位移 x 时，质点 m 所受的恢复力，当结构处于弹性阶段，$F(x)$ 与位移 x 成正比，即 $F(x) = kx$；

　x，$\dot{x}$，$\ddot{x}$——质点 m 于任意时刻 t 相对于地面的位移、速度与加速度；

　　　　$\ddot{x}_g$——地面运动加速度。

高层建筑不是单质点的振动体系，最简化的模型是将质点集中于各楼层而形成多质点串联体系，因而，形成的振动方程是一个矩阵方程，即

$$m\ddot{x} + c\dot{x} + kx = -m\ddot{x}_g \tag{5.37}$$

式中　m、c、k——质量矩阵、阻尼矩阵和刚度矩阵；

　x、$\dot{x}$、$\ddot{x}$——质点位移列阵、速度列阵和加速度列阵；

　　　$\ddot{x}_g$——输入地震加速度记录列阵。

在地震作用下，结构的受力状态往往超出弹性范围，恢复力与位移的关系也由线性过渡到非线性，结构的振动也由弹性状态进入弹塑性状态。由于结构的各个构件进入塑性状态或返回弹性状态的时刻先后不一，每一构件弹塑性状态的变化都将引起结构内力和变形的变化。因此，采用时程分析法进行结构设计，计算工作将是十分繁重的，但是它能从初始状态开始一步一步积分到地震作用的终止，从而可以得出结构在地震作用下，从静止到振动以至达到最终状态的全过程。

目前国内主要采用弹性时程分析法进行多遇地震下的补充计算，并已在工程设计中普遍应用。

（2）输入地震波的选用　地震时，地面运动加速度的波形是随机的，而不同的波形输入后，时程分析的结果很不相同，分散性很大，因而选用合适的地震波非常重要。选择的地震波类型可以是：

① 与拟建场地相近的真实地震记录。

② 按拟建场地地质条件人工生成的模拟地震波。

③ 按标准反应谱曲线生成的人工地震波。

上述①类地震波由地震台站记录并提供，②、③类可用专门程序按用户的要求生成。

每座建筑物每一个方向至少选用 3 条地震波，其中至少有 2 条真实地震记录。一般应用程序都建立了几十条真实地震记录的地震波的波形库，供用户选用。

地震波的持续时间不宜小于建筑结构基本自振周期的 5 倍，也不宜少于 15s，地震波的时间间距可取 0.01s 或 0.02s。

输入地震波最大加速度可按表 5.4 取用。

表 5.4　时程分析时输入地震加速度的最大值　（单位：cm/s²）

设防烈度	7 度	8 度	9 度
多遇地震	35(55)	70(110)	140
设防地震	100(150)	200(300)	400
罕遇地震	220(310)	400(510)	620

注：7 度、8 度时括号内数值分别用于设计基本地震加速度为 0.15g 和 0.30g 的地区，此处 g 为重力加速度。

弹性时程分析时，每条时程曲线计算所得的结构底部剪力不应小于振型分解反应谱法求得的底部剪力的 65%，多条时程曲线计算所得的结构底部剪力的平均值不应小于振型分解反应谱法求得的底部剪力的 80%。

5.3.4　例题

【例 5-1】　两层框架结构，计算简图如图 5.7 所示。$m_1 = 5 \times 10^6 \text{kg}$，$m_2 = 4.5 \times 10^6 \text{kg}$，场地类别为 Ⅱ 类，设防烈度为 8 度，设计地震分组为二组，水平地震影响系数 $\alpha_{max} = 0.16$，场地土特征周期 $T_g = 0.40s$，结构的自振周期 $T_1 = 0.62s$ 阻尼比 $\zeta = 0.05$。试求各质点的水平地震作用。

【解】（1）基本参量的确定

1）8度多遇地震，$\alpha_{max} = 0.16$。

2）Ⅱ类场地，抗震分组为第二组，故 $T_g = 0.40s$。

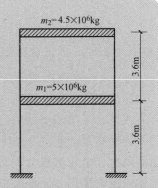

图 5.7 两层框架计算简图

3）水平地震影响系数。

因为 $T_g < T_1 < 5T_g = 2.0s$。

所以 $\alpha_1 = \left(\dfrac{T_g}{T_1}\right)^{0.9} \eta_2 \alpha_{max} = \left(\dfrac{0.40}{0.62}\right)^{0.9} \times 1.0 \times 0.16 = 0.108$

4）判断是否考虑顶部附加地震作用的影响。

因为 $T_1 = 0.62s > 1.4 T_g = 1.4 \times 0.4s = 0.56s$，所以考虑顶部附加地震作用。

又因为 $0.35s < T_g < 0.55s$，故 $\delta_n = 0.08T_1 + 0.01 = 0.0596$。

（2）等效重力荷载代表值

$$G_{eq} = 0.85 \times G_i = 0.85 \times (4.5 \times 10^6 + 5 \times 10^6) \times 9.8N = 79135kN$$

（3）总的水平地震作用

$$F_{Ek} = \alpha_1 G_{eq} = 0.108 \times 79135kN = 8546.58kN$$

（4）作用于各质点处的水平地震作用

$$F_1 = \frac{G_1 H_1}{\displaystyle\sum_{i=1}^{2} G_i H_i}(1 - \delta_n)F_{Ek}$$

$$= \frac{5 \times 10^6 \times 9.8 \times 3.6}{5 \times 10^6 \times 9.8 \times 3.6 + 4.5 \times 10^6 \times 9.8 \times 3.6} \times (1 - 0.0596) \times 8546.58kN = 2870.43kN$$

$$F_2 = \frac{G_1 H_1}{\displaystyle\sum_{i=1}^{2} G_i H_i}(1 - \delta_n)F_{Ek}$$

$$= \frac{4.5 \times 10^6 \times 9.8 \times 7.2}{5 \times 10^6 \times 9.8 \times 3.6 + 4.5 \times 10^6 \times 9.8 \times 7.2} \times (1 - 0.0596) \times 8546.58kN = 5436.376kN$$

$$\Delta F_n = \delta_n F_{Ek} = 0.0596 \times 8546.58kN = 509.38kN$$

$$F_2' = F_2 + \Delta F_n = (5436.376 + 509.38)kN = 5945.76kN$$

【例 5-2】 如图 5.8 所示的某三层剪切型结构，各层质量分别为 $m_1 = 500t$，$m_2 = 500t$，$m_3 = 400t$。设防烈度为 8 度，第一组，Ⅱ类场地，阻尼比 $\xi = 0.05$。用振型分解反应谱法计算该剪切型结构层间地震作用，且已求得该结构的主振型及自振周期如下：

$$\begin{pmatrix} x_{11} \\ x_{21} \\ x_{31} \end{pmatrix} = \begin{pmatrix} 0.345 \\ 0.668 \\ 1.000 \end{pmatrix} \quad \begin{pmatrix} x_{12} \\ x_{22} \\ x_{32} \end{pmatrix} = \begin{pmatrix} 0.767 \\ 0.822 \\ -1.000 \end{pmatrix} \quad \begin{pmatrix} x_{13} \\ x_{23} \\ x_{33} \end{pmatrix} = \begin{pmatrix} 4.434 \\ -3.331 \\ 1.000 \end{pmatrix}$$

$$T_1 = 0.613\text{s} \quad\quad T_2 = 0.223\text{s} \quad\quad T_3 = 0.127\text{s}$$

【解】 （1）各振型的地震影响系数

查表得，Ⅱ类场地，第一组，8度多遇地震 $\alpha_{\max} = 0.16$。

第一振型 $T_1 = 0.613\text{s}$，$T_g < T_1 < 5T_g$

$$\alpha_1 = \left(\frac{T_g}{T_1}\right)^{0.9} \alpha_{\max} = \left(\frac{0.35}{0.613}\right)^{0.9} \times 0.16 = 0.0966$$

第二振型 $T_2 = 0.223\text{s}$，$0.1\text{s} < T_2 < T_g$，$\alpha_2 = \alpha_{\max} = 0.16$。

第三振型 $T_3 = 0.127\text{s}$，$0.1\text{s} < T_3 < T_g$，$\alpha_3 = \alpha_{\max} = 0.16$。

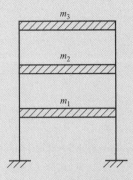

（2）各振型的振型参与系数

图 5.8 三层剪切型结构

$$\gamma_1 = \frac{\sum\limits_{i=1}^{3} m_i x_{1i}}{\sum\limits_{i=1}^{3} m_i x_{1i}^2} = \frac{500 \times 0.345 + 500 \times 0.668 + 400 \times 1.000}{500 \times 0.345^2 + 500 \times 0.668^2 + 400 \times 1.000^2} = 1.328$$

$$\gamma_2 = \frac{\sum\limits_{i=1}^{3} m_i x_{2i}}{\sum\limits_{i=1}^{3} m_i x_{2i}^2} = \frac{500 \times 0.767 + 500 \times 0.822 + 400 \times (-1.000)}{500 \times 0.767^2 + 500 \times 0.822^2 + 400 \times (-1.000)^2} = 0.380$$

$$\gamma_3 = \frac{\sum\limits_{i=1}^{3} m_i x_{3i}}{\sum\limits_{i=1}^{3} m_i x_{3i}^2} = \frac{500 \times 4.434 + 500 \times (-3.331) + 400 \times 1.000}{500 \times 4.434^2 + 500 \times (-3.331)^2 + 400 \times 1.000^2} = 0.060$$

（3）相应于不同振型的各楼层水平地震作用

第 j 振型第 i 楼层的水平地震作用可由下式确定：$F_{ji} = \alpha_j \gamma_j x_{ji} G_i$。

第一振型 $F_{11} = 0.0966 \times 1.328 \times 0.345 \times 500 \times 9.8\text{kN} = 216.87\text{kN}$

$F_{12} = 0.0966 \times 1.328 \times 0.668 \times 500 \times 9.8\text{kN} = 419.90\text{kN}$

$F_{13} = 0.0966 \times 1.328 \times 1.000 \times 400 \times 9.8\text{kN} = 502.88\text{kN}$

第二振型 $F_{21} = 0.16 \times 0.38 \times 0.767 \times 500 \times 9.8\text{kN} = 228.5\text{kN}$

$F_{22} = 0.16 \times 0.38 \times 0.822 \times 500 \times 9.8\text{kN} = 244.89\text{kN}$

$F_{23} = 0.16 \times 0.38 \times (-1.000) \times 400 \times 9.8\text{kN} = -238.34\text{kN}$

第三振型 $F_{31} = 0.16 \times 0.060 \times 4.434 \times 500 \times 9.8\text{kN} = 208.58\text{kN}$

$F_{32} = 0.16 \times 0.060 \times (-3.331) \times 500 \times 9.8\text{kN} = -156.69\text{kN}$

$F_{33} = 0.16 \times 0.060 \times 1.000 \times 400 \times 9.8\text{kN} = 37.63\text{kN}$

（4）各振型层间剪力

相应于各振型的水平地震作用及地震剪力如图 5.9 所示。

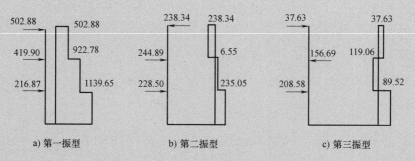

图 5.9　各振型的水平地震作用及地震剪力（kN）

（5）各层层间剪力

按式进行组合，可求得各层层间地震剪力：

$$V_1 = \sqrt{1139.65^2 + 235.05^2 + 89.52^2}\,\text{kN} = 1167.08\text{kN}$$

$$V_2 = \sqrt{922.78^2 + 6.55^2 + (-119.06)^2}\,\text{kN} = 930.45\text{kN}$$

$$V_3 = \sqrt{502.88^2 + (-238.34)^2 + 37.63^2}\,\text{kN} = 557.77\text{kN}$$

5.3.5　竖向地震作用的计算

一般来说，水平的地震作用是导致房屋破坏的主要原因。但当烈度较高时，震害现象表明，竖向地震地面运动相当可观。研究表明，竖向地震作用对结构物的影响至少在以下几方面应予以考虑。

1）高耸结构、高层建筑和对竖向运动敏感的结构物。

2）以竖向地震作用为主要地震作用的结构物或构件。

3）位于高烈度地区（如大震震中区等）的结构物，特别是有迹象表明竖向地震动分量可能很大的地区的结构物。

竖向地震作用的计算方法一般分为以下三种：

1）静力法，取结构或构件重量的一定百分数作为竖向地震作用，并考虑上、下两个方向。

2）反应谱法。

3）规定结构或构件所受的竖向地震作用为水平地震作用的某一个百分数。

GB 50011—2010《建筑抗震设计规范》（2016 年版）规定：8、9 度时的大跨度结构、长悬臂结构以及 9 度时的高层建筑，应考虑竖向地震作用。

1. 高层建筑

高层建筑竖向地震作用标准值可采用时程分析法或振型分解反应谱法计算，也可按下列规定计算，计算简图如图 5.10 所示。

1）结构的竖向地震作用标准值 F_{Evk} 应按下式计算：

$$F_{Evk} = \alpha_{vmax} G_{eq} \tag{5.38}$$

$$\alpha_{vmax} = 0.65\alpha_{max} \tag{5.39}$$

$$G_{eq} = 0.75G_{E} \tag{5.40}$$

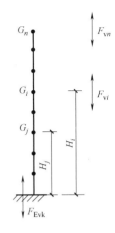

图 5.10 竖向地震作
用计算简图

式中 F_{Evk}——结构总竖向地震作用标准值;

α_{vmax}——竖向地震影响系数最大值;

G_{eq}——计算竖向地震作用时,结构等效重力荷载;

G_{E}——结构重力荷载代表值,取各层总重力荷载代表值之和。

2) 作用于第 i 层质点处的竖向地震作用标准值 F_{vi} 应按下式计算:

$$F_{vi} = \frac{G_i H_i}{\sum\limits_{j=1}^{n} G_j H_j} F_{Evk} \tag{5.41}$$

式中 F_{vi}——质点 i 的竖向地震作用标准值;

G_i、G_j——集中于质点 i、j 的重力荷载代表值;

H_i、H_j——质点的计算高度。

3) 楼层各构件的竖向地震作用效应可按构件承受的重力荷载代表值的比例分配,并宜乘以增大系数 1.5。

2. 其他结构或构件

1) 平面投影尺度不是很大且规则的平板型网架屋盖、跨度大于 24m 的屋架、屋盖横梁及托架,其竖向地震作用标准值,宜取其重力荷载代表值和竖向地震作用系数的乘积;竖向地震作用系数可按表 5.5 采用。

表 5.5 竖向地震作用系数

结构类型	烈度	场地类别		
		I	II	III、IV
平板型网架、钢屋架	8	可不计算(0.10)	0.08(0.12)	0.10(0.15)
	9	0.15	0.15	0.20
钢筋混凝土屋架	8	0.10(0.15)	0.13(0.19)	0.13(0.19)
	9	0.20	0.25	0.25

注:括号内数值分别用于设计基本烈度为 0.15g 和 0.30g 的地区。

2) 长悬臂、平面投影尺度很大的大跨结构,其竖向地震作用标准值,8 度和 9 度可分别取该结构、构件重力荷载代表值的 10% 和 20%,设计基本地震加速度为 0.30g 时,可取该结构、构件重力荷载代表值的 15%。平面投影尺度很大的空间结构,指跨度大于 120m,或长度大于 300m,或悬臂大于 40m 的结构。

3) 大跨空间结构的竖向地震作用,尚可按竖向振型分解反应谱方法计算。其竖向地震影响系数可采用相应水平地震系数的 65%,但特征周期可按设计第一组采用。

5.4　公路桥梁结构的地震作用计算

5.4.1　概述

地震时，桥梁墩台基础以及上部结构产生强迫振动，超过一定烈度（一般为 7 度以上）就可能使桥梁破坏。桥梁的震害不仅毁坏自身，而且往往影响震后运输线路的恢复，给震后救灾带来不利影响。因此，必须对地震区的桥梁进行抗震设计。

与房屋建筑结构一样，桥梁的抗震设计，也包括桥梁结构的地震作用、地震作用效应计算，以及桥梁结构抗震构造设计。

桥梁的地震作用计算，主要采用反应谱法计算，这与建筑结构地震作用计算的方法类似。由于建筑结构抗震规范与桥梁结构抗震规范由不同部门编制，且它们有不同的修订过程，其地震作用计算公式的符号、表达式形式并不相同。建筑结构与桥梁结构的结构形式不同，因此计算地震作用所采用的计算简图也有差别，即使同为桥梁结构，GB 50111—2006《铁路工程抗震设计规范》（2009 年版）与 JTG B02—2013《公路工程抗震规范》由不同部门编制，其地震作用计算公式的符号、表达式形式也不相同，但是它们的计算原理是相同的。因此，对于桥梁的地震作用计算，应着重了解其计算原理。

另外，由于地震作用的不确定性，如地震作用和历时难以准确预测，对结构破坏机制的认识还不十分清楚，理论计算并不总与实际相符。仅仅依靠地震作用进行设计既不经济也不能完全满足结构的安全要求。与建筑结构的抗震设计一样，概念设计与抗震措施十分重要。

历次地震表明，桥梁的震害主要发生在下部结构。因此，桥梁地震作用计算主要是计算桥墩的地震作用。建筑结构水平地震作用的计算，一般要计算两个主轴方向的水平地震作用。计算桥梁结构的水平地震作用时，也要计算两个方向的水平地震作用：顺桥方向和横桥方向。

5.4.2　地震作用计算

JTG B02—2013《公路工程抗震规范》规定，对于地震作用的计算，一般情况下桥墩应采用反应谱理论计算，桥台采用静力法。对于结构特别复杂、桥墩高度超过 30m 的特大桥梁，可采用时程反应分析法。

公路桥墩的计算模型如图 5.11 所示。

公路梁桥桥墩顺桥向和横桥向的水平地震荷载计算公式如下：

$$E_{ihp} = C_i C_z K_h \beta_i \gamma_i X_{ii} G_i \tag{5.42}$$

式中　E_{ihp}——作用于梁桥桥墩质点 i 的水平地震荷载（kN）；

C_i——重要性修正系数，按表 5.6 采用；

C_z——综合影响系数，按表 5.7 采用；

K_h——水平地震系数，设计烈度为 7 度时取 0.1，8 度时取 0.2，9 度时取 0.4；

β_i——动力放大系数，按图 5.12 采用；

γ_i——桥墩顺桥向或横桥向的基本振型参与系数；

$$\gamma_i = \dfrac{\displaystyle\sum_{i=0}^{n} X_{ii} G_i}{\displaystyle\sum_{i=0}^{n} X_{ii}{}^2 G_i} \qquad\qquad (5.43)$$

X_{ii}——桥墩基本振型在第 i 分段重心处的相对位移，对于实体桥墩（图5.11），当 $H/B>5$ 时，$X_{ii} = X_{\mathrm{f}} + \dfrac{1-X_{\mathrm{f}}}{H} H_i$（一般适用于顺桥向）；当 $H/B<5$ 时，$X_{ii} = X_{\mathrm{f}} + \left(\dfrac{H_i}{H}\right)^{1/3}(1-X_{\mathrm{f}})$（一般适用于横桥向）；

X_{f}——考虑地基变形时，顺桥向作用于支座顶面或横桥向作用于上部结构重心上的单位水平力在一般冲刷线或基础顶面引起的水平位移与支座顶面或上部结构重心处的水平位移之比值；

H_i——一般冲刷线或基础顶面至墩身各分段重心处的垂直距离（m）；

H——桥墩计算高度，即一般冲刷线或基础顶面至支座顶面或上部结构重心的垂直距离（m）；

B——顺桥向或横桥向的墩身最大宽度（m）；

$G_{i=0}$——梁桥上部结构重力（kN）；对于简支梁桥，计算顺桥向地震荷载时为相应于墩顶固定支座的一孔梁的重力；计算横桥向地震荷载时为相邻两孔梁重力的一半；

$G_{i=1,2,3,\cdots}$——桥墩身各分段的重力（kN）。

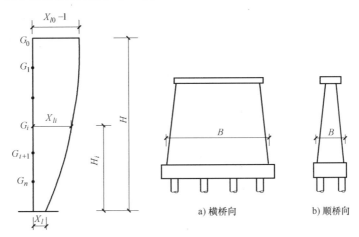

图5.11　公路桥墩的计算模型

表5.6　重要性修正系数 C_i

路线等级及构筑物	重要性修正系数 C_i
高速公路和一级公路的抗震重点工程	1.7
高速公路和一级公路的一般工程、二级公路上的抗震重点工程、二级公路上桥梁的梁端支座	1.3
二级公路的一般工程、三级公路上的抗震重点工程、四级公路上桥梁的梁端支座	1.0
三级公路的一般工程、四级公路上的抗震重点工程	0.6

注：1. 位于基本烈度为9度地区的高速公路和一级公路上的抗震重点工程，其重要性修正系数也可采用1.5。

　　2. 抗震重点工程系指特大桥、大桥、隧道和破坏后修复（抢修）困难的路基中桥和挡土墙等工程。

　　3. 一般工程系指非重点的路基、中小桥和挡土墙等工程。

表 5.7　综合影响系数 C_z

桥梁和墩、台类型			桥墩计算高度 H/m		
			$H<10$	$10 \leqslant H<20$	$20 \leqslant H<30$
梁桥	柔性墩	柱式桥墩、排架桩墩、薄壁桥墩	0.30	0.33	0.35
	实体墩	天然基础和沉井基础上的实体桥墩	0.20	0.25	0.30
	多排桩基础上的桥墩		0.25	0.30	0.35
	桥台		0.35		
拱桥			0.35		

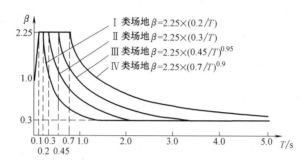

图 5.12　反应谱曲线

<hr />

本 章 小 结

1）阐述了地震的分类、成因、分布、地面运动、地震波、震级和烈度等地震的基本知识。

2）阐述了工程结构抗震设防的基本观念，主要有地震烈度的区域划分和基本烈度、多遇地震烈度、罕遇地震烈度、抗震设防分类与设防标准、抗震设防目标及抗震设计方法、设计地震分组、场地土的卓越周期、设计特征周期、结构自振周期和设计基本地震加速度等基本概念。

3）阐述了结构的地震作用计算，主要包括结构抗震理论、地震反应谱和地震影响系数结构，水平地震作用计算方法和竖向地震作用的计算。其中结构水平地震作用计算主要介绍了采用底部剪力法、振型分解反应谱法和时程分析法来计算水平地震作用。

4）阐述了公路桥梁结构的地震作用计算。

思 考 题

1. 简述地震的类型及成因。

2. 简述地震波的定义和分类，并说明各自的传播特点。

3. 震级和地震烈度是如何定义的，两者有何联系？

4. 地震基本烈度和抗震设防烈度是怎样确定的？两者关系如何？

5. 地震作用、反应谱和抗震设计反应谱如何定义，地震反应谱的影响因素有哪些？

6. 地震系数和动力系数的物理意义是什么？

7. 建筑依其重要性分为哪几类？分类的作用是什么？

8. 设计地震分组有何意义？

9. 简述 GB 50011—2010《建筑抗震设计规范》（2016 年版）规定的抗震设防的三水准设防目标。

10.《建筑抗震设计规范》对多层与高层房屋水平地震作用的计算方法有何规定？简述底部剪力法的计算步骤，写出相应计算公式。

11. 简述确定结构地震作用的振型分解反应谱法的基本原理和步骤。

12. 如何计算结构自振周期？

13. 公路桥梁的地震作用计算主要采用什么理论计算？为什么桥梁地震作用计算主要是计算桥墩的地震作用？计算桥梁结构的水平地震作用时，也要计算两个方向的水平地震作用，和房屋建筑结构水平地震作用的计算有什么不同？

习 题

1. 两层框架结构，计算简图如图 5.13 所示，$m_1 = 4.5 \times 10^6 \text{kg}$，$m_2 = 3.6 \times 10^6 \text{kg}$，场地类别为 Ⅱ 类，多遇地震，设防烈度为 7 度，设计地震分组为二组，结构的自振周期 $T_1 = 0.8\text{s}$，阻尼比 $\xi_1 = 0.05$。试用底部剪力法求各质点的水平地震作用。

2. 某三层钢筋混凝土剪切型结构，如图 5.14 所示。场地类别为 Ⅱ 类，设防烈度为 7 度（0.15g），设计地震分组为第一组，$T_g = 0.35\text{s}$，$\gamma = 0.9$，$\alpha_{\max} = 0.12$。已知该结构的各振型和相应的自振周期如下：

$$\begin{pmatrix} x_{11} \\ x_{21} \\ x_{31} \end{pmatrix} = \begin{pmatrix} 0.301 \\ 0.648 \\ 1.000 \end{pmatrix}, T_1 = 0.433\text{s}; \begin{pmatrix} x_{12} \\ x_{22} \\ x_{32} \end{pmatrix} = \begin{pmatrix} -0.676 \\ -0.601 \\ 1.000 \end{pmatrix}, T_2 = 0.202\text{s}; \begin{pmatrix} x_{13} \\ x_{23} \\ x_{33} \end{pmatrix} = \begin{pmatrix} 2.470 \\ -2.570 \\ 1.000 \end{pmatrix}, T_3 = 0.136\text{s}$$

试采用振型分解反应谱法求该结构在地震作用下的底部最大剪力。

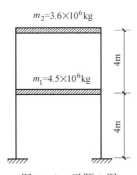

图 5.13　习题 1 图

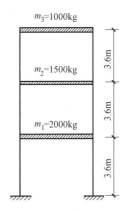

图 5.14　习题 2 图

其他作用 第6章

学习要求：

本章要求理解温度作用的基本概念及原理、温度应力和变形的计算方法；了解变形作用和浮力作用的概念、产生原因及计算方法；了解冲击力、撞击力、制动力、离心力的基本概念及计算方法；了解预应力的基本概念；理解爆炸的概念、分类及其破坏作用；了解爆炸作用的原理与荷载计算方法。

6.1 温度作用

6.1.1 基本概念及原理

结构或构件所处环境的温度发生变化时，如果体内任一点（单元体）的热变形（膨胀或收缩）受到周围相邻单元体的约束（内约束）或其边界受到其他结构或构件的约束（外约束），则会使体内该点产生一定的应力，这种应力即为温度应力，亦称温度作用，或称热应力，它是指因温度变化引起的结构变形和附加力。温度作用与结构或构件所处环境温度的变化有关，还与结构或构件受到的约束条件有关。

土木工程结构中会遇到大量因诸如水化热、气温变化、生产热和太阳辐射等温度作用引起的问题，根据约束条件可以分成两类：

1）结构或构件由于温度作用产生的变形受到其他物体或支承条件制约，不能自由变形。现浇钢筋混凝土框架结构中，基础梁嵌固在柱基础之间，因此基础梁的变形就会受到柱基础的约束；排架结构上部横梁因温度变化伸长时，横梁变形使柱子产生侧移，从而引起内力，柱子对横梁的约束，也会在横梁中产生压力。

2）构件内部各单元体之间相互制约，不能自由变形。各类建筑的屋面板，由于外界温度的变化，混凝土内部存在温差，从而产生温度应力和温度变形；浇筑连续墙式结构、地下构筑物和高层建筑筏形基础等大体积混凝土结构时，水化热使中心温度较高，两侧温度偏低，内外温差引起应力，产生贯穿裂缝。

钢结构的焊接过程也是一个不均匀的温度变化过程。焊接时，焊缝及附近温度最高，可以达 1600℃ 以上，其邻近区域则温度急剧下降。焊件上不均匀的温度场使材料产生不均匀的膨胀：高温处的膨胀最大，两侧温度较低膨胀较小。不均匀的温度场使钢材的变形受到限制，产生了热状态塑性压缩。而焊缝冷却时，产生塑性压缩的焊缝区趋于缩得比原始长度稍短，这种缩短又受到两侧钢材的限制，使焊缝区产生纵向拉应力，这就是焊接残余应力

（纵向）。

火灾对于工程结构来说也是一种危害较大的温度作用，一般火灾可分为三个阶段：初期增长阶段、充分发展阶段和衰减阶段。在初期增长阶段和充分发展阶段之间，有一个温度急剧上升的区间，称为轰燃区。室内发生轰燃，造成室内往往出现 1000℃ 以上的高温。由于热应力的作用，某些结构构件将被破坏，而部分构件的破坏还可能引起建筑物更严重的毁坏（如墙壁、顶棚的坍塌等），并让火区迅速蔓延到建筑物的其他部分。

6.1.2 温度应力和变形的计算

结构温度变化对结构内力和变形的影响，应根据不同的结构类型分别加以考虑。

1. 静定结构

温度变化时，引起的材料膨胀和收缩变形是自由的，即结构能够自由地产生符合其约束条件的位移，结构物无约束应力产生，因此无内力，其变形可由虚功原理导出，按下式计算：

$$\Delta_{kt} = \sum (\pm) \omega_{\overline{N}} \alpha t_0 + \sum (\pm) \omega_{\overline{M}} \alpha \frac{\Delta t}{h} \tag{6.1}$$

式中　Δ_{kt}——由温度变化引起的结构上任一点 k 沿某一方向的分位移；

$\omega_{\overline{N}}$——杆件$\overline{N}$图的面积，$\overline{N}$为虚拟状态下各杆件的轴力；

$\omega_{\overline{M}}$——杆件$\overline{M}$图的面积，$\overline{M}$为虚拟状态下各杆件的弯矩；

α——材料的线膨胀系数，表 6.1 中给出了几种主要材料的线膨胀系数；

h——杆件截面高度；

Δt——杆件上下侧温度差绝对值；

t_0——杆件形心轴处的温度升高值，若设杆件上侧温度升高 t_1，下侧温度升高 t_2，h_1 和 h_2 分别表示杆件形心轴至上、下边缘的距离，并设温度沿截面高度 h 按直线变化，则在发生变形后，截面仍保持为平面。则杆件形心轴处的温度升高值可由比例关系得到，$t_0 = \frac{t_1 h_2 + t_2 h_1}{h}$，当杆件截面对称于形心轴时，$h_1 = h_2 = \frac{h}{2}$，$t_0 = \frac{t_1 + t_2}{2}$。

应用上式时，其正负号可按如下方法确定，即比较虚拟状态的变形与实际状态由于温度变化引起的变形，若二者变形方向相同，取正号，反之，则取负号。相应地，式中 t_0 及 Δt 均只取绝对值。

表 6.1　常用材料线膨胀系数

结构种类	钢结构	混凝土结构	混凝土砌块	砖砌块
线膨胀系数/℃	1.2×10^5	1.0×10^5	0.9×10^5	0.7×10^5

2. 超静定结构

超静定结构因温度变化引起的杆件变形不是自由的，在结构中产生的内力与结构的刚度大小有关，这也与静定结构有所不同。超静定结构中的温度作用效应，可根据变形协调条件，按弹性理论方法确定。

6.2　变形作用

变形作用是指结构或构件由于外界因素引起的变形，如结构或构件的支座移动或地基发生不均匀沉降、由于自身原因收缩或徐变等使得结构物被迫产生变形。在静定结构中，允许构件产生符合其约束条件的变形，此时结构体系不产生内力。因而，从广义上讲，这种变形作用也是荷载。

实际工程中大多数结构都属超静定结构，当这类结构由变形作用引起的内力足够大时可能引起诸如房屋开裂、影响结构正常使用甚至倒塌等问题，因此在结构的设计计算中必须加以考虑。

1. 地基的不均匀性引起的变形作用

这种变形包括如软土、杂填土、冲沟等本身地基的不均匀变形；地基土发生冻融、冻胀、湿陷等现象；地基虽然比较均匀，但是上部结构荷载相差过大，刚度差别很大，发生差异沉降等，这些变形都会引起结构内力。

地基不均匀沉降会引起砌体结构房屋开裂，例如建筑物中部沉降大，两端沉降小，则中下部受拉，端部受剪，从而墙体由于剪力引起的主拉应力超过极限值而在中下部外墙、内横隔墙产生八字形裂缝；地基的变形、地基反力和窗间墙对窗台墙的作用，使窗台墙向上弯曲，在墙的1/2跨度附近出现弯曲拉应力，导致上宽下窄的竖向裂缝，而窗间墙对窗台墙的压挤作用又在窗角处产生较大的切应力集中，引起窗下角的开裂。

2. 混凝土收缩和徐变

混凝土在空气中硬化时体积减小的现象为混凝土的收缩。混凝土结构如果受到外部支承条件或内部钢筋的约束，这种自发变形会在混凝土中产生拉应力，从而加速裂缝的产生和发展，并影响构件的耐久性和疲劳强度等性能。例如，钢筋混凝土楼面和梁柱等构件，在受荷之前，由于钢筋限制了混凝土的部分收缩，使构件的收缩变形比混凝土的自由收缩要小些；而当混凝土的收缩较大，构件中配筋又较多时，就可能产生收缩裂缝；在预应力混凝土结构中，混凝土的收缩会导致预应力损失，降低构件抗裂性，并使某些对跨度变化比较敏感的超静定结构（如拱结构）产生不利内力；公路桥梁设计时，可将混凝土收缩影响相应于温度的降低来考虑。

混凝土的徐变是指在荷载的长期作用下，混凝土的变形随时间而增长的现象。在钢筋混凝土结构中，钢筋与混凝土之间的粘结力使二者共同工作，协调变形，混凝土的徐变将使构件中钢筋的应力或应变增加，混凝土应力减小，因此内力发生重分布，这有利于防止结构物裂缝的形成和减小裂缝，降低大体积混凝土内的温度应力。但在长期荷载作用下的受弯构件，由于压区混凝土的徐变，可使挠度增大 1~2 倍；长细比较大的偏心受压构件，由徐变引起的附加偏心距增大也会使构件的强度降低约 20%；在预应力混凝土结构中，徐变引起预应力损失，有时可达总损失的 50%，在高应力长期作用下，甚至导致构件破坏。徐变也可使修筑于斜坡上的混凝土路面发生开裂，而且过度的变形会影响到路面的平整度。

3. 地下结构发生的变形

外荷载作用下，地下结构发生的变形导致地层发生与其协调的变形，此时地层就对地下结构产生了反作用力，这一反作用力的大小同地层变形的大小有关。一般假定二者成线性弹性关系，并把这一反作用力称为弹性抗力。

在计算地下结构的各种方法中，如何确定弹性抗力的大小及其作用范围（抗力区），有两种理论：一种是局部变形理论，认为弹性地基上某点处施加的外力只会引起该点的变形（沉陷）；另一种是共同变形理论，认为作用于弹性地基上一点的外力，不仅使该点发生沉陷，还会引起附近的地基发生沉陷。一般来说，后一种理论较为合理，但由于局部变形理论的计算方法比较简单，而且尚能满足工程设计的基本要求，所以仍多采用局部变形理论来计算地层弹性抗力。

在局部变形理论中，以文克尔（E. Winkler）假定为基础，认为地层的弹性抗力与结构变形成正比，即

$$\sigma = k\delta \tag{6.2}$$

式中　σ——弹性抗力应力；

　　　k——地层弹性抗力系数；

　　　δ——衬砌朝地层方向的变形值。

在喷射混凝土和压力灌浆中，还要重视地下结构周边沿外表面作用的切应力的影响。

值得指出的是，按弹性假定计算抗力的方法是较为粗糙的，因为它没有考虑地层的力学性质呈现高度非线性的特征。随着电子计算机及相关计算技术的发展，应当采用按岩土的非线性应力应变关系来计算地层抗力和结构内力的新的计算方法。

6.3　浮力作用

水的浮力为作用于建筑物基底底面由下向上的水压力，等于建筑物排开的同体积的水的重力。地表水或地下水通过土体孔隙的自由水沟通并传递水压力。水渗入基底是产生水浮力的前提条件，因此水浮力与地基土的透水性、地基与基础的接触状态和水压大小（水头高低）以及漫水时间等因素有关。

水浮力对处于地下水中的结构的受力和工作性能有明显影响。例如当贮液池底面位于地下水位以下时，如果贮液池为空载情况，浮力可能会使整个贮液池或底板局部上移，以致底板和顶盖被顶裂，因此对贮液池应进行整体抗浮和局部抗浮验算。

从安全角度出发，结构物或基础受到的浮力可做如下处理：

1）置于透水性饱和地基上的结构物，因地基土孔隙存在自由水，验算稳定性时应考虑采用设计水位时的水浮力。

2）置于透水性较差的地基上的结构物，可按50%计算浮力。

3）置于不透水性地基上的结构物，且基础底面与地基接触良好，如黏土地基的桥梁墩台，可不考虑水的浮力；完整岩石（包括节理发育的岩石）上的基础，当基础与基底岩石之间灌注混凝土且接触良好时，水浮力可以不计，但破碎或裂隙严重的岩石，则应计入水浮力。

4）当不能确定地基是否透水时，应将透水和不透水两种情况与其他荷载组合，取其最不利者；对黏性土地基，浮力与土的物理特性有关，应结合实际情况确定。

5）对有桩基的结构物，作用在桩基承台底部的浮力，应考虑全部底面积，但桩嵌入不透水持力层者，计算承台底部浮力时应扣除桩的截面积；管桩不计水的浮力。

计算水浮力时，基础襟边上的土重力应采用浮重度，且不计襟边上水柱重力。浮重度 γ' 可按下式计算：

$$\gamma' = \frac{1}{1+e}(r_e - 1) \tag{6.3}$$

式中　e——土的孔隙比；

　　　r_e——土的固体颗粒重度，一般采用 27kN/m³。

基底不透水且不计浮力时，襟边上的土重力应视其是否透水采用天然重度或饱和重度计算，另外还应计入常水位至水底的水柱重力。

6.4　冲击力与撞击力

6.4.1　汽车冲击力

车辆以较高速度驶过桥梁时，由于桥面的不平整以及车轮的不圆和发动机的抖动等原因，会引起桥梁结构的振动，桥梁结构在这种动荷载作用下产生的应力和变形要大于在静荷载作用下产生的应力和变形，这种动力效应通常称为冲击作用。

冲击作用与结构刚度有关，通常桥梁跨度越大，结构刚度越小，对动力荷载的缓冲作用越大，冲击力影响越小。汽车荷载的冲击作用一般根据试验和实测结果或近似用汽车荷载乘以冲击系数 μ 来计算。冲击系数是根据在已建成的实桥上所做的振动试验的结果分析整理而确定的，设计中可按不同结构种类和跨度大小选用相应的冲击系数。JTG D60—2015《公路桥涵设计通用规范》中给出了钢筋混凝土、混凝土、砖石砌体桥涵的冲击系数和钢桥的冲击系数。

鉴于结构物上的填料能起缓冲和扩散冲击荷载的作用，故对于拱桥和涵洞以及重力式墩台，当填料厚度（包括路面厚度）等于或大于 50cm 时，可以不计冲击作用；支座的冲击力，按相应的桥梁取用。

6.4.2　汽车撞击力

为防止或减少因撞击而产生的破坏，应对易受到汽车撞击的结构构件的相关部位采取相应的构造措施，并增设钢筋或钢筋网；桥梁结构必要时需要考虑汽车的撞击作用。桥梁防撞栏杆的设计应考虑汽车对栏杆的撞击力，撞击力与车重、车速、碰撞角度等因素有关。对此各国规范的规定不尽相同。例如，我国 CJJ 11—2011《城市桥梁设计规范》规定：在计算桥上人行道栏杆时，应考虑作用在栏杆上的汽车撞击力，防撞栏杆应采用 80kN 横向集中力进行检算，作用点应在防撞栏杆板的中心。

6.4.3　船只或漂浮物的撞击力

位于通航河道或有漂流物的河流中的桥梁墩台或其他水中工程结构，需要考虑可能偶然出现的船只或漂浮物的撞击力作用。船舶或漂流物与桥梁结构的碰撞过程十分复杂，精确计算撞击作用十分困难。

船舶与桥梁的撞击作用，如有实测资料，宜采用实测资料；如有相应的研究成果，经审批等手续后可采用研究成果确定作用值。JTG D60—2015《公路桥涵设计通用规范》对内河船舶、海轮的撞击作用根据河道等级、船舶吨位，列出撞击作用的标准值。内河船舶对桥梁墩台的撞击作用也可按静力法计算：即撞击作用力可按船只或排筏作用于结构上的有效动能全部转化为静力功的假定进行计算，并假定撞击力作用于通航水位处结构宽度或长度的中间，撞击角度不易预先确定，应根据具体情况加以确定。顺桥向撞击力标准值约为横桥向撞击力标准值的 3/4。

在通航河流上不宜采用轻型桥墩台，且撞击力作用点以下部分不宜采用空心墩；当基础采用桩基时，承台底面应置于低水位以下，避免直接撞击在多根桩上；对设有防撞措施的结构可不考虑撞击力。

6.5　制动力

这里的制动力主要指汽车制动力。汽车制动力是汽车制动时为克服其惯性运动而在车轮和路面接触面之间产生的水平滑动摩擦力，其值为摩擦系数乘以车辆的总重力。影响制动力大小的因素很多，如路面的粗糙状况、轮胎的粗糙状况及充气压力的大小、制动装置的灵敏性、行车速度等。

摩擦系数的大小，可按功能原理经试验确定。制动过程可写成下式：

$$\frac{v_1^2 W - v_2^2 W}{2g} = f W_1 S \tag{6.4}$$

式中　f——车轮在路面上的滑动摩擦系数；

　　　S——制动距离（m）；

　　　W——被制动物体的总重力；

　　　W_1——具有制动装置的车轮总重力（kN）；

　　　g——重力加速度，$g = 9.81 \text{m/s}^2$；

v_1、v_2——制动前、后的车速（m/s）。

当所有车轮上都有制动装置时，$W = W_1$，汽车制动后完全停止，则 $v_2 = 0$，此时 $\frac{v_1^2}{2g} = fS$。据此测定的路面摩擦系数为：水泥混凝土路面 0.74，沥青混凝土路面 0.62，平整的泥结碎石路面 0.60（还要根据气候条件和路面潮湿情况不同而变化）。但汽车制动时，由于车速减小，往往达不到上述数值。因此，一般正常制动力约为 $0.2W$ 左右（W 为汽车总重力）。

车队行驶时，需保持一定车距，其停车、起动都受到限制，而且一行汽车不可能全部同时制动，因此车队行驶时每辆车的制动力比单车行驶时小。JTG D60—2015《公路桥涵设计通用规范》规定：汽车荷载制动力按同向行驶的汽车荷载计算，并根据规范中纵向折减系数的规定，以使桥梁墩台产生最不利纵向力的加载长度进行纵向折减。规范规定一个设计车道上由汽车荷载产生的制动力标准值按规范规定的车道荷载标准值在加载长度上计算的总重力的 10% 计算，但公路—Ⅰ级汽车荷载的制动力标准值不得小于 165kN；公路—Ⅱ级汽车荷载的制动力标准值不得小于 90kN。同向行驶双车道的汽车荷载制动力标准值为一个设计车道制动力标准值的两倍；同向行驶三车道为一个设计车道的 2.34 倍；同向行驶四车道为一个设计车道的 2.68 倍。

制动力的方向就是行车方向，其着力点在设计车道桥面上方 1.2m 处。在计算墩台时，可移到支座中心（铰或滚轴中心）或滑动支座、橡胶支座、摆动支座的底座面上。计算刚构桥、拱桥时，可移至桥面，但不计由此产生的竖向力和力矩。

6.6 离心力

物体沿曲线运动或做圆周运动时所产生的离开中心的力称为离心力。《公路桥涵设计通用规范》规定，当弯道桥的曲率半径小于或等于 250m 时，应计算汽车荷载引起的离心力作用；离心力的大小为车辆荷载（不计冲击力）标准值乘以离心力系数 C，且与曲线半径成反比。车辆荷载一般采用均匀分布的等代荷载，离心力系数 C 可按下式计算：

$$C = \frac{v^2}{127R} \tag{6.5}$$

式中　v——设计速度（km/h），应按桥梁所在路线设计速度采用；

　　　R——曲线半径（m）。

计算多车道桥梁的汽车荷载离心力时，应计入车道的横向折减系数，按表 6.2 取用。

表 6.2　多车道横向折减系数

设计车道数（条）	2	3	4	5	6	7	8
横向折减系数	1.00	0.78	0.67	0.60	0.55	0.52	0.50

离心力的作用点一般离桥面 1.2m，计算墩台时，可移至支座铰中心或支座底部面上，也可以移到桥面上，不计由此引起的力矩。

离心力对墩台的影响，可将离心力均匀分布在桥跨上由两墩平均分担。

6.7 预应力

以特定的方式在结构构件上预先施加的、能产生与构件所承受的外荷载效应相反的应力状态的力称为预应力。构件在未受荷之前，就已经对其施加预应力，这样的构件称为预应力构件。预应力技术在混凝土结构中应用较多，目前已在钢结构、砌体结构和组合结构中得到了研究和应用。

预应力混凝土结构即是通过预应力钢筋的张拉或其他方法对构件使用时受拉区预先施加预压应力的混凝土结构。预压应力的存在，可使构件不出现或出现较小的拉应力，不致或延缓构件的开裂，从而提高构件截面的刚度，降低截面高度，减少构件自重，增加构件的跨越能力；但正截面承载力与钢筋混凝土基本相同。由于混凝土和预应力钢筋的物理力学特性和所采用的预应力钢筋的锚具特性，预应力混凝土结构在构件的施工阶段和使用阶段都发生预应力损失，预应力是随时间变化而减小的。对于超静定结构，在预应力的作用下因有多余约束的存在，将产生次内力。因此，预应力在结构进行设计时，应作为永久荷载计算其主效应和次效应，并计入相应阶段的预加应力损失，但不计由于偏心距增大引起的附加效应；在结构进行承载能力极限状态设计时，预应力不作为荷载，而将预应力钢筋作为结构抗力的一部分；但在连续梁等超静定结构中，仍需要考虑预应力引起的次效应。

6.8 爆炸作用

6.8.1 爆炸的概念及分类

爆炸就是物质系统在足够小的容积内，以极短的时间突然由一种状态迅速转变成另一种状态，并将其内含的大量能量在瞬时集中释放的物理或化学过程。

爆炸是一种复杂的荷载，结构工程中遇到的爆炸主要有四类：

燃料爆炸——汽油和煤气等燃料以及易燃化工产品在一定条件下起火爆炸。

工业粉尘爆炸——诸如面粉厂、纺织厂等生产车间充斥着颗粒极细的粉尘，在一定的温度和压力条件下突然起火爆炸。

武器爆炸——包括战争期间的常规武器和核武器的轰击、汽车炸弹的袭击以及军火仓库的爆炸。

定向爆破——专为拆除现有结构而设计的爆炸。

如果按照爆炸发生的机理可分为物理爆炸、化学爆炸、核爆炸等多种类型。

6.8.2 爆炸的破坏作用

爆炸对结构的破坏程度与爆炸的性质和爆炸物质的数量有关，爆炸物质数量越多，积聚和释放的能量越多，破坏作用越剧烈。爆炸发生的环境、位置不同，破坏作用也不同。当爆炸发生在等介质的自由空间时，从爆炸的中心点起，在一定范围内，破坏力能均匀地传播出去，并使在这个范围内的物体粉碎、飞散，使结构进入塑性屈服状态，产生较大的变形和裂缝，甚至局部损坏或倒塌。爆炸的破坏作用大体有以下几个方面：

1）震荡作用。在遍及破坏作用的区域内，有一个能使物体震荡、使之松散的力量。

2）冲击波作用。随爆炸的出现，冲击波最初出现正压力，而后又出现负压力，即吸引作用。

3）碎片的冲击作用。爆炸如产生碎片，会在相当大范围内造成危害。碎片飞散范围通常是 $100 \sim 500m$，甚至更远。碎片体积越小，飞散速度越大，危害越严重。

4）热作用（火灾）。爆炸温度一般在 $2000 \sim 3000℃$，通常爆炸气体扩散只发生在极其短促的瞬时，对一般可燃物质来说，不足以造成起火燃烧，而且有时冲击波还能起到灭火作用。但建筑物内遗留大量的热，会把从破坏设备内部不断流出的可燃气体或易燃、可燃蒸气点燃，使建筑物内的可燃物全部起火，加重爆炸的破坏程度。

6.8.3 爆炸作用的原理与荷载计算

结构承受的爆炸荷载都是偶然作用，当爆炸冲击波与结构物相遇时，会引起压力、密度、温度和质点速度迅速变化，对结构物施加荷载，此荷载是入射冲击波特性（超压、动压、衰减和持续时间等）以及结构特性（大小、形状、方位等）的函数。一般来说，爆炸产生的空气冲击波对地上结构和地下结构的作用特性和强度存在较大差别，应分别考虑。

1. 爆炸对地面结构的作用

当爆炸发生后，爆心的反应区在瞬时会产生很高的压力，并大大超过周围空气的正常压力。于是形成一股高压气流，从爆心很快地向四周推进，其前沿犹如一道压力墙面，称为波阵面。经过时间 t_x，波阵面到达距爆心 R_x 处，压力为 p_x。此时波阵面处的超压值（$\Delta p_x = p_x - p_0$）最高，由爆心往里逐渐降低，称为压缩区（$\Delta p_x > 0$）。再往里，由于气体运动的惯性，以及爆心区得不到能量的补充，形成了空气稀疏区，压力低于正常气压（$\Delta p_x < 0$），称为负压区。前后连接的压缩区和稀疏区构成了爆炸的空气冲击波，它从爆心往外推进，运动速度超过了声速。随着时间的延续，压缩区和稀疏区的长度（面积）不断增大，波阵面的压力峰值逐渐降低。经过一定时间后，波阵面距爆心已远，爆心附近转为正常气压（p_0）。

在直接遭受冲击波的围护结构上受到的反射超压峰值为

$$K_f = \frac{\Delta p_R}{\Delta p_1} = 1 + 7 \frac{\Delta p_1 + 1}{\Delta p_1 + 7} \tag{6.6}$$

式中　Δp_R——最大反射超压（kPa）；

　　　Δp_1——入射波波阵面的最大超压幅值（kPa）；

　　　K_f——反射系数，一般为 2~8。如果考虑高温高压条件下气体分子的离解和电离效应，此值可达 20 左右。

冲击波绕过目标继续前进（绕射），对目标的侧面和顶部产生压力，最后绕到目标的背面，对后表面产生压力，这样目标便陷入冲击波的包围之中。

在前墙面上形成的反射压力大于顶部和各侧面处的冲击波压力，因而很快被稀疏波削弱，结构物顶部和侧面的荷载随着冲击波的向前移动也逐渐累积至入射超压的数值，在正面边缘处由于冲击波的绕射形成涡流，造成短暂的低压区，使荷载作用有所削弱，涡流消失后压力又回到入射超压的状态。

背面的荷载也与顶部和侧面的过程大致相同，压力需经过一定时间（升压时间）才能达到大致稳定的数值，可以认为绕射过程结束。这时，作用于结构各个面上的荷载分别等于各个面上的超压和拖曳压的代数和，即

$$\Delta p_m(t) = \Delta p(t) + C_d q(t) \tag{6.7}$$

式中　$\Delta p_m(t)$——总压力（kPa）；

　　　$\Delta p(t)$——超压（kPa）；

　　　C_d——拖曳系数，它等于拖曳压力（由波阵面后瞬时风引起）和动压（由冲击波波阵面后空气质点本身的运动引起）的比值，随物体的形状而异，由风洞实验确定。根据其表面形状及与冲击波波阵面所处的方位，各个面的 C_d 可能为正，也可能为负；对矩形结构取 1.0；

　　　$q(t)$——冲击波产生的动压（kPa）。

应当指出，上述关于矩形目标的受载过程也适用于其他形状的目标，只是具体数值有所差异。

除了考虑结构各个表面上的荷载之外，还应注意作用于整个结构物上的净水平荷载，它等于正面的荷载减去背面的荷载。在绕射过程中，净水平荷载数值是很大的，因为开始时，结构物正面的压力是反射压力，而背面并没有荷载。当绕射过程完成时，作用于正面和背面的超压荷载基本相当，此时净水平荷载的数值相对较小。

由入射波超压绕射所造成的净水平动载取决于物体的大小，而动压引起的拖曳荷载的大小则取决于物体的形状和入射冲击波的作用时间，因此对于受持续时间很短的冲击波作用的大型房屋来说，在绕射过程中的净水平荷载比拖曳荷载更重要。而当结构较小时，或者当冲击波作用时间较长时，拖曳荷载就显得更重要。实际上，所有结构物都是被整个荷载（即超压与动压荷载的总和）所破坏，而不是被冲击波荷载的某一种所破坏。

2. 爆炸对地下结构的作用

地下结构物由于避免了空气冲击波的直接作用，其防护性能大大提高，作用于结构上的荷载特性也发生重大变化。

1）地面空气冲击波在岩土介质中的传播将发生波形与强度的变化。

2）压缩波在自由场中传播时参数发生变化。

3）压缩波作用于土中结构上的外荷是与结构的运动相关联的，因此应当考虑结构与介质的相互作用。

完全考虑以上变化的处理在实际应用时是很困难的，因此综合考虑各种因素，一般采用以下简化的近似计算方法：

1）地下抗爆结构计算法——它是在对土中压缩波的动力荷载做某些简化处理后，以等效静载法为基础建立的一种近似计算法。

2）相互作用系数法——它是以一维平面波理论为基础的，应用等效静载法确定相互作用系数的一种近似计算法。

第1）、2）种方法是将结构或构件视为等效单自由度体系后，求出相应的动力系数与荷载系数，从而直接确定等效静载，因此结构的计算就成了静力问题。

3）结构周边动荷的简化确定法——它是以结构本身作为示力对象，对结构的运动做某些简化后，如将其视为刚体，即不考虑其变形而仅考虑其整体运动，根据一维平面波理论可求出作用于结构周边的相互作用力及惯性力。再将此动荷作用于结构上做动力分析。这种分析虽然对结构与介质的相互作用做了近似处理，但较前两种方法，将结构视为等效单自由度体系则更进了一步。

地下抗爆结构计算法是假设结构上的动荷与自由场中的土中压缩波的波形是一致的，即为有升压时间的平台荷载，据此对动荷仅需确定动荷峰值与升压时间两个参量。其中对结构的顶盖、侧墙、底板规定了不同的计算系数。

（1）顶盖动荷　考虑土中压缩波在顶盖上反射等因素的综合影响，取顶盖上的动荷峰值为自由场的峰值乘以一个综合反射系数 K_f，即

$$p_d = K_f p_h \tag{6.8}$$

$$p_h = p_0 e^{-\alpha h} \tag{6.9}$$

式中　p_d——结构顶盖动荷峰值（kPa）；

　　　p_h——顶盖埋深处的自由场压缩波峰值压力（kPa）；

　　　p_0——地面上空气冲击波超压（kPa）；

　　　h——地下结构物距地表的深度（m）；

　　　α——衰减系数；

　　　K_f——综合反射系数，它与顶盖埋深和所处的土壤性质以及结构顶盖的尺寸、形状等因素有关。

根据 GB 50038—2005《人民防空地下室设计规范》，考虑核爆炸时 K_f 可按下列规定取用：

1）当覆土厚度 $h = 0$ 时，$K_f = 1.0$。

2）当覆土厚度 h 大于或等于结构不利覆土厚度 h_m 时，非饱和土的 K_f 值可按表 6.3 确定，饱和土的 K_f 值可按以下规定确定：

a. 当空气冲击波最大超压值 Δp_m（单位为 N/mm^2）$> 20\alpha_1$ 时，平顶结构取 $K_f = 2.0$；非平顶结构取 $K_f = 1.8$。其中 α_1 为饱和土的含气量，可根据饱和度 S_r、孔隙率 n，按式 $\alpha_1 = n(1 - S_r)$ 计算确定。当无实测资料时，可取 $\alpha_1 = 1\%$。

b. 当 $\Delta p_m < 16\alpha_1$ 时，K_f 值可按非饱和土确定。

c. 当 $16\alpha_1 \leq \Delta p_m \leq 20\alpha_1$ 时，K_f 可按线性内插确定。

表 6.3　$h \geq h_m$ 时非饱和土的综合反射系数 K_f 值

抗力等级	覆土厚度 H/m						
	1	2	3	4	5	6	7
5 级、6 级	1.45	1.40	1.35	1.30	1.25	1.22	1.20
4B 级、4 级	1.52	1.47	1.42	1.37	1.31	1.28	1.26

注：1. 双层结构综合反射系数 K_f 取表中数值的 1.05 倍。

2. 非平顶结构综合反射系数 K_f 取表中数值的 0.9 倍。

3）当结构顶盖覆土厚度 h 小于结构不利覆土厚度 h_m 时，K_f 可按线性内插确定。对主体结构，当结构顶盖覆土厚度 h 不大于 0.5 时，取 $K_f = 1.0$。

（2）侧墙动荷　侧墙各点的埋深是不同的，简化以侧墙中点的埋深为基准，且认为侧墙上的动荷是均布的，其峰值按侧墙中点的自由场峰值压力乘以侧压系数，即

$$p_c = \xi p_h \qquad (6.10)$$

式中　p_c——侧墙上动荷的峰值（kPa）；

ξ——压缩波作用下的侧压系数，可按表 6.4 取值；

p_h——侧墙中点埋深处的自由场峰值压力（kPa）。

表 6.4　侧压系数 ξ

土壤类别		侧压系数
碎石土		0.15~0.25
砂土	地下水位以上	0.25~0.35
	地下水位以下	0.70~0.90
粉土		0.33~0.43
黏土	坚硬、硬塑	0.20~0.40
	可塑	0.40~0.70
	软塑、流塑	0.70~1.00

GB 50038—2005《人民防空地下室设计规范》给出的核爆炸时 p_h 按下式计算：

$$p_h = \left[1 - \frac{h}{v_1 t_2}(1 - \delta) \right] \Delta p_{ms} \qquad (6.11)$$

式中　h——土的计算深度，计算顶盖时，取顶盖的覆土厚度；计算侧墙时，取侧墙中点至

室外地面的深度；

v_1——土的峰值压力波速；

t_2——地面空气冲击波按等冲量简化的等效作用时间，可按表6.5采用；

δ——土的应变恢复比，当无实测资料时，可按表6.6和如下规定采用：当地面超压 $\Delta p_\mathrm{m} < 16\alpha_1$ 时，δ 按非饱和土取值；当地面超压 $\Delta p_\mathrm{m} > 20\alpha_1$ 时，取 $\delta = 1$；当地面超压 $16\alpha_1 \leqslant \Delta p_\mathrm{m} \leqslant 20\alpha_1$ 时，δ 取线性内插值；

Δp_ms——空气冲击波超压计算值，当不计入地面建筑物影响时，取地面超压值 Δp_m。当土的计算深度小于或等于1.5m时，p_h 可近似取 Δp_ms。

表6.5　地面空气冲击波按等冲量简化的等效作用时间 t_2 值

抗力等级	6	5	4B	4
t_2/s	1.46	1.17	0.91	0.78

表6.6　非饱和土的 δ 值

土的类别	碎石土	砂土				粉土	黏性土				湿陷性黄土	淤泥质土
		粗砂	中砂	细砂	粉砂		粉质黏土	黏土	老黏土	红黏土		
应变恢复比	0.9	0.8	0.5	0.4	0.3	0.2	0.1	0.1	0.3	0.2	0.1	0.1

（3）底板动荷　底板上的压力是由于结构顶部受荷后结构运动产生的，其压力峰值

$$p_\mathrm{b} = \eta p_h \qquad\qquad (6.12)$$

式中　p_b——底板上的动荷峰值（kPa）；

η——底压系数，非饱和土取 $\eta = 0.5 \sim 0.75$，土壤含水量大时取大值；饱和土取 $\eta = 0.8 \sim 1.0$。

在确定动荷参量后，采用等效静载法将动荷转换成作用在结构上的等效静载。等效静载法原则上只适用于单个构件，因此对于多构件的结构应拆成独立构件，分别计算其自振频率与升压时间等参数，以确定动力系数或荷载系数。

本章小结

1）阐述了温度作用的基本概念及原理、温度应力和变形的计算方法。

2）阐述了变形作用和浮力作用的概念、产生原因及计算方法。

3）阐述了冲击力、撞击力、制动力、离心力的原理及计算方法。

4）阐述了预应力的基本概念及其计算原理。

5）阐述了爆炸作用的原理和计算方法。

思考题

1. 简述温度作用的概念、产生的原因及条件。

2. 举例说明地基不均匀沉降对结构的影响。

3．简述混凝土的收缩和徐变对混凝土结构的影响。

4．什么是浮力作用？浮力作用与哪些因素有关？

5．影响汽车制动力的因素有哪些？

6．汽车冲击力和车船撞击力的计算原理是什么？

7．举例说明对结构或构件中施加预加力的作用。

8．爆炸有哪些种类？简述爆炸对物体的作用过程。

工程结构荷载的统计分析 第7章

学习要求：

本章要求学生理解荷载的概率分析模型；了解荷载效应组合规则和常用荷载的概率统计模型，理解 GB 50009—2012《建筑结构荷载规范》中各种荷载代表值的确定原则和方法。

如前所述，按随时间的变异分类，结构上的荷载可分为三类：永久荷载、可变荷载和偶然荷载。这些荷载在数理统计学上可采用两种概率模型来描述。

1）随机变量概率模型，用来描述与时间无关的永久荷载（如结构自重）以及结构上作用在设计基准期内的最大值或最小值。

2）随机过程概率模型，用来描述与时间参数有关的可变荷载（如楼面活荷载、雪荷载和风荷载等）。

设计基准期是指结构设计时，为确定可变荷载及与时间有关的材料性能取值而选用的时间参数，用 T 表示。各类工程结构的设计基准期见表 7.1。

表 7.1　各类工程结构的设计基准期

工程结构类型	房屋建筑结构	铁路桥涵结构	公路桥涵结构	水工建筑结构	港口工程结构
设计基准期 T/年	50	100	100	1 级 100，其他 50	50

基于设计基准期的不同，同一荷载在不同工程结构中的取值可能是不同的，例如房屋建筑结构中风荷载的设计基准期为 50 年，桥梁结构中风荷载的设计基准期为 100 年。

7.1　荷载的概率模型

7.1.1　平稳随机过程荷载模型

在一个确定的设计基准期 T 内，对荷载随机过程做一次连续观测，所获得的依赖于观测时间的数据称为荷载随机过程的一个样本函数，每个随机过程由大量的样本函数构成。

荷载随机过程的样本函数十分复杂，它随荷载的种类不同而不同，但目前对各类荷载过程的样本函数及其性质了解甚少。在以概率理论为基础的极限状态设计法中，各种基本变量均按随机变量考虑，且主要讨论的是结构设计基准期 T 内的荷载最大值 Q_T。为便于分析，必须把荷载随机过程 Q_T 转换为设计基准期最大荷载随机变量 $Q_T = \max\{Q(t), t \in [0, T]\}$。不同的 T 时间内统计得到的 Q_T 值很可能不同，即 Q_T 为一随机变量。为了便于 Q_T 的统计分析，对于常见的永久荷载、楼面活荷载、风荷载、雪荷载、公路及桥梁人群荷载等，一般都采用平稳二项随机过程模型；而对于车辆荷载，则常用滤过泊松过程模型或滤过韦泊随机过程模型。

平稳随机过程的特点是随机过程的统计分析特性（如概率分布，统计参数等）不随时间的推移而变化，即其分布函数与时间无关，在设计基准期 T 内均相同。当平稳随机过程 $\{Q(t), t \in [0, T]\}$ 满足下列假定时，称为平稳二项随机过程。

1. 基本假定

平稳二项随机过程将荷载的样本函数模型化为等时段的矩形波函数，如图 7.1 所示。其基本假定为：

1）根据荷载每变动一次作用在结构上的时间长短，将设计基准期 T 等分为 r 个相等的时段 τ，或认为设计基准期 T 内荷载均匀变动 $r = T/\tau$ 次。

2）在每个时段 τ 内，荷载 Q 出现（即 $Q > 0$）的概率为 p，不出现（即 $Q < 0$）的概率为 $q = 1 - p$。

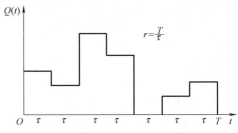

图 7.1　平稳二项随机过程荷载模型

3）在每一时段 τ 内，荷载出现时，其幅值是非负的随机变量，且在不同时段上的概率分布是相同的，记时段 τ 内的荷载概率分布（也称为任意时点荷载分布）为 $F_i(x) = P[Q(t) \leq x, t \in \tau]$。

4）不同时段 τ 上的荷载幅值随机变量相互独立，且与在时段 τ 上是否出现荷载无关。

2. 设计基准期最大荷载概率分布函数

由上述假定，可由荷载的任意时点分布，导得荷载在设计基准期 T 内最大值 Q_T 的概率分布。为此根据上述 2）、3）假定，先确定任一时段 τ 内的荷载概率分布函数 $F_\tau(x)$ 为

$$F_\tau(x) = P[Q(t) \leq x, t \in \tau]$$

$$= P[Q(t) \neq 0]P[Q(t) \leq x, t \in \tau \mid Q(t) \neq 0] + P[Q(t) = 0]P[Q(t) \leq x, t \in \tau \mid Q(t) = 0]$$

$$= p \cdot F_i(x) + q \cdot 1 = p \cdot F_i(x) + (1 - p)$$

$$= 1 - p[1 - F_i(x)] \tag{7.1}$$

再根据上述 1）、4）假定，确定出设计基准期最大荷载 Q_T 的概率分布函数 $F_T(x)$ 为

$$F_T(x) = P[Q_T \leq x] = P[\max Q(x) \leq x, t \in T]$$

$$= \prod_{j=1}^{r} P[Q(t_j) \leq x, t_j \in \tau] = P[Q_T \leq x] = \prod_{j=1}^{r} \{1 - p[1 - F_j(x)]\}$$

$$= \{1 - p[1 - F_i(X)]\}^r \tag{7.2}$$

式中　r——设计基准期内的总时段数。

设荷载在 T 年内出现的平均次数为 N，则

$$N = pr \tag{7.3}$$

对于 $p = 1$，$N = r$ 时，式（7.2）为

$$F_T(x) = [F_i(x)]^N \tag{7.4}$$

对于一般情况下，即 $p<1$ 时，当利用近似数学关系式

$$e^{-x} = 1-x \quad (x \text{ 为小数})\tag{7.5}$$

式 (7.2) 中 $p[1-F_i(x)]$ 项充分小，则有

$$F_T(x) \approx \{e^{-p[1-F_i(x)]}\}^r = \{e^{-[1-F_i(x)]}\}^{pr} = \{1-[1-F_i(x)]\}^{pr}\tag{7.6}$$

由此

$$F_T(x) \approx [F_i(x)]^N\tag{7.7}$$

根据以上讨论可知，采用平稳二项随机过程模型确定设计基准期 T 内的荷载最大值的概率分布 $F_T(x)$ 需已知三个量：即荷载在 T 内变动次数 r 或变动一次的时间 τ；在每个时段 τ 内荷载出现的概率为 p；以及荷载任意时点概率分布 $F_i(x)$。

3. 荷载概率模型的统计参数

在下列情况下，可以直接由任意时点荷载概率分布 $F_i(x)$ 的统计参数推求设计基准期 T 内荷载概率分布 $F_T(x)$ 的统计参数。

（1）$F_i(x)$ 为正态分布　$F_i(x)$ 的表达式为

$$F_i(x) = \int_{-\infty}^{x} \frac{1}{\sqrt{2\pi}\,\sigma_i} \exp\left[-\frac{(y-\mu_i)^2}{2\sigma_i^2}\right]\mathrm{d}y\tag{7.8}$$

式中　μ_i、σ_i——分别为任意时点荷载的平均值和方差。

若已知设计基准期 T 内荷载的平均变动次数为 N，由式 (7.4) 或式 (7.7) 可知 $F_T(x)$ 也近似服从正态分布，即

$$F_T(x) = \int_{-\infty}^{x} \frac{1}{\sqrt{2\pi}\,\sigma_T} \exp\left[-\frac{(y-\mu_T)^2}{2\sigma_T^2}\right]\mathrm{d}y\tag{7.9}$$

式 (7.9) 中 μ_T、σ_T 可按下式近似计算：

$$\mu_T \approx m_i + 3.5\left(1-\frac{1}{\sqrt[4]{N}}\right)\sigma_i\tag{7.10}$$

$$\sigma_T = \frac{m_i}{\sqrt[4]{N}}\tag{7.11}$$

（2）$F_i(x)$ 为极值 I 型分布　$F_i(x)$ 的表达式为

$$F_i(x) = \exp\left\{-\exp\left[\frac{x-m_i}{\alpha_i}\right]\right\}\tag{7.12}$$

式 (7.12) 中 m_i，α_i 与平均值 μ_i 和标准差 σ_i 的关系为

$$\alpha_i = \frac{\sigma_i}{1.2826}\tag{7.13}$$

$$m_i = \mu_i - 0.5772\alpha_i\tag{7.14}$$

由式 (7.4) 或式 (7.7) 可得

$$F_T(x) = [F_i(x)]^N = \exp\left\{-N\exp\left[\frac{x-m_i}{\alpha_i}\right]\right\}$$

$$= \exp\left\{-\exp(\ln N)\exp\left[\frac{x-m_i}{\alpha_i}\right]\right\}$$

$$= \exp\left\{-\exp\left[\frac{x-m_i-\alpha_i\ln N}{\alpha_i}\right]\right\}\tag{7.15}$$

由式（7.15）可知，$F_T(x)$ 也为极值 I 型分布，其表达为

$$F_T(x) = \exp\left\{-\exp\left[-\frac{x-m_T}{\alpha_T}\right]\right\} \tag{7.16}$$

式（7.16）中

$$m_T = m_i + \alpha_i \ln N \tag{7.17}$$

$$\alpha_T = \alpha_i \tag{7.18}$$

$F_T(x)$ 的平均值 μ_T 与标准差 σ_T 与参数 m_T、α_T 的关系式仍为式（7.13）、式（7.14）的形式，由此可得 μ_T、σ_T 与 μ_i、σ_i 的关系为

$$\sigma_T = \sigma_i \tag{7.19}$$

$$\mu_T = \mu_i + \frac{\sigma_i \ln N}{1.2826} \tag{7.20}$$

4. 几种常遇荷载的统计特性

（1）永久荷载　永久荷载在结构设计基准期 T 内必然出现，且基本不随时间变化，故它在整个设计基准期内持续出现，$p=1$；荷载一次出现的持续时间，$\tau=T$；在设计基准期 T 内的时段数 $r = T/\tau = 1$，则 $N = pr = 1$。其样本函数为一条与时间轴平行的直线，如图 7.2 所示。

（2）民用建筑楼面活荷载　楼面持久性活荷载是指楼面上经常出现，而在某个时段内（例如房间内二次搬迁之间）其取值基本保持不变的荷载，如住宅内的家具、物品，工业房屋内的机器、设备和堆料，还包括常在人员自重等。调查统计表明建筑楼面持久性活荷载一般约 10 年变动一次，即 $\tau=10$，若 $T=50$ 年，则 $r=T/\tau=5$，对于持久性活荷载，$p=1$，则 $N=pr=5$，其样本函数如图 7.3 所示。

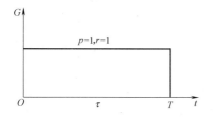

图 7.2　永久荷载的样本函数

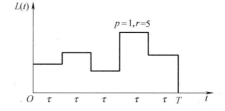

图 7.3　持久性活荷载的样本函数

（3）风荷载和雪荷载　对于风荷载、雪荷载等短时荷载，平稳二项随机过程模型与其不符，为了利用该模型，可人为假定一 τ 值，此时 $F_i(x)$ 按 τ 时段内出现的短时荷载的最大值统计确定，如图 7.4 所示。例如对于风荷载，年最大风压接近每年出现一次，可取 $\tau=1$，在 τ 时段内，按一年内风荷载最大值统计确定，而 $p=1$，$T=50$，则 $r=50$，$N=50$。

经统计假设检验，可认为短时荷载的任意时点的概率分布 $F_i(x)$ 服从极值 I 型分布。

公路及桥梁人群荷载调查是以全国 10 多个城市或郊区的 30 座桥梁为对象，在人行道上任意划出一定大小的区域和不同长度的观测段，分

图 7.4　临时性活荷载的样本函数

别连续记录瞬时出现在其上的最多人数，据此计算每平方米的人群荷载。由于行人高峰期在设计基准期内变化很大，短期实测值难以保证达到设计基准期内的最大值，故在确定人群荷载随机过程的样本函数时，可近似取每年出现一次荷载最大值。对于公路桥梁结构，设计基准期 T 为 100 年，则人群荷载在 T 内的平均出现次数 $N = 100$。

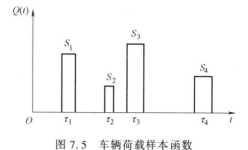

图 7.5　车辆荷载样本函数

7.1.2　滤过泊松过程荷载模型

在一般运行状态下，当车辆的时间间隔为指数分布时，车辆荷载随机过程可用滤过泊松（Poisson）过程（又称为伽马–更新过程）来描述，其样本函数如图 7.5 所示。

车辆荷载随机过程 $\{Q(t) \geqslant 0, t \in [0, T]\}$ 可表达为

$$Q(t) = \sum_{n=0}^{N(t)} \omega(t; \tau_n, S_n) \tag{7.21}$$

式中　　$\{N(t), t \in [0, T]\}$——参数 λ 的泊松过程；

$\omega(t; \tau_n, S_n) = \begin{cases} S_n & t \notin \tau_n \\ 0 & t \notin \tau_n \end{cases}$——响应函数，其中 τ_n 为第 n 个荷载持续时间，令 $\tau_0 = 0$；

$S_n(n=1, 2, 3, \cdots)$——相互独立同分布于 $F_Q(x)$ 的随机变量序列，称为截口随机变量，且与 $N(t)$ 互相独立，令 $S_0 = 0$。

滤过泊松过程最大值 Q_T 的概率分布表达式为

$$F_T(x) = \mathrm{e}^{-\lambda T[1 - F_i(x)]} \tag{7.22}$$

式中　$F_i(x)$——车辆荷载的任意时点分布函数，经拟合检验结果服从对数正态分布；

λ——泊松过程参数，这里为时间间隔指数分布参数的估计值。

7.1.3　滤过韦伯随机过程荷载模型

密集运行状态下的车辆荷载随机过程可用滤过韦伯随机过程荷载模型描述。滤过韦伯随机过程可以认为是滤过泊松过程的推广，两者的强度函数不同。对于滤过韦伯随机过程来说

$$\lambda(t) = \lambda \beta t^{\beta - 1} (t \geqslant 0; \lambda, \beta > 0) \tag{7.23}$$

当 $\lambda = 1$ 时，滤过韦伯随机过程退化为滤过泊松过程，滤过韦伯随机过程的最大值 Q_T 的概率分布表达式为

$$F_T(x) = \mathrm{e}^{-\lambda T^\beta [1 - F_i(x)]} \tag{7.24}$$

式中　$F_i(x)$——车辆荷载的任意时点分布函数，经拟合检验结果服从对数正态分布；

λ、β——泊松过程参数，这里为时间间隔指数分布函数的估计值。

7.2　荷载效应组合原则

结构在设计基准期 T 内，可能经常会遇到同时承受恒载及两种以上可变荷载的情况，如活荷载、风荷载、雪荷载等。在进行结构分析和设计时，必须研究和考虑两种以上可变荷

载同时作用而引起的荷载效应组合问题，以确保结构安全，即须考虑多个可变荷载是否相遇的概率大小问题。一般来说，多种可变荷载在设计基准期内最大值相遇的概率不是很大。例如最大风荷载与最大雪荷载同时存在的概率，除个别情况外，一般是极小的。

7.2.1 Turkstra 组合规则

Turkstra 组合规则假定：在所有参与组合的可变荷载效应中，只有其中一个荷载效应达到设计基准期最大值，而其余荷载效应均为时点值。轮流进行组合，其中起控制作用的组合为所要求的组合，起控制作用的组合为可靠度分析中可靠指标最小的组合。

假定有 n 个可变荷载效应参与组合，其效应的随机过程可表示为 $\{S_i(t), t \in [0, T]\}$ $(i=1, 2, \cdots, n)$，则共有 n 个组合，表示为

$$S_{Ci} = \max_{t \in [0,T]} S_i(t) + S_1(t_0) + \cdots + S_{i-1}(t_0) + S_{i+1}(t_0) + \cdots + S_n(t_0) \tag{7.25}$$
$$i = 1, 2, \cdots, n$$

式中　t_0——$S_i(t)$ 达到最大的时刻。

在时间 T 内，荷载效应组合的最大值 S_C 取为上列各组合的最大值，即

$$S_C = \max(S_{C1}, S_{C2}, \cdots, S_{Cn}) \tag{7.26}$$

其中任一组组合的概率分布，可根据式(7.25)中各求和项的概率分布通过卷积运算得到。

图 7.6 所示为三个荷载随机过程，按 Turkstra 规则组合的情况。可以看出，该规则不是偏于保守的，因为理论上还可能存在着更不利的组合。但由于 Turkstra 规则简单，仍是一个很好的近似方法，因此得到广泛的应用。

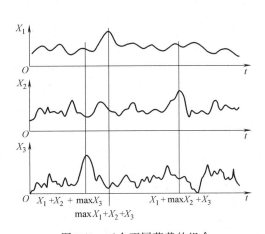

图 7.6　三个不同荷载的组合

7.2.2 JCSS 组合规则

JCSS 组合规则是国际结构安全度联合委员会（JCSS）建议的荷载组合规则。其基本假定为：①荷载 $Q(t)$ 是等时段的平稳二项随机过程；②荷载 $Q(t)$ 与荷载效应 $S(t)$ 之间满足线性关系；③不考虑相互排斥的随机荷载间的组合，仅考虑在设计基准期 T 内可能相遇的各种可变荷载的组合；当一种荷载取设计基准期最大值或时段最大值时，其他参与组合的荷载仅在该最大值的持续时段内取相对最大值，或取任意时点值。

按照这种规则，先假定可变荷载的样本函数为平稳二项过程，将某一可变荷载 $Q_1(t)$ 在设计基准期 $[0, T]$ 内的最大值效应 $\max_{t \in [0,T]} S_1(t)$（持续时间为 τ_1）与另一可变荷载 $Q_2(t)$ 在时间 τ_1 内的局部最大值效应 $\max_{t \in [0,\tau_1]} S_2(t)$（持续时间为 τ_2），以及第三个可变荷载 $Q_3(t)$ 在时段 τ_2 内的局部最大值效应 $\max_{t \in [0,\tau_2]} S_3(t)$ 相组合，依此类推。图 7.7 所示阴影部分为三个可变荷载效应组合的示意图。按该规则确定荷载效应组合的最大值时，可考虑所有可能的

不利组合项，取其中最不利者。对于 n 个荷载组合，一般有 2^{n-1} 项可能的不利组合。

　　JCSS 组合规则和 Turkstra 组合规则虽然能较好地反映多个荷载效应组合的概率分布问题，但涉及复杂的概率运算，所以在实际工程设计中采用还比较困难。目前的做法是在分析的基础上，结合以往设计经验，在设计表达式中采用简单可行的组合形式，并给定各种可变荷载的组合值系数。

　　JCSS 组合规则与考虑基本变量概率分布类型的一次二阶矩分析方法相适应，GB 50068—2001《建筑结构可靠度设计统一标准》中采用了该方法。

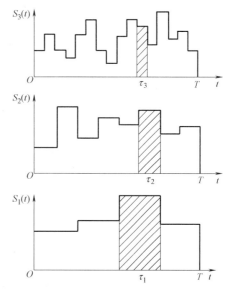

图 7.7　JCSS 组合规则

7.3　荷载的代表值确定

　　由前面讨论可知，在结构设计基准期内，各种荷载的最大值 Q_T 一般为一随机变量。如果在设计中荷载采用反映其随机性质的复杂概率设计表达式，且直接引入反映荷载变异性的各种参数，将会给设计造成许多困难。因此，在《建筑结构可靠度设计统一标准》中，为了结构设计方便，采用确定的荷载数值，这个确定的荷载数值称为荷载的代表值，即指结构设计时，应根据各种极限状态的设计要求而取用的不同荷载值。

　　建筑结构设计中，对不同荷载应采用不同的代表值。永久荷载采用标准值作为代表值；可变荷载应根据设计要求采用标准值、组合值、频遇值或准永久值作为代表值；偶然荷载应按建筑结构使用的特点确定其代表值。

7.3.1　标准值

　　荷载标准值 Q_k 是设计基准期内在结构上可能出现且具有一定保证率的最大荷载值。它是荷载的基本代表值，其他荷载代表值可以在标准值的基础上换算得到。对结构进行承载力极限状态计算和正常使用极限状态验算时均要使用荷载标准值。荷载标准值可以统一由设计基准期内最大荷载概率分布 $F_T(x)$ 的某一分位值确定，即

$$F_T(Q_k) = p_k \tag{7.27}$$

式中　p_k——设计基准期内荷载最大值小于 Q_k 的概率。

　　由于有些荷载并不具备充分的统计参数，只能根据已有的工程经验确定，故实际上荷载标准值的分位值并不统一。当没有足够统计资料时，荷载标准值可根据历史经验估算确定。

　　GB 50009—2012《建筑结构荷载规范》规定荷载的标准值按下列方法取值：对于永久荷载（如结构自重）标准值，由于其变异性不大，可按结构构件的设计尺寸与材料单位体积的自重计算确定。对常用材料和构件的自重可以按照《建筑结构荷载规范》确定；对于某些自重变异性较大的材料和构件，自重的标准值应根据对结构的不利状态，取上限值或下

限值。对于可变荷载标准值，可直接按《建筑结构荷载规范》确定。

7.3.2 组合值

组合值是指结构承受两种以上可变荷载进行组合时，由于所有荷载同时达到其单独出现时可能达到的最大值的概率极小，因此除主导荷载（产生最大荷载效应的荷载）仍可以用其标准值为代表值外，其他伴随荷载均取小于其标准值的组合值为荷载的代表值。因此，需进行折减。其方法为：除其中最大荷载仍取其标准值外，其他可变荷载标准值叠加后乘以小于1.0的组合值系数ψ_c来表达其荷载代表值。这种经过折减的可变荷载值，称为可变荷载的组合值。《建筑结构荷载规范》规定了可变荷载的组合值系数ψ_c。折减系数ψ_c的值可根据两个或两个以上的可变荷载在组合后产生的总作用效应值在设计基准期内的超越概率与考虑单一作用时相应概率趋于一致的原则确定，其实质是要求结构在单一可变荷载作用下的可靠度与在两个及以上可变荷载作用下的可靠度保持一致。

可变荷载组合值是承载力极限状态按基本组合设计和正常使用极限状态按标准组合设计时的荷载代表值。

7.3.3 频遇值

频遇值是设计基准期内在结构上时而出现的较大可变荷载值，即在规定的期限内，具有较短的总持续时间，或较少的发生次数的荷载值。可变荷载频遇值是以小于1.0的荷载频遇值系数ψ_f与相应的可变荷载标准值的乘积来确定，因此可变荷载的频遇值是小于荷载的标准值。《建筑结构荷载规范》规定了可变荷载的频遇值系数ψ_f。可变荷载的频遇值是正常使用极限状态按频遇组合设计时所采用的可变荷载代表值。

频遇值的大小可按下列两种方法确定：

1）根据可变荷载超越频遇值的持续期来确定：

$$T_1/T \leqslant 0.1 \tag{7.28}$$

式中　　T——设计基准期；

T_1——可变荷载达到或超过频遇值的总持续时间。

2）根据可变荷载超越频遇值的频率或以基准期T时间的平均超越次数（跨阈率）$\omega = n/T$（n为超越次数）不超过规定值来确定：

$$\omega \leqslant \omega_s \tag{7.29}$$

式中　　ω_s——跨阈率限值（或超越频率限值）；

ω——平均跨阈率（或超越频率）。

跨阈率可通过直接观察确定，一般也可应用随机过程的某些特性间接确定。

7.3.4 准永久值

在结构上经常作用的可变荷载是与时间的变异性相关的，即在规定的期限内，具有较长的总持续时间，对结构的影响如永久荷载的性能。准永久值是设计基准期内在结构上经常作用的可变荷载值，即总持续时间较长的可变荷载值。可变荷载准永久值是以小于1.0的荷载准永久值系数ψ_q与相应可变荷载标准值的乘积来确定。ψ_q同样可看作一种对荷载标准值的折减系数。GB 50009—2012《建筑结构荷载规范》中规定了可变荷载的准永久值系数ψ_q。

可变荷载的准永久值是正常使用极限状态按准永久组合和频遇组合设计时所采用的可变荷载代表值。其确定方法为

$$T_2/T = 0.5 \tag{7.30}$$

式中 T_2——可变荷载达到和超过准永久值的总持续时间。

7.4 荷载的设计值与荷载分项系数

荷载设计值等于荷载标准值与荷载分项系数的乘积。荷载分项系数一般大于1.0，荷载分项系数是在设计计算中，反映荷载的不确定性并与结构可靠度相关联的一个参数。其取值按各类工程结构的相应规范进行，详见第10章。

不同性质的荷载，其荷载分项系数可能是不同的。此外，在同一工程结构中，在不同的设计状况下，同一种荷载的效应对工程结构的影响（有利或不利）也是不同的，因此其分项系数可能有多个。

本 章 小 结

1）荷载的概率模型。主要阐述平稳随机过程荷载模型的基本假定、设计基准期最大荷载概率分布函数、荷载概率模型的统计参数和几种常遇荷载的统计特性。同时介绍了滤过伯松过程荷载模型和滤过韦伯随机过程荷载模型。

2）荷载效应组合原则。主要阐述了 JCSS 组合规则和 Turkstra 组合规则。

3）荷载代表值的确定。主要阐述了永久荷载的代表值和可变荷载的代表值确定，即永久荷载的标准值与可变荷载标准值、组合值、频遇值或准永久值的确定。

4）荷载设计值与荷载分项系数。

思 考 题

1. 为什么把荷载处理为平稳二项随机过程模型？简述其基本假定。

2. 荷载统计参数有哪些？

3. 简述 JCSS 组合规则和 Turkstra 组合规则。

4. 荷载统计时是如何处理荷载随机过程的？几种常遇荷载各有什么统计特性？

5. 荷载的各代表值是如何确定的？

结构构件抗力的统计分析 第8章

学习要求：

本章要求学生理解结构抗力的基本概念、影响结构抗力的主要因素及其统计参数的确定方法；了解结构构件抗力不定性的概率模型和结构构件抗力的统计特征，熟悉材料强度的标准值和设计值。

结构抗力是指结构或结构构件承受作用效应的能力，如承载力、刚度、抗裂度等。结构抗力是与作用（荷载）效应对应的。当结构设计时所考虑的作用（荷载）效应是内力时，对应抗力即为结构的承载力；当结构设计时所考虑的作用（荷载）效应是变形时，对应抗力即为结构的刚度。

结构抗力可分为四个层次：①整体结构抗力，例如整体结构承受风荷载效应或水平地震作用效应的能力；②结构构件抗力，例如结构构件在轴力、弯矩作用下的承载能力；③构件截面抗力，是指构件截面抗弯、抗剪的能力；④截面各点的抗力，是指截面各点抵抗正应力、剪应力的能力。

在进行结构设计时，变形验算可能针对结构构件，也可能针对整体结构；而承载力的计算一般针对结构构件，这里对结构抗力的讨论只是针对结构构件而言。

直接对结构构件的抗力进行统计并确定其统计参数的概率分布类型是非常困难的。通常先对影响结构构件抗力的各种主要因素分别进行统计，确定其统计参数；然后通过抗力与各有关因素的函数关系，从各种因素的统计参数求出结构构件抗力的统计参数；最后根据各主要影响因素的概率分布类型，用数学分析方法或经验判断方法确定结构构件抗力的概率分布类型。

将影响结构构件抗力的各种主要因素作为相互独立的随机变量，结构抗力作为综合随机变量，统计参数之间的关系可利用数学中概率知识得出。

设综合随机变量 Z 为独立的随机变量 $X_i(i=1,2,\cdots,n)$ 的任意函数：

$$Z = \varphi(x_1, x_2, \cdots, x_n) \tag{8.1}$$

则综合随机变量 Z 的统计参数如下：

平均值
$$\mu_Z = \phi(\mu_{x_1}, \mu_{x_2}, \cdots, \mu_{x_n}) \tag{8.2}$$

标准差
$$\sigma_Z^2 = \sum_{i=1}^{n} \left[\frac{\partial \varphi}{\partial x_i}\Big|_m\right]^2 \sigma_{x_i}^2 \tag{8.3}$$

变异系数
$$\delta_Z = \frac{\sigma_Z}{\mu_Z} \tag{8.4}$$

式中　μ_{x_i}——随机变量 X_i（$i = 1，2，\cdots，n$）的平均值；

　　　σ_{x_i}——随机变量 X_i（$i = 1，2，\cdots，n$）的标准差。

8.1　结构抗力的不定性

　　影响结构构件抗力的因素很多，但主要是材料性能的不定性、几何参数的不定性和计算模式的不定性等。这些因素都是相互独立的随机变量，因此结构构件的抗力是多元随机变量的函数。

8.1.1　结构构件材料性能的不定性

　　结构构件材料性能是指其强度、弹性模量、变形模量、泊松比、压缩模量、黏聚力、内摩擦角等物理力学性能。目前，国内统计资料比较充分的是材料强度性能。

　　结构构件材料性能的不定性是由于材料本身质量的差异，以及制作工艺、环境条件、加荷方式、尺寸等因素变异引起的材料性能的变异性。通常结构材料的力学性能是采用标准试件并按标准试验方法测得，它与实际结构中的材料性能存在相当大的差异，且受到尺寸效应的影响。例如，试件的加荷速度远超过实际结构的受荷速度，致使试件的材料强度比实际结构的材料强度大。

　　结构构件材料性能的不定性可采用随机变量 X_m 表示，即

$$X_m = \frac{f_c}{k_0 f_k} \tag{8.5}$$

式中　f_c——结构构件实际的材料性能值；

　　　f_k——规范规定的材料性能标准值；

　　　k_0——规范规定的反映结构构件材料性能与试件材料性能差别的系数。如考虑缺陷、尺寸、施工质量、加荷速度、试验方法等因素影响的系数或其函数（一般取为定值）。

令

$$X_0 = \frac{f_c}{f_s}，X_f = \frac{f_s}{f_k} \tag{8.6}$$

则

$$X_m = \frac{1}{k_0} X_0 X_f \tag{8.7}$$

式中　f_s——试件材料性能值；

　　　X_f——反映试件材料性能不定性的随机变量；

　　　X_0——反映结构构件材料性能与试件材料性能差别的随机变量。

　　根据式（8.2）~式（8.4），可得 X_m 的统计参数为

平均值

$$\mu_{X_m} = \frac{1}{k_0} \mu_{X_0} \mu_{X_f} = \frac{\mu_{X_0} \mu_{f_s}}{k_0 f_k} \tag{8.8}$$

变异系数

$$\delta_{X_m} = \sqrt{\delta_{X_0}^2 + \delta_{f_s}^2} \tag{8.9}$$

式中　μ_{f_s}、μ_{X_0}、μ_{X_f}——试件材料性能 f_s 的平均值及随机变量 X_0、X_f 的平均值；

δ_{f_s}、δ_{X_0}——试件材料性能 f_s 的变异系数及随机变量 X_0 的变异系数。

由上述可知，通过实测得到了 X_0、X_f 的统计参数，利用式（8.8）及式（8.9）就可以得到 X_m 的统计参数。表 8.1 给出了各种结构构件材料的强度性能 X_m 的统计参数。

表 8.1　各种结构构件材料的强度性能 X_m 的统计参数

结构材料种类	材料品种与受力状况		μ_{X_m}	δ_{X_m}
型钢	受拉	Q235 钢	1.08	0.08
		16Mn 钢	1.09	0.07
薄壁型钢	受拉	Q235F 钢	1.12	0.10
		Q235 钢	1.27	0.08
		20Mn 钢	1.05	0.08
钢筋	受拉	Q235F 钢	1.02	0.08
		20MnSi	1.14	0.07
		25MnSi	1.09	0.06
混凝土	轴心受压	C20	1.66	0.23
		C30	1.41	0.19
		C40	1.35	0.16
砖砌体	轴心受压		1.15	0.20
	小偏心受压		1.10	0.20
	齿缝受弯		1.00	0.22
	受剪		1.00	0.24
木材	轴心受拉		1.48	0.32
	轴心受压		1.28	0.22
	受弯		1.47	0.25
	顺缝受剪		1.32	0.22

8.1.2　结构构件几何参数的不定性

结构构件几何参数的不定性是指构件截面的几何特征（如高度、宽度、面积、惯性矩、抵抗矩等，以及结构构件的长度、跨度等）的不定性。其主要原因是结构构件在制作和安装时，其尺寸会出现偏差，制作安装后的实际结构构件与设计中预期的构件几何特征会有差异。

结构构件几何参数的不定性可用随机变量 X_A 表示，即：

$$X_A = \frac{a}{a_k} \tag{8.10}$$

式中　a——结构构件几何参数的实际值；

a_k——结构构件几何参数的标准值，一般取为设计值。

X_A 的统计参数为

$$\mu_{X_A} = \frac{\mu_a}{a_k} \tag{8.11}$$

$$\delta_{X_A} = \delta_a \tag{8.12}$$

式中　μ_a——结构构件几何参数的平均值；

δ_a——结构构件几何参数的变异系数。

结构构件几何参数的统计参数，可根据正常生产情况下结构构件几何尺寸的实测数据，经统计分析得到。表 8.2 是我国通过大量实测得到的各类结构构件几何特征 X_A 的统计参数。

表 8.2　各类结构构件几何特征 X_A 的统计参数

结构构件种类	项目	μ_{X_A}	δ_{X_A}
型钢构件	截面面积	1.00	0.05
薄壁型钢构件	截面面积	1.00	0.05
钢筋混凝土构件	截面高度、宽度	1.00	0.02
	截面有效高度	1.00	0.03
	纵筋截面面积	1.00	0.03
	纵筋重心到截面近边距离（混凝土保护层厚度）	0.85	0.30
	箍筋平均间距	0.99	0.07
	纵筋锚固长度	1.02	0.09
砖砌体	单向尺寸(37cm)	1.00	0.02
	截面面积(37cm×37cm)	1.01	0.02
木构件	单向尺寸	0.98	0.03
	截面面积	0.96	0.06
	截面模量	0.94	0.08

在公路工程中，将各级公路统计的变异范围分为低、中、高三级水平，见表 8.3。对水泥混凝土路面，其几何参数的不定性主要指面板厚度的变异性。而对沥青路面，几何参数不定性指结构层的底基层厚度、基层厚度和面层厚度的变异性。由统计所得的各类路面几何参数的变异系数分别列于表 8.4 和表 8.5 中。

表 8.3　各级公路采用的变异水平等级

公路技术等级	高速公路	一级公路	二级公路
变异水平等级	低	低~中	中

表 8.4　水泥混凝土路面面板厚度的变异系数

变异水平	低	中	高
变异系数 δ_h(%)	2~4	5~6	7~8

表 8.5　沥青路面结构层厚度的变异系数　　　　　　　　　（单位：%）

项目		变异系数		
		低	中	高
底基层厚度		4~6	7~10	11~14
基层厚度		4~6	7~9	10~12
面层厚度/mm	平地机摊铺基层	50~80	10~13	14~18	19~23
		90~150	7~10	11~13	14~16
		160~200	4~5	6~8	9~10
	摊铺机推摊基层	50~80	5~10	11~15	16~20
		90~150	4~7	8~10	11~13
		160~200	2~3	4~6	7~8

8.1.3　结构构件计算模式的不定性

结构构件计算模式的不定性主要是指抗力计算中采用的基本假定不完全符合实际或计算

公式的近似等引起的变异性。例如，在结构构件计算中常采用理想弹性、理想塑性、匀质性、各向同性、平截面变形等假定；采用铰支、固支等理想边界条件来代替实际边界条件；采用线性化方法来简化分析或计算等。这些假定或简化必然造成结构构件的计算抗力与实际抗力的差异。

结构构件的计算模式的不定性可采用随机变量 X_P 表示，即

$$X_P = \frac{R_0}{R_c} \tag{8.13}$$

式中　　R_0——结构构件的实际抗力值，可取试验实测值或精确计算值；

R_c——按规范公式计算的结构构件抗力值，计算时应采用材料性能和几何尺寸的实际值。

通过对各类构件的 X_P 进行统计分析，可求得其平均值 μ_{X_P} 和变异系数 δ_{X_P}。表 8.6 列出了我国规范各种结构构件承载力计算模式 X_P 的统计参数。

表 8.6　各种结构构件承载力计算模式 X_P 的统计参数

结构构件种类	项目	μ_{X_P}	δ_{X_P}
钢结构构件	轴心受拉	1.05	0.07
	轴心受压（Q235F）	1.03	0.07
	偏心受压（Q235F）	1.12	0.10
薄壁型钢结构构件	轴心受压	1.08	0.10
	偏心受压	1.14	0.11
钢筋混凝土结构构件	轴心受拉	1.00	0.04
	轴心受压	1.00	0.05
	偏心受压	1.00	0.05
	受弯	1.00	0.04
	受剪	1.00	0.15
砖结构构件	轴心受压	1.05	0.15
	小偏心受压	1.14	0.23
	齿缝受弯	1.06	0.10
	受剪	1.02	0.13
木结构构件	轴心受拉	1.00	0.05
	轴心受压	1.00	0.05
	受弯	1.00	0.05
	顺纹受剪	0.97	0.08

8.1.4　实例

【例 8-1】　已知 HPB235 级热轧钢筋屈服强度的平均值 $\mu_{f_y} = 280.3 \text{N/mm}^2$，标准差 $\sigma_{f_y} = 21.3 \text{N/mm}^2$，由于加荷速度和上下屈服点的差别，构件中材料的屈服强度低于试件材料的屈服强度，经统计分析，两者比值 X_0 的平均值 $\mu_{X_0} = 0.92$，标准差 $\sigma_{X_0} = 0.032$。规范规定的构件材料屈服强度为 $k_0 f_k = 240 \text{N/mm}^2$，求此钢筋屈服强度的统计参数。

【解】　（1）求 X_0 和 f_y 的变异系数

$$\delta_{f_y} = \frac{\sigma_{f_y}}{\mu_{f_y}} = \frac{21.3}{280.3} = 0.076$$

$$\delta_{X_0} = \frac{\sigma_{X_0}}{\mu_{X_0}} = \frac{0.032}{0.92} = 0.035$$

（2）求屈服强度的统计参数

由式（8.8）和式（8.9）得平均值 μ_{f_y} 和变异系数 δ_{X_f}。

$$\mu_{f_y} = \frac{\mu_{X_0}\mu_{f_y}}{k_0 f_k} = \frac{0.92 \times 280.3}{240} = 1.074$$

$$\delta_{X_f} = \sqrt{\delta_{X_0}^2 + \delta_{f_y}^2} = \sqrt{0.035^2 + 0.076^2} = 0.084$$

【例 8-2】已知一钢筋混凝土梁，截面尺寸 $b \times h = 200\text{mm} \times 500\text{mm}$，求其统计参数。

根据 GB 50204—2015《混凝土结构工程施工质量验收规范》，预制梁截面宽度允许偏差 $\Delta b = \frac{+2}{-5}\text{mm}$，截面高度允许偏差 $\Delta h = \frac{+2}{-5}\text{mm}$，截面尺寸标准值为 $b_k = 200\text{mm}$，$h_k = 500\text{mm}$，假定截面尺寸服从正态分布，合格率应达到 95%。

【解】（1）根据所规定的允许偏差，可估计截面尺寸应有的平均值。

$$\mu_b = b_k + \left(\frac{\Delta b^+ - \Delta b^-}{2}\right) = 200\text{mm} + \left(\frac{2-5}{2}\right)\text{mm} = 198.5\text{mm}$$

$$\mu_h = h_k + \left(\frac{\Delta h^+ - \Delta h^-}{2}\right) = 500\text{mm} + \left(\frac{2-5}{2}\right)\text{mm} = 498.5\text{mm}$$

（2）由正态分布函数可知，当合格率为 95% 时，有 $b_{\min} = \mu_b - 1.645\sigma_b$，而

$$\mu_b - b_{\min} = \frac{\Delta b^+ + \Delta b^-}{2} = \frac{2+5}{2}\text{mm} = 3.5\text{mm}$$

则有

$$\sigma_b = \frac{\mu_b - b_{\min}}{1.645} = 2.128\text{mm}$$

同理

$$\sigma_h = \frac{\mu_h - h_{\min}}{1.645} = 2.128\text{mm}$$

（3）根据式（8.11）、式（8.12）可得截面尺寸的统计参数如下：

$$\mu_{X_b} = \frac{\mu_b}{b_k} = \frac{198.5}{200} = 0.993$$

$$\mu_{X_h} = \frac{\mu_h}{h_k} = \frac{498.5}{500} = 0.997$$

$$\delta_{X_b} = \delta_b = \frac{\sigma_b}{\mu_b} = \frac{2.128}{198.5} = 0.011$$

$$\delta_{X_h} = \delta_h = \frac{\sigma_h}{\mu_h} = \frac{2.128}{498.5} = 0.004$$

8.2 结构构件抗力的统计特性

8.2.1 结构构件抗力的统计参数

（1）单一材料构件的抗力统计参数　对于单一材料（如素混凝土、钢、木以及砌体等）组成的结构构件，或抗力可由单一材料确定的结构构件（如钢筋混凝土受拉构件），考虑上述影响结构构件抗力的主要因素，其抗力 R 可采用随机变量表示，即

$$R = X_m X_A X_P R_k \tag{8.14}$$

式中　R_k——按规范规定的材料性能和几何参数标准值及抗力计算公式求得的抗力标准值，可表达为

$$R_k = k_0 f_k a_k \tag{8.15}$$

按式（8.2）可求得抗力 R 的平均值为

$$\mu_R = \mu_{X_m} \mu_{X_A} \mu_{X_P} R_k \tag{8.16}$$

为了运算方便，也可将抗力的平均值用无量纲的系数 k_R 表示，即

$$k_R = \frac{\mu_R}{R_k} = \mu_{X_m} \mu_{X_A} \mu_{X_P} \tag{8.17}$$

抗力 R 的变异系数 δ_R 为

$$\delta_R = \sqrt{\delta_{X_m}^2 + \delta_{X_A}^2 + \delta_{X_P}^2} \tag{8.18}$$

（2）多种材料构件的抗力统计参数　一般情况，结构构件可能由多种材料组成，其抗力 R 可采用随机变量表示为

$$R = X_P R_P = X_P R(f_{c1} a_1, f_{c2} a_2, \cdots, f_{cn} a_n) \tag{8.19}$$

式中　R_P——由计算公式确定的结构构件抗力；

　　$R(\cdot)$——R_P 的函数；

　　f_{ci}——结构构件中第 i 种材料的构件性能；

　　a_i——与第 i 种材料相应的结构构件几何参数。

将式（8.10）、式（8.15）代入上式得

$$R = X_P R(X_{m1} k_{01} f_{k1} \cdot X_{A1} a_{k1}, \cdots, X_{mn} k_{0n} f_{kn} \cdot X_{An} a_{kn}) \tag{8.20}$$

上式中，随机变量为 X_P、X_{mi} 及 X_{Ai}，其平均值分别为 μ_{X_P}、$\mu_{X_{mi}}$ 及 $\mu_{X_{Ai}}$，标准差分别为 $\sigma_{X_P} = \mu_{X_P} \delta_{X_P}$、$\sigma_{X_{mi}} = \mu_{X_{mi}} \delta_{Xmi}$ 及 $\sigma_{X_{Ai}} = \mu_{X_{Ai}} \delta_{X_{Ai}}$。按式（8.2）~式（8.4）可得抗力的平均值 μ_R、标准差 σ_R 及变异系数 δ_R。表8.7列出了各种结构构件抗力 R 的统计参数。

表8.7　各种结构构件抗力 R 的统计参数

结构构件种类	项目	μ_R	δ_R
钢结构构件	轴心受拉（Q235F）	1.13	0.12
	轴心受压（Q235F）	1.11	0.12
	偏心受压（Q235F）	1.21	0.15

（续）

结构构件种类	项目	μ_R	δ_R
薄壁型钢结构构件	轴心受压（Q235F） 偏心受压（16Mn）	1.21 1.20	0.15 0.15
钢筋混凝土结构构件	轴心受拉 轴心受压（短柱） 小偏心受压（短柱） 大偏心受压（短柱） 受弯（$\mu=0.015$） 受剪（$a_{kh}=2$）	1.10 1.33 1.30 1.16 1.13 1.24	0.10 0.17 0.15 0.13 0.10 0.19
砖结构构件	轴心受压 小偏心受压 齿缝受弯 受剪	1.21 1.26 1.06 1.02	0.25 0.30 0.24 0.27
木结构构件	轴心受拉 轴心受压 受弯 顺纹受剪	1.42 1.23 1.38 1.23	0.33 0.23 0.27 0.25

8.2.2　结构构件抗力的分布类型

由式（8.19）或式（8.20）可知，结构构件抗力是多个随机变量的函数。当每个随机变量的概率分布函数已知时，理论上可以通过多维积分求出抗力 R 的概率分布，但是在数学计算上存在很大的困难。

由概率论中的中心极限定理可知，如果一个随机变量 Y 是由很多独立随机变量 X_1，X_2，$\cdots$，X_n 的乘积构成的，即 $Y=\prod\limits_{i=1}^{n} X_i$，无论随机变量 X_1，X_2，$\cdots$，X_n 为何种分布，$\ln Y = \sum\limits_{i=1}^{n} \ln X_i$ 都趋近于服从正态分布，而 Y 的分布则服从对数正态分布。

在实际工程中，抗力 R 常由多个影响大小相近的随机变量的乘积得到，其计算模式多为 $Y=X_1 X_2 X_3 \cdots$ 或 $Y=X_1 X_2 X_3 + X_4 X_5 X_6 + \cdots$ 之类的形式，因此无论 X_1，X_2，$\cdots$，X_n 为何种分布，可以认为结构构件抗力 R 都近似服从对数正态分布。

8.3　材料强度标准值和设计值

8.3.1　材料强度标准值

材料强度的标准值 f_k 是结构设计时所用的材料强度 f 的基本代表值，它不仅是设计表达式中材料性能取值的依据，而且也是生产中控制材料性能质量的主要依据。

材料强度的标准值应根据符合规定质量的材料性能的概率分布的某一分位值确定。统计表明，材料强度的概率分布宜采用正态分布或对数正态分布。材料强度标准值可取其概率分布的 0.05 分位值确定，即取实测值的总体中具有不小于 95% 保证率的强度值。可按下式确定：

$$f_k = f_m(1-1.645\delta) \tag{8.21}$$

式中　　f_m——材料强度的平均值；

　　　　δ——材料强度的变异系数，$\delta = \dfrac{\sigma}{f_m}$；

　　　　σ——材料强度的标准差。

对于钢材，国家标准中已规定了每一种钢材的废品限值。抽样检查中如发现钢材的屈服强度达不到此限值，即作为废品处理。热轧钢筋的强度标准值取国家标准颁布的屈服强度废品值，它的保证率为 97.73%（相当于 $f_m-2\sigma$），高于 GB 50068—2001《建筑结构可靠度设计统一标准》中规定的保证率不小于 95%。无明显屈服点的钢筋（如钢丝、钢绞线和热处理钢筋）的强度标准值 f_{ptk} 根据极限抗拉强度确定。

混凝土立方体抗压强度标准值 $f_{cu,k}$ 是采用标准试件（边长为 150mm 的立方体试块），按标准的制作方法（在温度 20℃±3℃ 及相对湿度不低于 90% 的环境里养护 28 天）和标准的测试方法［构件的上下表面不抹润滑剂；并且小于 C30 的混凝土加荷速度为 $0.3 \sim 0.5 \text{N}/(\text{mm}^2 \cdot \text{s})$，大于 C30 的混凝土加荷速度为 $0.5 \sim 0.8 \text{N}/(\text{mm}^2 \cdot \text{s})$］，测得的具有 95% 保证率的抗压强度值。混凝土轴心抗压强度标准值 f_{ck} 和轴心抗拉强度标准值 f_{tk} 是假定与立方体抗压强度具有相同的变异系数，由立方体抗压强度标准值推算得到的。

8.3.2　材料强度设计值

材料强度的标准值除以材料的分项系数就得到材料强度的设计值。即

$$材料强度设计值 = \dfrac{材料强度标准值}{材料分项系数} \tag{8.22}$$

材料分项系数可按照可靠度分析和工程经验校准法求得。各种钢筋的分项系数 γ_s，取值范围在 1.1 ~ 1.5，见表 8.8。混凝土轴心受压和轴心受拉构件的材料分项系数 $\gamma_c = 1.40$。

表 8.8　各类钢筋的材料分项系数 γ_s

钢筋品种	γ_s
热轧钢筋 HPB235（Q235）	1.1
热轧钢筋 HRB335、HRB400、RRB400	1.1
消除应力钢丝、刻痕钢丝、钢绞线、热处理钢筋	1.2

GB 50010—2010《混凝土结构设计规范》（2015 年版）和 JTG D 62—2004《公路钢筋混凝土及预应力混凝土桥涵设计规范》对钢筋和混凝土强度做了具体的规定。

—————— 本 章 小 结 ——————

1）阐述了结构抗力的基本概念、影响结构抗力的主要因素及其统计参数的确定方法。

2）结构构件抗力不定性的概率模型，主要阐述了结构构件材料性能不定性模型、结构构件几何参数不定性模型和结构构件计算模式不定性模型。

3）结构构件抗力的统计特征，主要阐述了结构构件抗力的统计参数、结构构件抗力的分布类型。

4）材料强度的标准值和设计值。

思 考 题

1. 简述结构抗力的定义及其影响因素。

2. 结构构件材料性能的不定性是什么原因引起的?

3. 什么是结构计算模式的不定性? 如何统计?

4. 结构构件几何参数的不定性主要包括哪些?

5. 结构构件的抗力分布可近似为什么类型? 其统计参数如何计算?

6. 材料强度标准值和设计值如何确定?

结构可靠度分析与计算 第9章

9.1 结构可靠度的基本概念

9.1.1 结构的功能要求和极限状态

1. 结构的功能要求

工程结构设计的基本目的是:在一定的经济条件下,结构的设计、施工和维护应使结构在预定的使用期限内满足设计所预期的各项功能。

GB 50153—2008《工程结构可靠性设计统一标准》规定,结构在规定的设计使用年限内应满足下列功能要求:

1)能承受在正常施工和使用时可能出现的各种作用。

2)在正常使用时具有良好的工作性能。

3)在正常维护下具有足够的耐久性能。

4)当发生火灾时,在规定的时间内可保持足够的承载力。

5)在发生爆炸、撞击、人为错误等偶然事件时,结构能保持必需的整体稳固性,不出现与起因不相称的破坏后果,防止出现结构的连续倒塌。

上述1)、4)、5)项为结构的安全性要求,第2)项为结构的适用性要求,第3)项为结构的耐久性要求。

这些功能要求概括起来称为结构的可靠性,即结构在规定的时间内(如设计基准期为50年),在规定的条件下(正常设计、正常施工、正常使用维护)完成预定功能(安全性、适用性和耐久性)的能力。显然,增大结构设计的余量,如加大结构构件的截面尺寸或钢筋数量,或提高对材料性能的要求,总是能够增加或改善结构的安全性、适应性和耐久性要求,但这将导致结构造价提高,不符合经济的要求。因此,结构设计要根据实际情况,解决好结构可靠性与经济性之间的矛盾,既要保证结构具有适当的可靠性,又要尽可能降低造价,做到经济合理。

2. 结构的极限状态

整个结构或结构的部分超过某一特定状态就不能满足设计规定的某一功能要求,此特定状态称为该功能的极限状态。极限状态是区分结构工作状态可靠或失效的标志。根据结构功能要求，极限状态可分为两类：承载力极限状态和正常使用极限状态。

（1）承载能力极限状态 这种极限状态对应于结构或结构构件达到最大承载能力或不适于继续承载的变形。结构或结构构件出现下列状态之一时，应认为超过了承载力极限状态。

1）整个结构或结构的一部分作为刚体失去平衡（如倾覆、过大的滑移等）。

2）结构构件或连接因超过材料强度而破坏，或因过度变形而不适于继续承载（如受弯构件中的少筋梁）。

3）结构或结构构件的疲劳破坏。

4）结构因局部破坏而发生连续倒塌。

5）结构转变为机动体系（如超静定结构由于某些截面的屈服，使结构成为几何可变体系）。

6）结构或结构构件丧失稳定（如细长杆达到临界荷载发生压屈等）。

7）地基丧失承载力而破坏（如失稳等）。

（2）正常使用极限状态 这种极限状态对应于结构或构件达到正常使用或耐久性能的某项规定限值。结构或结构构件出现下列状态之一时，应认为超过了承载力极限状态。

1）影响正常使用或外观的变形（如过大的挠度）。

2）影响正常使用或耐久性能的局部损失（如不允许出现裂缝结构的开裂裂缝的构件，其裂缝宽度超过了允许限值）。

3）影响正常使用的振动。

4）影响正常使用的其他特定状态（如水池渗漏、钢材腐蚀、混凝土冻害等）。

虽然正常使用极限状态的后果一般不如超过承载力极限状态那样严重，但是也不可忽视，例如过大变形会造成房屋内粉刷剥落、门窗变形、填充墙和隔断墙开裂及屋面积水等后果；在多层精密仪表车间中，过大的楼面变形还可能影响到产品的质量；水池和油罐等结构开裂会引起渗漏；混凝土构件出现过大的裂缝会影响使用寿命。此外，结构或构件出现过大的变形或裂缝将引起用户心理上的不安全感。当然，正常使用极限状态被超越后，其后果的严重程度比承载力极限状态被超越要轻一些，因此对其出现概率控制可放宽一些。

对于结构的各种极限状态，均应规定明确的标志及限制。

9.1.2 结构的功能函数

结构构件完成预定功能的工作状态可以用作用效应 S 和结构抗力 R 的关系来描述，这种表达式称为结构功能函数，用 Z 来表示：

$$Z = g(X_1, X_2, \cdots, X_i, \cdots, X_n) \quad (i = 1, 2, \cdots, n) \tag{9.1}$$

式中 X_i——影响结构性能的基本变量，包括结构上的各种作用和环境影响，如荷载、材料性能、几何参数等。

在进行可靠度分析时，一般将上述基本变量 X_i 从性质上归纳为两类综合基本变量，即结构抗力 R 的作用效应 S，则结构功能函数 Z 可简化为

$$Z = g(R, S) = R - S \tag{9.2}$$

按式（9.2）表达的结构功能函数，结构或构件完成预定功能的工作状态可分为以下三

种情况（图9.1）

1）当 $Z>0$ 时，即 $R>S$，结构能够完成预定的功能，处于可靠状态。

2）当 $Z<0$ 时，即 $R<S$，结构不能完成预定的功能，处于失效状态。

3）当 $Z=0$ 时，即 $R=S$，结构处于临界的极限状态。

因此，结构的极限状态可采用下列方程描述：

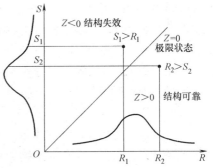

图9.1 结构所处的状态

$$Z = R-S = g(X_1, X_2, \cdots, X_i, \cdots, X_n) = 0 \qquad (i = 1, 2, \cdots, n)$$
$$(9.3)$$

式（9.3）称为结构的极限状态方程，它是结构可靠与失效的临界点，要保证结构处于可靠状态，结构功能函数 Z 应符合下列要求。

$$Z = g(X_1, X_2, \cdots, X_i, \cdots, X_n) \geqslant 0 \qquad (i = 1, 2, \cdots, n) \qquad (9.4\text{a})$$

或
$$Z = R-S \geqslant 0 \qquad (9.4\text{b})$$

由第7章和第8章的分析可知，荷载（作用）、材料性能、几何参数等均为随机变量，故作用效应 S 和结构抗力 R 也是随机变量，结构处于可靠状态（$Z \geqslant 0$）显然也具有随机性。

9.1.3 结构可靠度和失效概率

如前所述，结构的可靠性是安全性、适用性和耐久性的统称，它是结构在规定的时间内，在规定的条件下，完成预定功能的可能性。从数学方面来说，结构可靠度是对结构可靠性的概率度量，即指结构在规定的时间内，在规定的条件下，完成预定功能的概率。

上述所说的"规定的时间"是指结构设计基准期。由于荷载效应一般随设计基准期增长而增大，而影响结构抗力的材料性能指标则随设计基准期的增大而减小，因此结构可靠度与"规定的时间"有关，"规定的时间"越长，结构的可靠度越低。"规定的条件"是指结构正常设计、正常施工、正常使用和维护，不考虑人为错误或过失的影响，也不考虑结构任意改建或改变使用功能等情况。"预定功能"是指结构设计所应满足的各项功能要求，即指安全性、适用性和耐久性。

在各种随机因素的影响下，结构完成预定功能的能力，不能事先确定，只有用概率来度量才符合客观实际，因此上述以统计数学观点为基础的结构可靠度定义是比较科学的。

若已知结构功能函数 Z 的概率密度分布函数 $f_Z(Z)$，则结构的可靠概率（可靠度）p_s 为

$$p_s = P(Z \geqslant 0) = \int_0^{+\infty} f_Z(Z)\,\mathrm{d}Z \qquad (9.5)$$

若将结构不能完成预定功能的概率称为失效概率，用 p_f 表示，则

$$p_f = P(Z < 0) = \int_{-\infty}^0 f_Z(Z)\,\mathrm{d}Z \qquad (9.6)$$

结构的可靠概率和失效概率显然是互补的，即有

$$p_s + p_f = 1 \qquad (9.7)$$

由于结构的失效概率比可靠概率具有更明确的物理意义，因此一般用失效概率 p_f 来度量结构的可靠性。失效概率 p_f 越小，表明结构的可靠性越高；反之，失效概率 p_f 越大，则结构的可靠性越低。

若已知结构荷载效应 S 和抗力 R 的概率分布密度函数分别为 $f_S(S)$ 及 $f_R(R)$，且 S 与 R 相互独立，则

$$f_Z(Z) = f_Z(R,S) = f_R(R) \cdot f_S(S) \tag{9.8}$$

此时结构失效概率为

$$p_f = P(Z < 0) = P(R - S < 0) = \iint\limits_{R-S<0} f_R(R) \cdot f_S(S) \,\mathrm{d}R\mathrm{d}S \tag{9.9}$$

上式如先对 R 积分，再对 S 积分，则为

$$p_f = \int_{-\infty}^{+\infty} \left[\int_R^{+\infty} f_S(S)\,\mathrm{d}S \right] f_R(R)\,\mathrm{d}R = \int_{-\infty}^{+\infty} \left[1 - \int_{-\infty}^R f_S(S) \right] f_R(R)\,\mathrm{d}R$$

$$= \int_{-\infty}^{+\infty} [1 - F_S(R)] f_R(R)\,\mathrm{d}R \tag{9.10}$$

如式（9.9）先对 S 积分，再对 R 积分，则为

$$p_f = \int_{-\infty}^{+\infty} \left[\int_{-\infty}^S f_R(R)\,\mathrm{d}R \right] f_S(S)\,\mathrm{d}S = \int_{-\infty}^{+\infty} F_R(S) f_S(S)\,\mathrm{d}S \tag{9.11}$$

式中　$F_R(\cdot)$、$F_S(\cdot)$——随机变量 R 和 S 的概率分布函数。

按照上式求解失效概率 p_f 涉及复杂的概率运算，还需要做多重积分。而且实际工程中，结构功能函数 Z 的基本自变量并不是两个，即使将这些变量归并为结构抗力 R 和荷载效应 S，R 和 S 的分布也并不一定是简单函数；因而，除了特别重要的和新型结构外，一般并不采用直接计算 p_f 的设计方法。GB 50153—2008《工程结构可靠性设计统一标准》和一些国外标准均采用可靠指标 β 代替失效概率 p_f 来度量结构的可靠性。

9.1.4　结构可靠指标

假设在结构功能函数 $Z = R - S$ 中，R 和 S 为两个相互独立的正态随机变量，其平均值和标准差分别为 μ_R、σ_R 及 μ_S、σ_S。由概率论知识，此时 Z 也为正态随机变量，其平均值 μ_Z 和标准差 σ_Z 分别为

$$\mu_Z = \mu_R - \mu_S \tag{9.12}$$

$$\sigma_Z = \sqrt{\sigma_R^2 + \sigma_S^2} \tag{9.13}$$

功能函数 Z 的概率分布曲线如图 9.2 所示，结构的失效概率 p_f 的大小即为图中的阴影面积，则结构失效概率为

$$p_f = P(Z < 0) = \int_{-\infty}^0 \frac{1}{\sqrt{2\pi}\,\sigma_Z} \exp\left[-\frac{(Z - \mu_Z)^2}{2\sigma_Z^2} \right] \mathrm{d}Z \tag{9.14}$$

将上式中 Z 标准化，令 $x = \dfrac{Z - \mu_Z}{\sigma_Z}$，则 $\mathrm{d}Z = \sigma_Z \mathrm{d}x$，代入上式可得

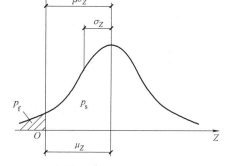

图 9.2　失效概率 p_f 与可靠指标 β 的关系

$$p_f = P\left(\frac{Z - \mu_Z}{\sigma_Z} < \frac{-\mu_Z}{\sigma_Z}\right) = \int_{-\infty}^{\frac{-\mu_Z}{\sigma_Z}} \frac{1}{\sqrt{2\pi}} \exp\left[-\frac{x^2}{2}\right] dx \tag{9.15}$$

即

$$p_f = \Phi\left(-\frac{\mu_Z}{\sigma_Z}\right) = 1 - \Phi\left(\frac{\mu_Z}{\sigma_Z}\right) \tag{9.16}$$

再令

$$\beta = \frac{\mu_Z}{\sigma_Z} \tag{9.17}$$

则式（9.16）为

$$p_f = \Phi(-\beta) = 1 - \Phi(\beta) \tag{9.18}$$

即

$$\beta = \Phi^{-1}(1 - p_f) \tag{9.19}$$

式中　$\Phi(\cdot)$——标准状态分布函数；

$\Phi^{-1}(\cdot)$——标准状态分布函数的反函数。

如图 9.2 所示，当 β 变小时，图中阴影部分的面积增大，则失效概率 p_f 增大；而 β 变大时，阴影部分的面积减小，则失效概率 p_f 减小。这说明 p_f 与 β 存在一一对应关系，β 可以作为衡量结构可靠度的一个数量指标，故称 β 为结构的可靠指标。表 9.1 给出了可靠指标 β 与 p_f 的对应关系。

表 9.1　可靠指标 β 与 p_f 的对应关系

β	1.0	1.5	2.0	2.5	2.7	3.0
p_f	1.59×10^{-1}	6.68×10^{-2}	2.28×10^{-2}	6.21×10^{-3}	3.5×10^{-3}	1.35×10^{-3}
β	3.2	3.5	3.7	4.0	4.2	4.7
p_f	6.90×10^{-4}	2.33×10^{-4}	1.10×10^{-4}	3.17×10^{-5}	1.30×10^{-5}	1.30×10^{-6}

考虑到用失效概率 p_f 度量结构的可靠性虽然物理意义明确，但数学计算上比较复杂，因此通常用可靠指标 β 度量结构的可靠性。

将式（9.12）、式（9.13）代入式（9.17）可得结构抗力 R 和荷载效应 S 均为正态随机变量时，可靠指标 β 的表达式为

$$\beta = \frac{\mu_Z}{\beta_Z} = \frac{\mu_R - \mu_S}{\sqrt{\sigma_R^2 + \sigma_S^2}} \tag{9.20}$$

当 R、S 均为对数正态随机变量时，失效概率 p_f 的计算式为

$$p_f = P(Z < 0) = P(R - S < 0) = P(R < S) = P\left(\frac{R}{S} < 1\right)$$

$$= P\left(\frac{\ln R}{\ln S} < \ln 1\right) = P(\ln R - \ln S < 0) \tag{9.21}$$

因 $\ln R$、$\ln S$ 均为正态随机变量，则可靠指标为

$$\beta = \frac{\mu_{\ln R} - \mu_{\ln S}}{\sqrt{\sigma_{\ln R}^2 + \sigma_{\ln S}^2}} \tag{9.22}$$

式中　$\mu_{\ln R}$、$\mu_{\ln S}$——$\ln R$、$\ln S$ 的平均值；

$\sigma_{\ln R}$、$\sigma_{\ln S}$——$\ln R$、$\ln S$ 的标准差。

可以证明，对于对数正态随机变量 X，其对数 $\ln X$ 的统计参数与其本身的统计参数之间

的关系为

$$\mu_{\ln X} = \ln\mu_X - \frac{1}{2}\ln\left(1+\delta_X^2\right) \tag{9.23}$$

$$\sigma_{\ln X} = \sqrt{\ln\left(1+\delta_X^2\right)} \tag{9.24}$$

式中　δ_X——随机变量 X 的变异系数。

应用式（9.23）和式（9.24）可得结构抗力 R 和荷载效应 S 均为对数正态随机变量时，可靠指标的计算式（9.22）为

$$\beta = \frac{\ln\dfrac{\mu_R\sqrt{1+\delta_S^2}}{\mu_S\sqrt{1+\delta_R^2}}}{\sqrt{\ln\left[\left(1+\delta_R^2\right)\left(1+\delta_S^2\right)\right]}} \tag{9.25}$$

上式可靠指标的计算比正态分布复杂。为此，利用 e^X 在零点的泰勒级数展开取线性项，即

$$e^X = 1 + X \tag{9.26}$$

然后再两边取自然对数可得

$$X = \ln\left(1+X\right) \tag{9.27}$$

将 $\sigma_{\ln R}^2$、$\sigma_{\ln S}^2$ 简化为

$$\sigma_{\ln R}^2 = \ln\left(1+\sigma_{\ln R}^2\right) \approx \sigma_R^2 \tag{9.28}$$

$$\sigma_{\ln S}^2 = \ln\left(1+\sigma_{\ln S}^2\right) \approx \sigma_S^2 \tag{9.29}$$

当 δ_R、δ_S 很小或者很接近时，有

$$\ln\frac{\sqrt{1+\delta_S^2}}{\sqrt{1+\delta_R^2}} = \ln\left(\frac{1+\delta_S^2}{1+\delta_R^2}\right)^{\frac{1}{2}} = \ln 1 = 0 \tag{9.30}$$

将式（9.28）~式（9.30）代入式（9.25）可将可靠指标的计算式简化为

$$\beta = \frac{\ln\mu_R - \ln\mu_S}{\sqrt{\delta_S^2 + \delta_R^2}} \tag{9.31}$$

由上述可知，采用可靠指标 β 来描述结构的可靠性几何意义明确、直观，并且其运算只涉及随机变量的平均值和标准差，计算方便，因而在实际计算中得到广泛应用。

9.1.5　例题

【例 9-1】　已知一钢筋混凝土梁正截面承载力计算的极限状态方程为
$Z = g(R, S) = R - S = 0$，其中 $\mu_R = 135\text{kN}$，$\mu_S = 60\text{kN}$，$\delta_R = 0.15$，$\delta_S = 0.17$。

（1）R、S 均服从正态分布，求可靠指标 β。

（2）R、S 均服从对数正态分布，求可靠指标 β。

【解】　（1）R、S 均服从正态分布

1）计算标准差：

$$\sigma_R = \mu_R\delta_R = 135 \times 0.15\text{kN} = 20.25\text{kN}$$

$$\sigma_S = \mu_S\delta_S = 60 \times 0.17\text{kN} = 10.2\text{kN}$$

2）计算可靠指标：

$$\beta = \frac{\mu_R - \mu_S}{\sqrt{\sigma_R^2 + \sigma_S^2}} = \frac{135 - 60}{\sqrt{20.25^2 + 10.2^2}} = 3.308$$

（2）R、S 均服从正态分布

1）计算平均值和标准差：

$$\mu_{\ln R} = \ln\mu_R - \frac{1}{2}\ln(1 + \delta_R^2) = \ln\frac{135}{\sqrt{1 + 0.15^2}} = 4.894$$

$$\sigma_{\ln R} = \sqrt{\ln(1 + \delta_X^2)} = \sqrt{\ln(1 + 0.15^2)} = 0.149$$

$$\mu_{\ln S} = 4.080$$

$$\sigma_{\ln S} = 0.169$$

2）计算可靠指标：

$$\beta = \frac{\mu_{\ln R} - \mu_{\ln S}}{\sqrt{\sigma_{\ln R}^2 + \sigma_{\ln S}^2}} = \frac{4.894 - 4.080}{\sqrt{0.149^2 + 0.169^2}} = 3.6136$$

按简化式（9-31）计算，得

$$\beta = \frac{\ln\mu_R - \ln\mu_S}{\sqrt{\delta_S^2 + \delta_R^2}} = \beta = \frac{\ln 135 - \ln 60}{\sqrt{0.17^2 + 0.15^2}} = 3.5774$$

9.2　结构可靠度的计算方法

在实际工程中，影响结构功能函数的基本随机变量较多。结构功能函数通常是由多个随机变量组成的非线性函数，而且这些随机变量并不都服从正态分布或对数正态分布，因此上节所述计算可靠指标 β 的方法不再适用，而需要做出近似简化后进行计算。一般确定随机变量的平均值、标准差较为容易，应用随机变量的平均值和标准差来描述其分布特性，并在运算时采用线性化的近似手段估算出可靠指标 β，这种计算可靠指标 β 的方法称为一次二阶矩法。下面主要介绍中心点法、验算点法及相关随机变量的结构可靠度计算的方法，适用于组成结构功能函数的多个随机变量相互独立时的结构可靠度的计算。

9.2.1　中心点法

中心点法基本思路是：利用随机变量的统计参数（平均值和标准差）的数学模型，分析结构的可靠度，并将极限状态功能函数在平均值（即中心点处）做泰勒（Taylor）级数展开，使之线性化，然后求解可靠指标。在计算中不考虑随机变量的实际分布，直接按其服从正态分布或对数正态分布推导出结构可靠指标的计算公式，由于分析时采用了泰勒级数在中心点（平均值）处展开，故称为中心点法。

设 x_1，x_2，$\cdots$，x_i，$\cdots$，x_n 是相互独立的随机变量，由这些随机变量所表示的结构功能函数为

$$Z = \phi(x_1, x_2, \cdots, x_i, \cdots, x_n) \quad (i = 1, 2, \cdots, n) \tag{9.32}$$

将 Z 在随机变量 x_i 的平均值（即中心点）处展开为泰勒级数，并仅保留至一次项，即

$$Z = \phi(\mu_{x_1}, \mu_{x_2}, \cdots, \mu_{x_n}) + \sum_{i=1}^{n} \frac{\partial \phi}{\partial x_i}\bigg|_{\mu} (x_i - \mu_{x_i}) \tag{9.33}$$

式中　μ_{x_i}——随机变量 x_i 的平均值（$i = 1$，2，$\cdots$，n）；

$\dfrac{\partial \phi}{\partial x_i}$——功能函数 Z 对 x_i 的偏导数在平均值 μ_{x_i} 处赋予值。

功能函数 Z 的平均值和标准差可分别近似表示为

平均值
$$\mu_Z = \phi(\mu_{x_1}, \mu_{x_2}, \cdots, \mu_{x_n}) \tag{9.34}$$

标准差
$$\sigma_Z = \sqrt{\sum_{i=1}^{n} \left[\frac{\partial \phi}{\partial x_i}\bigg|_m \right]^2 \sigma_{x_i}^2} \tag{9.35}$$

式中　σ_{x_i}——随机变量 x_i 的标准差（$i = 1$，2，$\cdots$，n）。

结构可靠指标为
$$\beta = \frac{\mu_Z}{\sigma_Z} = \frac{\phi(\mu_{x_1}, \mu_{x_2}, \cdots, \mu_{x_n})}{\sqrt{\sum_{i=1}^{n} \left[\dfrac{\partial \phi}{\partial x_i}\bigg|_m \right]^2 \sigma_{x_i}^2}} \tag{9.36}$$

1. 结构功能函数为线性函数情况

设结构功能函数 Z 是由若干个相互独立的随机变量 X_i 所组成的线性函数，即

$$Z = a_0 + \sum_{i=1}^{n} a_i X_i \tag{9.37}$$

式中　a_0、a_i（$i = 1$，2，$\cdots$，n）——已知常数；

X_i——功能函数随机变量。

由式（9.34）、式（9.35）可求得功能函数的平均值和标准差分别为

$$\mu_Z = a_0 + \sum_{i=1}^{n} a_i \mu_{X_i} \tag{9.38}$$

$$\sigma_Z = \sqrt{\sum_{i=1}^{n} (a_i \sigma_{X_i})^2} \tag{9.39}$$

式中　μ_{X_i}、σ_{X_i}——X_i 的平均值和标准差。

根据概率论中心极限定理，Z 的分布将随功能函数中自变量数 n 增加而渐进于正态分布，因此当 n 较大时，可采用下式近似计算可靠指标：

$$\beta = \frac{\mu_Z}{\sigma_Z} = \frac{a_0 + \sum\limits_{i=1}^{n} a_i \mu_{X_i}}{\sqrt{\sum\limits_{i=1}^{n} (a_i \sigma_{X_i})^2}} \tag{9.40}$$

若结构功能函数为

$$Z = R - S \tag{9.41}$$

按式（9.40）可以计算出可靠指标 β 为

$$\beta = \frac{\mu_Z}{\sigma_Z} = \frac{\mu_R - \mu_S}{\sqrt{\sigma_R^2 + \sigma_S^2}} \qquad (9.42)$$

式（9.42）与式（9.20）形式上是一致的，但两者存在本质的不同。这是因为在给出式（9.41）时，并没有说明随机变量 R 和 S 的概率分布，而是直接使用了其平均值和标准差。而理论上，平均值和标准差相同的随机变量可以有无穷多个，当按式（9.42）计算可靠指标时得出的是同一个结果，没有反映概率分布的不同。式（9.20）表示的可靠指标 β 是针对功能函数随机变量 Z 服从正态分布的，与失效概率 p_f 存在一一对应关系。由此可见，除随机变量 R 和 S 均服从正态分布的情况外，由式（9.42）计算的 β 只是一个数值结果，它与可靠度 p_s 或失效概率 p_f 之间不存在精确对应关系。尽管如此，经验表明，对于实际应用中计算精度要求不高的情况，仍可按中心点法计算 β 的值，进而由式（9.18）近似估计失效概率 p_f。

2. 结构功能函数为非线性函数情况

一般情况下，结构功能函数为非线性函数，设

$$Z = g(X_1, X_2, \cdots, X_n) \qquad (9.43)$$

在各个变量的平均值点（即中心点）处将 Z 展开成泰勒级数，并仅取线性项，即

$$Z \approx g(\mu_{X_1}, \mu_{X_2}, \cdots, \mu_{X_n}) + \sum_{i=1}^{n} \frac{\partial g}{\partial X_i}\bigg|_{\mu_X} (X_i - \mu_{X_i}) \qquad (9.44)$$

上式中下标 μ_X 表示在各变量的中心点处赋值。

这样功能函数 Z 的平均值和标准差近似为

$$\mu_Z \approx g(\mu_{X_1}, \mu_{X_2}, \cdots, \mu_{X_n}) \qquad (9.45)$$

$$\sigma_Z \approx \sqrt{\sum_{i=1}^{n} \left(\frac{\partial g}{\partial X_i}\bigg|_{\mu_X} \sigma_{X_i} \right)^2} \qquad (9.46)$$

由此计算可靠指标为

$$\beta = \frac{\mu_Z}{\sigma_Z} = \frac{g(\mu_{X_1}, \mu_{X_2}, \cdots, \mu_{X_n})}{\sqrt{\sum_{i=1}^{n} \left(\frac{\partial g}{\partial X_i}\bigg|_{\mu_X} \sigma_{X_i} \right)^2}} \qquad (9.47)$$

3. 中心点法的特点

中心点法最大的优点是计算简便，计算得到的可靠指标 β 具有明确的物理概念与几何意义，但存在以下问题：

1）该方法没有考虑随机变量的实际概率分布，只采用其统计特征值进行运算。当随机变量分布不是正态分布或对数正态分布时，可靠指标的计算结果与实际情况有较大出入。

2）对于非线性功能函数，在平均值处按泰勒级数展开不太合理，而且展开时只保留了线性项，这样将产生较大的计算误差。

3）对于同一问题，如采用不同形式的功能函数，可靠指标计算值可能不同，有时甚至相差较大。

4. 中心点法例题

【例 9-2】　已知一圆截面钢拉杆，其材料屈服强度 f_y 的平均值 $\mu_{f_y} = 355\text{N/mm}^2$，标准差 $\sigma_{f_y} = 26.8\text{N/mm}^2$；杆件直径 d 的平均值 $\mu_d = 14\text{mm}$，标准差 $\sigma_d = 0.7\text{mm}$；承受的拉力 P 的平均值 $\mu_P = 25\text{kN}$，标准差 $\sigma_P = 6.25\text{kN}$，求此拉杆的可靠指标 β。

【解】　(1) 采用极限荷载表示的极限状态方程

$$Z = g(f_y, d, P) = f_y \frac{\pi d^2}{4} - P = 0$$

$$\mu_Z = g(\mu_{f_y}, \mu_d, \mu_P) = \mu_{f_y} \frac{\pi \mu_d^2}{4} - \mu_P = 26569.24\text{N}$$

因此

$$\frac{\partial g}{\partial f_y}\bigg|_\mu \sigma_{f_y} = \frac{\pi \mu_d^2}{4} \cdot \sigma_{f_y} = 4125.54\text{N}$$

$$\frac{\partial g}{\partial d}\bigg|_\mu \sigma_d = \frac{\pi \mu_d}{2} \cdot \mu_{f_y} \cdot \sigma_d = 5156.92\text{N}$$

$$\frac{\partial g}{\partial P}\bigg|_\mu \sigma_P = -\sigma_P = -6250\text{N}$$

$$\sigma_Z = \sqrt{\sum_{i=1}^n \left(\frac{\partial g}{\partial X_i}\bigg|_\mu \cdot \sigma_{X_i}\right)^2} = \sqrt{4125.54^2 + 5156.92^2 + (-6250)^2}\,\text{N} = 9092.66\text{N}$$

可靠指标为

$$\beta = \frac{\mu_Z}{\sigma_Z} = \frac{26569.24}{9092.66} = 2.92$$

(2) 采用应力极限状态方程

$$Z = g(f_y, d, P) = f_y - \frac{4P}{\pi d^2} = 0$$

$$\mu_Z = g(\mu_{f_y}, \mu_d, \mu_P) = \mu_{f_y} - \frac{4\mu_P}{\pi \mu_d^2} = 172.60\text{N/mm}^2$$

因此

$$\frac{\partial g}{\partial f_y}\bigg|_\mu \sigma_{f_y} = \sigma_{f_y} = 26.8\text{N/mm}^2$$

$$\frac{\partial g}{\partial d}\bigg|_\mu \sigma_d = \frac{8\mu_P}{\pi \mu_d^3} \cdot \sigma_d = -16.24\text{N/mm}^2$$

$$\frac{\partial g}{\partial P}\bigg|_\mu \sigma_P = -\frac{4}{\pi \mu_d^2} \cdot \sigma_P = -40.60\text{N/mm}^2$$

$$\sigma_Z = \sqrt{\sum_{i=1}^n \left(\frac{\partial g}{\partial X_i}\bigg|_\mu \cdot \sigma_{X_i}\right)^2} = \sqrt{26.8^2 + 16.24^2 + (-40.60)^2}\,\text{N/mm}^2 = 51.29\text{N/mm}^2$$

可靠指标为

$$\beta = \frac{\mu_Z}{\sigma_Z} = \frac{172.60}{51.29} = 3.37$$

本例计算表明，对于同一问题，当采用不同形式的极限状态方程时，可靠指标值不同，甚至相差较大，这就是前面所提到的中心点法的严重不足之处。

9.2.2 验算点法

针对上述中心点法的主要缺点，国际结构安全度联合委员会（JCSS）推荐了一种计算结构可靠指标的更为一般的方法，称为验算点法（又称 JC 法）。作为对中心点法的改进，验算点法适用范围更广，其主要特点是：

1）对于非线性的功能函数，线性化近似不是选在中心点处，而是选在失效边界上，即以通过极限状态方程上的某一点 $P^*(X_1^*, X_2^*, \cdots, X_n^*)$ 的切平面做线性近似，以提高可靠指标的计算精度。

2）考虑了基本变量的实际概率分布，将非正态变量 X_i 在 X_i^* 处当量化为正态变量，使可靠指标能真实反映结构的可靠性。

上述特定的点 P^* 称为设计验算点，它与结构最大可能的失效概率相对应，并且根据该点能推出实用设计表达式中的各种分项系数，因此在近似概率法中有着极为重要的作用。

1. 两个正态随机变量情况

设基本变量 R、S 相互独立且服从正态分布，则极限状态方程为

$$Z = g(R, S) = R - S = 0 \tag{9.48}$$

在坐标系 $O'S'R'$ 中，此方程为一条通过原点、倾角为 45°的直线。将两个坐标分别除以各自的标准差，变为无量纲的变量，再平移坐标系至平均值处，成为新的坐标系 $\overline{O}\ \overline{S}\ \overline{R}$，如图 9.3 所示。此时，极限状态方程将不再与水平轴成 45°夹角，并且不一定再通过 $\overline{O}$ 点。

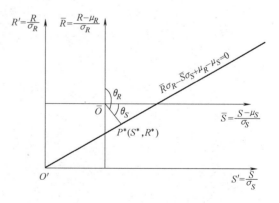

图 9.3　两个变量时可靠指标与极限状态方程的关系

这种变换相当于对一般正态变量 R、S 进行标准化，使之成为标准正态变量，即

$$\overline{R} = \frac{R - \mu_R}{\sigma_R}, \quad \overline{S} = \frac{S - \mu_S}{\sigma_S} \tag{9.49}$$

则原坐标系 $O'S'R'$ 和新坐标系 $\overline{O}\ \overline{S}\ \overline{R}$ 之间的关系为

$$R = \mu_R + \overline{R}\sigma_R, \quad S = \mu_S + \overline{S}\sigma_S \tag{9.50}$$

将式（9.50）代入式（9.48），可得新坐标系 $\overline{O}\ \overline{S}\ \overline{R}$ 中的极限状态方程为

$$Z = \overline{R}\sigma_R - \overline{S}\sigma_S + \mu_R - \mu_S \tag{9.51}$$

将上式除以法线化因子 $-\sqrt{\sigma_R^2+\sigma_S^2}$，得其法线方程为

$$\overline{R}\frac{(-\sigma_R)}{\sqrt{\sigma_R^2+\sigma_S^2}}+\overline{S}\frac{\sigma_S}{\sqrt{\sigma_R^2+\sigma_S^2}}-\frac{\mu_R-\mu_S}{\sqrt{\sigma_R^2+\sigma_S^2}}=0 \qquad (9.52)$$

式中，前两项的系数为直线的方向余弦，最后一项即为可靠指标 β，则上式极限状态方程变为

$$\overline{R}\cos\theta_R+\overline{S}\cos\theta_S-\beta=0 \qquad (9.53)$$

式中

$$\cos\theta_R=\frac{\sigma_R}{\sqrt{\sigma_R^2+\sigma_S^2}},\cos\theta_S=\frac{\sigma_S}{\sqrt{\sigma_R^2+\sigma_S^2}} \qquad (9.54)$$

由解析几何可知，法线式直线方程中的常数项等于原点 $\overline{O}$ 到直线的距离 $\overline{OP^*}$。由此可见，可靠指标 β 的几何意义是在标准化正态坐标系中原点到极限状态方程直线的最短距离。而垂足 P^* 即为设计验算点，如图 9.3 所示，它是满足极限状态方程时最可能使结构失效的一组变量取值，其坐标值为

$$\overline{S}^*=\beta\cos\theta_S,\overline{R}^*=\beta\cos\theta_R \qquad (9.55)$$

将上式变换到原坐标系中，有

$$S^*=\mu_S+\sigma_S\beta\cos\theta_S,R^*=\mu_R+\sigma_R\beta\cos\theta_R \qquad (9.56)$$

因为 P^* 点在极限状态方程直线上，验算点坐标必然满足

$$Z=g(R^*,S^*)=R^*-S^*=0 \qquad (9.57)$$

在已知随机变量 S、R 的统计参数后，由式（9.54）、式（9.56）和式（9.57）即可计算出可靠指标 β 和设计验算点的坐标 S^*、R^*。

2. 多个正态随机变量情况

设结构的功能函数中包含多个相互独立的正态随机变量，则极限状态方程为

$$Z=g(X_1,X_2,\cdots,X_n)=0 \qquad (9.58)$$

该方程可能是线性的，也可能是非线性的。它表示以变量 X_i 为坐标的 n 维欧氏空间上的一个曲面。对变量 $X_i(i=1,2,\cdots,n)$ 做标准化变换，可得

$$\overline{X}_i=\frac{X_i-\mu_{X_i}}{\sigma_{X_i}},\overline{S}=\frac{S-\mu_S}{\sigma_S} \qquad (9.59)$$

则在标准正态空间坐标系中，极限状态方程可表示为

$$Z=g(\mu_{X_1}+\overline{X}_1\sigma_{X_1},\mu_{X_2}+\overline{X}_2\sigma_{X_2},\cdots,\mu_{X_n}+\overline{X}_n\sigma_{X_n}) \qquad (9.60)$$

此时，可靠指标 β 是坐标系中原点到极限状态曲面的最短距离 $\overline{OP^*}$，也就是 P^* 点沿其极限状态曲面的切平面的法线方向至原点 $\overline{O}$ 的长度。如图 9.4 所示为三个正态随机变量的情况，P^* 点为设计验算点，其坐标为 $(\overline{X}_1^*,\overline{X}_2^*,\overline{X}_3^*)$。

将式（9.60）在 P^* 点按泰勒级数展开，并取至一次项，做类似于两个正态随机变量情况的推导，得法线 $\overline{OP^*}$ 的方向余弦为

$$\cos\theta_{X_i}=\frac{-\left.\frac{\partial g}{\partial X_i}\right|_{P^*}\sigma_{X_i}}{\left[\sum_{i=1}^n\left(\left.\frac{\partial g}{\partial X_i}\right|_{P^*}\sigma_{X_i}\right)^2\right]^{\frac{1}{2}}} \qquad (9.61)$$

$$X_i^* = \beta\cos\theta_{X_i} \qquad (9.62)$$

将上述关系变换到原坐标系中，可得 P^* 点的坐标值为

$$X_i^* = \mu_{X_i} + \sigma_{X_i}\beta\cos\theta_{X_i} \qquad (9.63)$$

同时应满足

$$g(X_1^*, X_2^*, \cdots, X_n^*) = 0 \qquad (9.64)$$

式（9.61）、式（9.63）和式（9.64）中有 $2n+1$ 个方程，包含 X_i^*、$\cos\theta_{X_i}(i=1, 2, \cdots, n)$ 及 β 共 $2n+1$ 个未知量。但由于结构的功能函数 $g(\cdot)$ 一般为非线性函数，而且在求 β 之前 P^* 点是未知的，偏导数 $\dfrac{\partial g}{\partial X_i}$ 在 P^* 点的赋值也无法确定，因此通常采用逐次迭代法联立求解上述方程组。

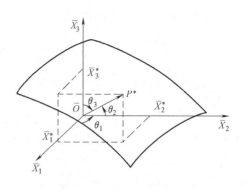

图 9.4 三个变量时可靠指标
与极限状态方程的关系

【例 9-3】已知条件同例 9-2，并且假定 f_y、d、P 均服从正态分布，试用验算点法求该拉杆的可靠指标 β。

【解】采用极限荷载表示的极限状态方程

$$Z = g(f_y, d, P) = f_y\frac{\pi d^2}{4} - P = 0$$

因此

$$-\frac{\partial g}{\partial f_y}\bigg|_{P^*}\sigma_{f_y} = -\frac{\pi(d^*)^2}{4}\cdot\sigma_{f_y} = -21.0487\times10^6(d^*)^2$$

$$-\frac{\partial g}{\partial d}\bigg|_{P^*}\sigma_d = \frac{\pi d^*}{2}\cdot f_y^*\cdot\sigma_d = -1.0996\times10^{-3}d^*f_y^*$$

$$-\frac{\partial g}{\partial P}\bigg|_{P^*}\sigma_P = \sigma_P = 6250\text{N}$$

$$\cos\theta_{f_y} = \frac{-21.0487\times10^6(d^*)^2}{\sqrt{443.0478\times10^{12}(d^*)^4 + 1.2091\times10^{-6}(d^*)^2(f_y^*)^2 + 39.0625\times10^6}}$$

$$\cos\theta_d = \frac{-1.0996\times10^{-3}d^*f_y^*}{\sqrt{443.0478\times10^{12}(d^*)^4 + 1.2091\times10^{-6}(d^*)^2(f_y^*)^2 + 39.0625\times10^6}}$$

$$\cos\theta_P = \frac{6250}{\sqrt{443.0478\times10^{12}(d^*)^4 + 1.2091\times10^{-6}(d^*)^2(f_y^*)^2 + 39.0625\times10^6}}$$

$$f_y^* = \mu_{f_y} + \beta\sigma_{f_y}\cos\theta_{f_y} = 335 + 26.8\beta\cos\theta_{f_y} \, (\text{N/mm}^2)$$

$$d^* = \mu_d + \beta\sigma_d\cos\theta_d = 14 + 0.7\beta\cos\theta_d \, (\text{mm})$$

$$P^* = \mu_P + \beta\sigma_P\cos\theta_P = 25 + 6.25\beta\cos\theta_P \, (\text{kN})$$

将 f_y^*，d^*，P^* 代入极限状态方程得（注意单位换算）：

$$10.\ 3138\cos^2\theta_d\cos\theta_{f_y}\beta^3+(128.\ 9231\cos^2\theta_d+412.\ 5539\cos\theta_d\cos\theta_{f_y})\beta^2+$$
$$(5156.\ 9243\cos\theta_d+4125.\ 5395\cos\theta_{f_y}-6250\cos\theta_P)\beta+26569.\ 2434=0$$

由上式求 β 时，需要知道 $\cos\theta_d$、$\cos\theta_{f_y}$ 与 $\cos\theta_P$ 之值，而这些值又与 f_y^*、d^* 有关，f_y^*、d^* 中含有 β 项，因此要用迭代法求解 β。

第一次迭代：取 $f_y^*=\mu_{f_y}=335\text{N/mm}^2$，$d^*=\mu_d=14\text{mm}$，$P^*=25\text{kN}$，代入方向余弦公式得

$$\cos\theta_{f_y}=-0.\ 4537,\cos\theta_d=-0.\ 5672,\cos\theta_P=0.\ 6874$$

解得 $\beta=3.\ 070$。

第二次迭代：将第一次求出的 $\beta=3.\ 057$ 代入设计验算点表达式中，得

$$f_y^*=297.\ 6714\text{N/mm}^2,d^*=12.\ 7811\text{mm},P^*=38.\ 1377\text{kN}$$

$$\cos\theta_{f_y}=-0.\ 4158,\cos\theta_d=-0.\ 5059,\cos\theta_P=0.\ 7558$$

解得 $\beta=3.\ 057$。

第三次迭代：计算结果为

$$f_y^*=300.\ 9345\text{N/mm}^2,d^*=12.\ 9174\text{mm},P^*=39.\ 4405\text{kN}$$

$$\cos\theta_{f_y}=-0.\ 4208,\cos\theta_d=-0.\ 5121,\cos\theta_P=0.\ 7488$$

解得 $\beta=3.\ 0566$。与第二次迭代求得的 $\beta=3.\ 057$ 相差 $0.\ 0004$，已满足设计要求，此时的设计验算点坐标为

$$f_y^*=300.\ 5294\text{N/mm}^2,d^*=12.\ 9043\text{mm},P^*=39.\ 3049\text{kN}$$

代入极限状态方程得：

$$f_y^*\frac{\pi(d^*)^2}{4}-P^*=(39.\ 3048-39.\ 3049)\text{kN}=-0.\ 0001\text{kN}\approx0$$

3. 非正态随机变量情况

在结构分析中，不可能所有的变量都为正态分布，因此在采用验算点法计算可靠指标 β 时，就需要先将非正态变量 X_i 在验算点处转换成当量正态变量 X_i'，并确定其平均值 $\mu_{X_i'}$ 和标准差 $\sigma_{X_i'}$，如图 9.5 所示，其转换条件为：

1）在设计验算点 X_i^* 处，当量正态变量 X_i' 与原非正态变量 X_i 的概率分布函数值（尾部面积）相等，即

$$F_{X_i'}(X_i^*)=F_{X_i}(X_i^*) \tag{9.65}$$

2）在设计验算点 X_i^* 处，当量正态变量 X_i' 与原非正态变量 X_i 的概率密度函数值（纵坐标）相等，即

$$f_{X_i'}(X_i^*)=f_{X_i}(X_i^*) \tag{9.66}$$

由 1）可得

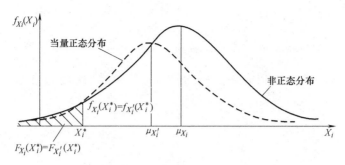

图 9.5 非正态变量的当量正态化条件

$$F_{X_i}(X_i^*) = \Phi\left(\frac{X_i^* - \mu_{X_i'}}{\sigma_{X_i'}}\right) \qquad (9.67)$$

$$\mu_{X_i'} = X_i^* - \Phi^{-1}[F_{X_i}(X_i^*)]\sigma_{X_i'} \qquad (9.68)$$

由 2) 可得

$$f_{X_i}(X_i^*) = \frac{1}{\sigma_{X_i'}}\varphi\left(\frac{X_i^* - \mu_{X_i'}}{\sigma_{X_i'}}\right) = \frac{1}{\sigma_{X_i'}}\varphi\{\Phi^{-1}[F_{X_i^*}(X_i^*)]\} \qquad (9.69)$$

$$\sigma_{X_i'} = \frac{\varphi\{\Phi^{-1}[F_{X_i}(X_i^*)]\}}{f_{X_i}(X_i^*)} \qquad (9.70)$$

式中　$\Phi(\cdot)$、$\Phi^{-1}(\cdot)$——标准正态分布函数及其反函数；

　　　　$\varphi(\cdot)$——标准正态分布的概率密度函数。

随机变量 X_i 服从对数正态分布，且已知其统计参数 μ_{X_i}、δ_{X_i} 时，可根据上述当量化条件，并结合式（9.23）、式（9.24）可得

$$\mu_{X_i'} = X_i^*\left(1 - \ln X_i^* + \ln\frac{\mu_{X_i}}{\sqrt{1+\delta_{X_i}^2}}\right) \qquad (9.71)$$

$$\sigma_{X_i'} = X_i^*\sqrt{\ln(1+\delta_{X_i}^2)} \qquad (9.72)$$

在极限状态方程中，求得非正态变量 X_i 的当量正态化参数 μ_{X_i} 和 σ_{X_i} 以后，即可按正态变量的情况迭代求解可靠指标 β 和设计验算点坐标 X_i^*。应该注意，每次迭代时，由于验算点的坐标不同，故均需构造出新的当量正态分布。

【例 9-4】 已知一钢梁，承受确定性的弯矩值 $M = 128.8\text{kN}\cdot\text{m}$，钢梁截面的塑性抵抗矩 W 和屈服强度 f 都是随机变量，其分布类型和统计参数为：

抵抗矩 W：正态分布，$\mu_W = 884.9\times10^{-6}\text{m}^3$，$\delta_W = 0.05$；

屈服强度 f：对数正态分布，$\mu_f = 262\text{N/mm}^2$，$\delta_f = 0.10$，试用验算点法求该梁可靠指标 β。

【解】 极限状态方程为：$Z = M - fW = 0$

屈服强度 f 服从对数正态分布，由式（9.71）和式（9.72）得：

$$\mu_f' = f^* \left(1 - \ln f^* + \ln \frac{\mu_f}{\sqrt{1+\delta_f^2}} \right)$$

$$\sigma_f' = f^* \sqrt{\ln(1+\delta_f^2)}$$

采用逐次迭代求解 β，取的初值为 0，相应的验算点初始位置为 (μ_f, μ_W)，迭代求解过程见表 9.2。

表 9.2 例 9-4 的迭代求解过程

迭代次数	1	2	3
$f^*/(\text{N/mm}^2)$	262.00×10^6	160.86×10^6	172.01×10^6
W^*/mm^3	884.90×10^{-6}	800.66×10^{-6}	748.80×10^{-6}
$\mu_f'/(\text{N/mm}^2)$	260.00×10^6	238.53×10^6	243.54×10^6
$\sigma_f'/(\text{N/mm}^2)$	26.13×10^6	16.05×10^6	17.16×10^6
μ_W/mm^3	884.90×10^{-6}	884.90×10^{-6}	884.90×10^{-6}
σ_W/mm^3	44.25×10^{-6}	44.25×10^{-6}	44.25×10^{-6}
$\cos\theta_f'$	-0.895	-0.803	-0.816
$\cos\theta_W$	-0.446	-0.596	-0.579
β	4.269	5.161	5.169

根据表 9.2 可知，第三次与第二次迭代求得的 β 相差 0.008，已满足设计要求，此时的设计验算点坐标为 $f^* = 172.01 \times 10^6 \text{N/mm}^2$ 和 $W^* = 748.80 \times 10^{-6} \text{mm}^3$，代入极限状态方程得：$Z = M = f^* W^* = (128.8 \times 10^6 - 172.01 \times 10^6 \times 748.80 \times 10^{-6}) \text{N} \cdot \text{mm} = 128.7 \text{kN} \cdot \text{m}$

9.3 相关随机变量结构可靠度的计算方法

前面介绍的结构可靠度计算方法都是以随机变量相互独立为前提条件的。在实际工程中，随机变量间可能存在着一定的相关性，如结构承受的风荷载和地震作用，岩土工程中的黏聚力和内摩擦角，大跨度结构的自重和抗力等。研究表明，随机变量间的相关性对结构的可靠度有着明显的影响，因此在结构可靠度分析时应考虑其影响。

对于相关随机变量的结构可靠度问题，早期采用正交变换的方法进行计算。其原理是：首先将相关随机变量变换为不相关的随机变量，然后用验算点法进行计算。从理论上讲，这种方法是正确的，但计算过于烦琐。下面介绍直接在广义空间（仿射坐标系）内建立求解可靠指标的迭代公式，这种方法应用简单，是对现有可靠度计算方法的推广。

9.3.1 相关变量的概念

设 X_1 和 X_2 是两个随机变量，其平均值分别为 μ_{X_1} 和 μ_{X_2}，标准差分别为 σ_{X_1} 和 σ_{X_2}，X_1 和 X_2 的协方差用 $\text{cov}(X_1, X_2)$ 表示，并且

$$\text{cov}(X_1, X_2) = \rho_{X_1 X_2} \mu_{X_1} \mu_{X_2} \tag{9.73}$$

称比值

$$\rho_{X_1, X_2} = \frac{\text{cov}(X_1, X_2)}{\mu_{X_1} \mu_{X_2}} \tag{9.74}$$

为变量 X_1 和 X_2 的相关系数。可以证明：$-1 \leqslant \rho_{X_1, X_2} \leqslant 1$。

若 $\rho_{X_1, X_2} = 0$，称 X_1 和 X_2 相互独立。

9.3.2 广义随机空间的概念

解析几何中研究量与量之间的关系时，通常建立直角坐标系，如果各坐标轴之间是正交的，称为笛卡儿空间；如果建立坐标系的坐标轴之间不再正交，则这种坐标系为广义空间。若广义空间中的量为随机变量，则称这种随机空间为广义随机空间。显然笛卡儿随机空间是广义随机空间的一种特例。

设随机变量 X_1，X_2，$\cdots$，X_n 构成 n 维广义随机空间，X_i 与 $X_j (i \neq j)$ 间的相关系数为 $\rho_{X_i X_j}$，则广义随机空间各坐标轴之间的夹角由随机变量间的相关系数决定，即

$$\theta_{X_i X_j} = \pi - \arccos(\rho_{X_i X_j}) \tag{9.75}$$

当所有随机变量间的相关系数为零时，上述空间即为笛卡儿随机空间。若广义随机空间内的结构功能函数为

$$Z = g(X_1, X_2, \cdots, X_n) \tag{9.76}$$

则与笛卡儿随机空间的情形一样，$Z < 0$ 表示结构为失效状态，$Z = 0$ 表示结构为极限状态，$Z > 0$ 表示结构为可靠状态，如图 9.6 所示。

在由基本随机变量 X_1，X_2，$\cdots$，X_n 构成的广义随机空间内，则结构失效概率 p_f 可表示为

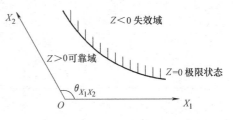

图 9.6　广义随机空间的极限状态曲线

$$p_f = \iint\limits_{Z<0} \cdots \int f(x_1, x_2, \cdots, x_n) \, \mathrm{d}x_1 \mathrm{d}x_2 \cdots \mathrm{d}x_n \tag{9.77}$$

式中　$f(x_1, x_2, \cdots, x_n)$——X_1，X_2，$\cdots$，X_n 的联合概率密度函数。

一般情况下，按上式直接计算结构的失效概率是比较困难的。若 n 个随机变量相互独立，则上式就简化为笛卡儿随机空间的失效概率公式。

在广义随机空间和笛卡儿随机空间中，同样都可以用结构的可靠指标 β 表示失效概率。

假设 R 和 S 均为服从正态分布的随机变量，其平均值为 μ_R 和 μ_S，标准差为 σ_R 和 σ_S，相关系数为 ρ_{RS}，结构功能函数为 $Z = R - S$，Z 也服从正态分布，其平均值为 $\mu_Z = \mu_R - \mu_S$，标准差为 $\sigma_Z = \sqrt{\sigma_R^2 - 2\rho_{RS}\sigma_R\sigma_S + \sigma_S^2}$。这时结构的可靠指标为

$$\beta = \frac{\mu_Z}{\sigma_Z} = \frac{\mu_R - \mu_S}{\sqrt{\sigma_R^2 - 2\rho_{RS}\sigma_R\sigma_S + \sigma_S^2}} \tag{9.78}$$

式（9.78）计算的结构可靠指标与失效概率同样具有一一对应的关系。

同独立随机变量的可靠度分析情况类似，结构中的随机变量并不全部服从正态分布，结构功能函数也并不一定是线性的，因而不能直接求得结构的可靠指标。下面介绍广义随机空间内可靠指标的计算方法。

9.3.3 相关随机变量可靠度计算的中心点法

设 X_1，X_2，$\cdots$，X_n 为广义随机空间内的 n 个随机变量，平均值为 $\mu_{X_i} (i = 1, 2, 3 \cdots,$

n），标准差为 $\sigma_{X_i}(i=1,2,3\cdots,n)$，$X_i$ 与 $X_j(i\neq j)$ 间的相关系数为 ρ_{X_iXj}。结构功能函数为非线性函数，即为

$$Z = g(X_1, X_2, \cdots, X_n) \tag{9.79}$$

在各个变量的平均值点（即中心点）处将 Z 展开成泰勒级数，并仅取线性项，即

$$Z \approx g(\mu_{X_1}, \mu_{X_2}, \cdots, \mu_{Xn}) + \sum_{i=1}^{n} \left.\frac{\partial g}{\partial X_i}\right|_{\mu_X}(X_i - \mu_{X_i}) \tag{9.80}$$

上式中下标 μ_X 表示在各变量的中心点处赋值。

则功能函数 Z 的平均值和标准差近似为

$$\mu_Z \approx g(\mu_{X_1}, \mu_{X_2}, \cdots, \mu_{X_n}) \tag{9.81}$$

$$\sigma_Z = \left(\sum_{i=1}^{n} \sum_{j=1}^{n} \left.\frac{\partial g}{\partial X_i}\right|_{\mu_X} \left.\frac{\partial g}{\partial X_j}\right|_{\mu_X} \cdot \rho_{X_{ij}} \sigma_{X_i} \sigma_{X_j} \right)^{\frac{1}{2}} \tag{9.82}$$

由此计算可靠指标为

$$\beta = \frac{\mu_Z}{\sigma_Z} = \frac{g(\mu_{X_1}, \mu_{X_2}, \cdots, \mu_{X_n})}{\left(\sum_{i=1}^{n} \sum_{j=1}^{n} \left.\frac{\partial g}{\partial X_i}\right|_{\mu_X} \left.\frac{\partial g}{\partial X_j}\right|_{\mu_X} \cdot \rho_{X_{ij}} \sigma_{X_i} \sigma_{X_j} \right)^{\frac{1}{2}}} \tag{9.83}$$

当所有变量相互独立时，式（9.83）即退化为式（9.47）。

广义随机空间中的中心点法具有与笛卡尔随机空间中心点法同样的缺点，因而，一般用于可靠度要求不高的情况（$\beta \leq 2$）。

9.3.4 相关随机变量可靠度计算的验算点法

1. 多个正态随机变量情况

设 X_1，X_2，$\cdots$，X_n 为广义随机空间内的 n 个正态随机变量，平均值为 $\mu_{X_i}(i=1,2,3\cdots,n)$，标准差为 σ_{X_i}（$i=1,2,3\cdots,n$），X_i 与 $X_j(i\neq j)$ 间的相关系数为 $\rho_{X_iX_j}$。结构功能函数为

$$Z = g(X_1, X_2, \cdots, X_n) \tag{9.84}$$

将 Z 在结构的设计验算点 P^* 按泰勒级数展开，并取至一次项，即

$$Z = g(X_1^*, X_2^*, \cdots, X_n^*) + \sum_{i=1}^{n} \left.\frac{\partial g}{\partial X_i}\right|_{P^*}(X_i - X_i^*) \tag{9.85}$$

式中 $\left.\dfrac{\partial g}{\partial X_i}\right|_{P^*}$ ——功能函数 g 对 X_i 的偏导数在设计验算点 P^* 处赋值。

Z 的平均值和标准差可近似表示为

$$\mu_Z = g(X_1^*, X_2^*, \cdots, X_n^*) + \sum_{i=1}^{n} \left.\frac{\partial g}{\partial X_i}\right|_{P^*}(\mu_{X_i} - X_i^*)$$

$$= \sum_{i=1}^{n} \left.\frac{\partial g}{\partial X_i}\right|_{P^*}(\mu_{X_i} - X_i^*) \tag{9.86}$$

$$\sigma_Z = \left(\sum_{i=1}^{n} \sum_{j=1}^{n} \left.\frac{\partial g}{\partial X_i}\right|_{P^*} \left.\frac{\partial g}{\partial X_j}\right|_{P^*} \cdot \rho_{X_{ij}} \cdot \sigma_{X_i} \cdot \sigma_{X_j} \right)^{\frac{1}{2}} \tag{9.87}$$

$$\beta = \frac{\mu_Z}{\sigma_Z} = \frac{\sum_{i=1}^{n} \frac{\partial g}{\partial X_i}\Big|_{P^*} (\mu_{X_i} - X_i^*)}{\left(\sum_{i=1}^{n} \sum_{j=1}^{n} \frac{\partial g}{\partial X_i}\Big|_{P^*} \frac{\partial g}{\partial X_j}\Big|_{P^*} \cdot \rho_{X_{ij}} \cdot \sigma_{X_i} \cdot \sigma_{X_j}\right)^{\frac{1}{2}}} \tag{9.88}$$

为确定设计验算点坐标，将式（9.87）用根式表示的 σ_Z 线性化，即表示为

$$\sigma_Z = -\sum_{i=1}^{n} \left(\alpha_i \frac{\partial g}{\partial X_i}\Big|_{P^*} \cdot \sigma_{X_i}\right) \tag{9.89}$$

式（9.89）中 α_i 为灵敏系数（或方向余弦），可表示为

$$\alpha_i = \cos\theta_i = \frac{\sum_{j=1}^{n} \frac{\partial g}{\partial X_j}\Big|_{P^*} \cdot \rho_{X_i X_j} \cdot \sigma_{X_j}}{\sum_{i=1}^{n} \sum_{j=1}^{n} \frac{\partial g}{\partial X_i}\Big|_{P^*} \cdot \frac{\partial g}{\partial X_j}\Big|_{P^*} \cdot \rho_{X_i X_j} \cdot \sigma_{X_i} \cdot \sigma_{X_j}} \tag{9.90}$$

可以证明，由式（9.89）定义的灵敏系数反映了 Z 与 X_i 之间的线性相关性，将式（9.89）代入式（9.88）中，可得

$$\sum_{i=1}^{n} \frac{\partial g}{\partial X_i}\Big|_{P^*} (\mu_{X_i} - X_i^*) + \beta \sum_{i=1}^{n} \left(\alpha_i \frac{\partial g}{\partial X_i}\Big|_{P^*} \cdot \sigma_{X_i}\right) = 0 \tag{9.91}$$

即

$$\sum_{i=1}^{n} \frac{\partial g}{\partial X_i}\Big|_{P^*} (\mu_{X_i} - X_i^* + \beta \alpha_i \sigma_{X_i}) = 0 \tag{9.92}$$

则

$$X_i^* = \mu_{X_i} + \beta \alpha_i \sigma_{X_i} \tag{9.93}$$

由于验算点在极限状态曲面上，因而满足 $Z = g(X_1^*, X_2^*, \cdots, X_n^*)$，式（9.91）~式（9.93）即构成了广义随机空间内迭代求解可靠指标 β 的联立计算公式。

【例 9-5】 已知结构的极限状态方程为 $Z = g(X_1, X_2) = X_1 X_2 - 130 = 0$，其中 X_1，X_2 服从正态分布，并且 $\mu_{X_1} = 38$，$\sigma_{X_1} = 3.8$，$\mu_{X_2} = 7$，$\sigma_{X_2} = 1.05$，$\rho_{X_1 X_2} = 0.5$，试计算可靠指标 β。

【解】 极限状态方程为

$$Z = g(X_1, X_2) = X_1 X_2 - 130 = 0$$

$$\frac{\partial g}{\partial X_1}\Big|_{P^*} \cdot \sigma_{X_1} = 3.8 X_2^*, \quad \frac{\partial g}{\partial X_2}\Big|_{P^*} \cdot \sigma_{X_2} = 1.05 X_1^*$$

由式（9.90）得：

$$\alpha_1 = \cos\theta_1 = \frac{3.8 X_2^* + 1.05 \rho_{X_1 X_2} X_1^*}{\sqrt{(3.8 X_2^*)^2 + 2\rho_{X_1 X_2} \cdot 3.8 X_2^* \cdot 1.05 X_1^* + (1.05 X_1^*)^2}}$$

$$\alpha_2 = \cos\theta_2 = \frac{1.05 X_1^* + 3.8 \rho_{X_1 X_2} X_2^*}{\sqrt{(3.8 X_2^*)^2 + 2\rho_{X_1 X_2} \cdot 3.8 X_2^* \cdot 1.05 X_1^* + (1.05 X_1^*)^2}}$$

$$X_1^* = \mu_{X_1} + \beta \alpha_1 \sigma_{X_1} = 38 + 3.8 \beta \alpha_1$$

$$X_2^* = \mu_{X_2} + \beta \alpha_2 \sigma_{X_2} = 7.0 + 1.05 \beta \alpha_2$$

将 X_1^*、X_2^* 代入极限状态方程得

$$g(X_1^*, X_2^*) = X_1^* X_2^* - 130 = 0$$

由上式可以迭代求解 β 及设计验算点，迭代计算过程见表 9.3。

表 9.3　例 9-5 的迭代计算过程

指标	初值	迭代次数			
		1	2	3	4
X_1^*	38.0	29.6960	30.0885	30.1329	30.1329
X_2^*	7.0	4.3777	4.3206	4.3142	4.3142
α_1	0.8030	−0.7665	−0.7622	−0.7617	−0.7617
α_2	0.9177	−0.9395	−0.9417	−0.9420	−0.9420
β	2.7215	2.7163	2.7162	2.7162	2.7162

2. 非正态随机变量情况

对于非正态随机变量的情况，广义随机空间的验算点法也是首先将非正态随机变量 X_i 按 9.2.2 中介绍的当量正态化条件，把 X_i 当量化为正态分布 X_i'，具体公式与式（9.68）和式（9.70）相同，即

$$\mu_{X_i'} = X_i^* - \Phi^{-1}[F_{X_i}(X_i^*)]\sigma_{X_i'} \tag{9.94}$$

$$\sigma_{X_i'} = \frac{\varphi\{\Phi^{-1}[F_{X_i}(X_i^*)]\}}{f_{X_i}(X_i^*)} \tag{9.95}$$

由于非正态分布随机变量的当量正态化并不改变随机变量间的线性相关性，即 $\rho_{X_i'X_j'} = \rho_{X_iX_j}$，所以通过当量正态化变换，可将非正态分布随机变量的可靠度分析问题转化为正态分布随机变量的可靠度分析问题。这时，上述各式可相应改为

$$\mu_Z = \sum_{i=1}^n \frac{\partial g}{\partial X_i}\bigg|_{P^*}(\mu_{X_i'} - X_i^*) \tag{9.96}$$

$$\sigma_Z = \left(\sum_{i=1}^n \sum_{j=1}^n \frac{\partial g}{\partial X_i}\bigg|_{P^*} \frac{\partial g}{\partial X_j}\bigg|_{P^*} \cdot \rho_{X_i'X_j'} \cdot \sigma_{X_i'} \cdot \sigma_{X'j}\right)^{\frac{1}{2}} \tag{9.97}$$

$$\alpha_i' = \cos\theta_i = \frac{\sum_{j=1}^n \frac{\partial g}{\partial X_j}\bigg|_{P^*} \cdot \rho_{X_i'X_j'} \cdot \sigma_{X_j'}}{\left(\sum_{i=1}^n \sum_{j=1}^n \frac{\partial g}{\partial X_i}\bigg|_{P^*} \frac{\partial g}{\partial X_j}\bigg|_{P^*} \cdot \rho_{X_i'X_j'} \cdot \sigma_{X_i'} \cdot \sigma_{X'j}\right)^{\frac{1}{2}}} \tag{9.98}$$

$$X_i^* = \mu_{X_i'} + \beta\alpha_i\sigma_{X_i'} \tag{9.99}$$

当 $X_1, X_2, \cdots, X_n$ 相互独立时，σ_Z 和 α_i' 可以简化为

$$\sigma_Z = \left[\sum_{i=1}^n \left(\frac{\partial g}{\partial X_i}\bigg|_{P^*} \sigma X_j'\right)^2\right]^{\frac{1}{2}} \tag{9.100}$$

$$\alpha_i' = \cos\theta_i = \frac{\frac{\partial g}{\partial X_j}\bigg|_{P^*} \cdot \sigma_{X_j'}}{\left[\sum_{i=1}^n \left(\frac{\partial g}{\partial X_i}\bigg|_{P^*} \sigma X_j'\right)^2\right]^{\frac{1}{2}}} \tag{9.101}$$

具体计算时，应注意此时的方向余弦 α_i' 应按式（9.98）计算。

【例 9-6】 已知一构件正截面承载力计算的极限状态方程为 $Z = g(R, S) = R - S = 0$，$\mu_R = 100$，$\sigma_R = 12$，$\mu_S = 50$，$\sigma_S = 7.5$，$\rho_{R,S} = 0.2$，假定 R 服从对数正态分布，S 服从正态分布，试计算可靠指标 β。

【解】 由于 R 服从对数正态分布，由当量正态化为

$$\mu_R' = R^* \left(1 - \ln R^* + \ln \frac{\mu_R}{\sqrt{1 + \delta_R^2}} \right) = R^* (5.598 - \ln R^*)$$

$$\sigma_R' = R^* \sqrt{\ln(1 + \delta_R^2)} = 0.1196 R^*$$

$$\frac{\partial g}{\partial R}\bigg|_{P^*} = 1, \quad \frac{\partial g}{\partial S}\bigg|_{P^*} = -1$$

由式（9.98）得：

$$\alpha_R' = \cos\theta_R' = \frac{\sigma_R' - \rho_{R'S}\sigma_S}{\sqrt{\sigma_R^{2\prime} + 2\rho_{R'S}\sigma_R'\sigma_S + \sigma_S^2}}$$

$$\alpha_S = \cos\theta_S = \frac{\rho_{R'S}\sigma_R' - \sigma_S}{\sqrt{\sigma_R^{2\prime} + 2\rho_{R'S}\sigma_R'\sigma_S + \sigma_S^2}}$$

式中

$$\rho_{R'S} \approx \rho_{RS} = 0.2$$

$$R^* = \mu_R' + \beta\alpha_R'\sigma_R'$$

$$S^* = \mu_S + \beta\alpha_S\sigma_S$$

则

$$\beta = \frac{\mu_R' - \mu_S}{\alpha_S\sigma_S - \alpha_R'\sigma_R'} = \frac{\mu_R' - \mu_S}{\sqrt{\sigma_R^{2\prime} + 2\rho_{R'S}\sigma_R'\sigma_S + \sigma_S^2}}$$

由上述式子可迭代求解 β 及设计验算点，具体计算过程见表 9.4。

表 9.4 例 9-6 的迭代计算过程

迭代次数	R^*	S^*	μ_R'	σ_R'	α_R'	α_S	β
0	100	50	99.2830	11.96	-0.8183	0.3996	3.8553
1	61.5517	61.5543	90.9810	7.3616	-0.6236	0.6412	4.3597
2	70.9670	70.9658	94.7967	8.4877	-0.6891	0.5722	4.4176
3	68.9587	68.9581	94.0936	8.2475	-0.6763	0.5864	4.4198
4	69.4409	69.4383	94.2677	8.3051	-0.6795	0.5830	4.4199
5	69.3248	69.3260	94.2661	8.2912	-0.6787	0.5838	4.4199
6	69.3543	69.3525	94.2367	8.2948	-0.6789	0.5836	4.4199

9.4 结构体系可靠度的计算方法

前两节讨论结构可靠度的计算方法都是针对一个构件或构件的一个截面的单一失效模式

而言。但是在实际工程中，一个构件有许多截面，且结构都是由多个构件组成的结构体系。因此，研究结构体系可靠度更有意义，由于结构体系的失效总是由构件失效引起的，而失效构件可能不止一个，所以寻找结构体系可能的主要失效模式，由结构各构件的失效概率估算整体结构的失效概率成为结构体系可靠度分析的主要研究内容。由于结构体系可靠度分析方法的复杂性，这里仅对结构体系可靠度分析的基本概念和一般分析方法加以简要介绍。

9.4.1　几个基本概念

1. 结构构件的脆性与延性

构成整个结构的各构件（连接也看成特殊构件），根据其材料和受力不同，可以分为脆性构件和延性构件。若一个构件达到失效状态后便不再起作用，完全丧失其承载能力，则称此构件为完全脆性构件，其荷载-位移曲线如图 9.7a 所示，如钢筋混凝土受压柱一旦破坏，即丧失承载力。若构件达到失效状态后，仍能维持其承载能力，则称此构件为完全延性构件，其荷载-位移曲线如图 9.7b 所示，如具有明显屈服平台的钢材制成的受拉构件或受弯构件受力达到屈服承载力，仍能保持该承载力而继续变形。

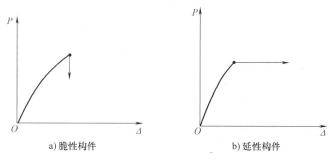

图 9.7　结构构件的失效性质

构件不同的失效性质，会对结构体系可靠度分析产生不同的影响。对于静定结构，任一构件失效将导致整个结构失效，其可靠度分析不会由于构件的失效性质不同而带来任何复杂性。对于超静定结构则不同，由于某一构件失效将导致在构件之间产生内力重分布，这种重分布与体系的变形情况及构件性质有关，因此，其可靠度分析将随构件的失效性质不同而有所不同。在工程实践中，超静定结构体系一般由延性构件所组成。

2. 结构体系的失效模型

由于各构件组成结构的方式不同以及构件的失效性质不同，构件失效引起结构失效的方式将具有各自的特点。按照结构体系失效与构件失效之间的逻辑关系，结构体系失效的各种方式模型化后，具体有三种基本形式：串联模型、并联模型和串-并联模型。

（1）串联模型　若结构中任一构件失效，则整个结构也失效，具有这种逻辑关系的结构体系可用串联模型表示。所有的静定结构的失效分析均可采用串联模型。图 9.8a 是一静定桁架，在串联体系中，只要其中一个杆件失效，整个体系就失效。对于静定结构，其构件是脆性的还是延性的，对结构体系的可靠度没有影响。图 9.8b 表示串联体系的逻辑图（注意：不能理解为所有构件都承受相同的荷载 S）。

（2）并联模型　若结构中单个构件失效不会引起体系失效，只有当所有构件都失效后，整个体系才失效，具有这种逻辑关系的结构体系可用并联模型表示。超静定结构的失效可用并联模型表示。图9.9a是一个两端固定的刚梁，只有当梁两端和跨中形成塑性铰（塑性铰截面当成一个元件），该结构体系失效。图9.9b表示并联体系的逻辑图。

对于并联体系，构件的脆性或延性性质将影响体系的可靠度及其计算模型。脆性构件在失效后将逐个从体系中退出工作，因此在计算体系的可靠度时，要考虑构件的失效顺序。而延性构件在其失效后仍将在体系中维持原有的功能，因此只要考虑系统最终的失效形态。

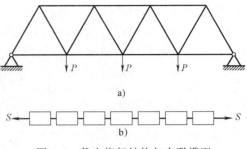

图9.8 静定桁架结构与串联模型

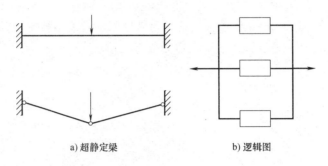

a) 超静定梁　　　　　b) 逻辑图

图9.9 并联模型

（3）串-并联模型　对由延性构件组成的超静定结构，结构的最终失效形态不限于一种，往往有很多种失效模式，其中每一种失效模式都可用一个并联体系来模拟，然后这些并联体系又组成串联体系，则这类结构体系可用串-并联模型表示。如图9.10所示的刚架结构，在荷载作用下，最可能出现的失效模式有三种，只要其中一种出现，就意味着结构体系失效，则该结构可模拟为由三个并联体系组成的串联体系。此时，同一失效截面可能会出现在不同的失效模式中。

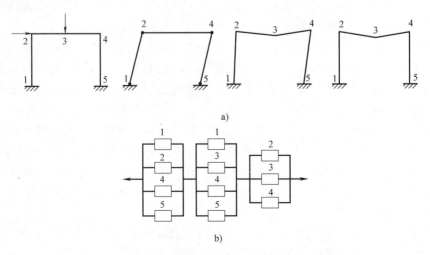

图9.10 超静定刚架与串-并联模型

3. 结构体系的失效模式

在结构体系可靠度分析中，首先应根据结构特性和失效机理确定体系的失效模式。一个简单的结构体系，其可能的失效模式也许达几个或几十个，而对于较为复杂的工程结构体系，其失效模式则更多，这给体系可靠度分析带来极大困难。对于工程上常用的延性结构体系，研究发现，并不是所有的失效模式都对体系可靠度产生同样的影响。在一个结构体系的失效模式中，有的出现可能性比较大，有的可能性较小，有的甚至不出现。而对体系可靠度影响较大的是那些出现可能性较大的失效模式。于是提出了主要失效模式的概念，并利用主要模式作为结构体系可靠度分析的基础。

所谓主要失效模式，是指那些对结构体系可靠度有明显影响的失效模式，它与结构型式、荷载情况和分析模型的简化条件等因素有关。寻找主要失效模式的方法有：荷载增量法、矩阵位移法、分块组合法、失效树-分支定界法等。

4. 结构体系可靠度分析中的相关性

构件的可靠度取决于构件的荷载效应和抗力。在同一个结构中，各构件的荷载效应可能来源于同一荷载，因此，不同构件的荷载效应之间应有高度的相关性。另外，结构内的部分或全部构件可能由同一批材料制成，因而构件的抗力之间也应有一定的相关性。可见，同一结构中不同构件的失效有一定的相关性。

对超静定结构，由于相同的失效构件可能出现在不同的失效模式中，在分析结构体系可靠度时还需要考虑失效模式之间的相关性。

上述的相关性通常是由它们相应的功能函数间的相关系数来反映，这在一定程度上使结构体系可靠度的分析变得非常复杂，这也是结构体系可靠度计算的难点。

9.4.2 结构体系可靠度计算的方法

结构体系由于构造复杂，失效模式很多，要精确计算其可靠度几乎是不可能的，通常只能采用一些近似计算方法。

1. 区间估计法

区间估计法是常用的一类体系可靠度分析方法，该法在特殊情况下，利用概率论的基本原理，划定结构体系失效概率的上、下限。区间估计法中最有代表性的是宽界限法和窄界限法。

（1）宽界限法　以下记各构件的工作状态为 X_i，失效状态为 $\overline{X_i}$，各构件的可靠概率为 p_{si}，构件的失效概率为 p_{fi}，结构体系的失效概率为 p_f。

1）串联体系。对于串联体系，设体系有 n 个构件，当构件的工作状态完全独立时，则

$$p_s = P(\prod_{i=1}^{n} X_i) = \prod_{i=1}^{n}(p_{si}) = \prod_{i=1}^{n}(1-p_{fi}) \tag{9.102}$$

则

$$p_f = 1 - p_s = 1 - \prod_{i=1}^{n}(1-p_{fi}) \tag{9.103}$$

当构件的工作状态 X_1，X_2，$\cdots$，X_n 完全相关时，一旦某构件失效，由于相关性影响，则整个体系失效。因此结构整体的失效概率取决于结构内工作状态最差者的失效概率，即

$$p_f = 1 - P(\min_{i \in (1,\cdots,n)} X_i) = 1 - \min_{i \in (1,\cdots,n)}(1-p_{fi}) = \max_{i \in (1,\cdots,n)} p_{fi} \tag{9.104}$$

一般情况下，实际结构构件的工作状态既不一完全独立，也不完全相关，处于上述两种

极端情况之间，因此，一般串联体系的失效概率也将介于上述两种极端情况的计算结果之间，即

$$\max_{i \in (1,\cdots,n)} p_{fi} \leqslant p_f \leqslant 1 - \prod_{i=1}^{n}(1-p_{fi}) \tag{9.105}$$

可见，对于静定结构，结构体系的可靠度总小于或等于构件的可靠度。

2）并联体系。并联体系的失效概率等于各构件都失效的概率，即

$$p_f = P\left(\prod_{i=1}^{n} \overline{X_i}\right) \tag{9.106}$$

当构件的工作状态完全独立时

$$p_f = P\left(\prod_{i=1}^{n} \overline{X_i}\right) = \prod_{i=1}^{n} p_{fi} \tag{9.107}$$

当元件的工作状态完全相关时，并联体系的失效概率等于体系内最后一个失效构件的失效概率，即

$$p_f = P\left(\min_{i \in (1,\cdots,n)} \overline{X_i}\right) = \min_{i \in (1,\cdots,n)} p_{fi} \tag{9.108}$$

因此，一般情况下，失效概率也将介于上述两种极端情况的计算结果之间，即

$$\prod_{i=1}^{n} p_{fi} \leqslant p_f \leqslant \min_{i \in (1,\cdots,n)} p_{fi} \tag{9.109}$$

显然，对于超静定结构，当结构的失效形态唯一时，结构体系的可靠度总大于或等于构件的可靠度，而当结构的失效形态不唯一时，结构每一失效形态对应的可靠度总大于或等于构件的可靠度，而结构体系的可靠度又总小于或等于结构每一失效性态对应的可靠度。

显然，宽界限法实质上没有考虑构件间或失效模式间的相关性，所给出的界限往往较宽，因此常被用于结构体系可靠度的初始检验或粗略估算。

（2）窄界限法 针对宽界限法的缺点，1979 年 Ditlevsen 提出了估计体系失效概率的窄界限法。该法在求出结构体系中各主要失效模式的失效概率 p_{fi} 以及各失效模式间的相关系数 ρ_{ij} 后，将 p_{fi} 由大到小依次排列，通过下列公式得出结构体系失效概率的界限范围。

$$p_{f1} + \max\left\{\sum_{i=2}^{n}\left[p_{fi} - \sum_{j=1}^{i-1} P(E_i E_j)\right]; 0\right\} \leqslant p_f \leqslant \sum_{i=1}^{n} p_{fi} - \sum_{i=2}^{n} \max_{j<i} P(E_i E_j) \tag{9.110}$$

式中 $P(E_i E_j)$ ——失效模式 i，j 同时失效的概率。

当所有变量都服从正态分布时，$P(E_i E_j)$ 可借助于失效模式 i，j 的可靠指标 β_i、β_j 求得。

窄界限法由于考虑了失效模式间的相关性，所得出的失效概率界限范围要比宽界限法小得多，因此常用来校核其他近似分析方法的精确度。

2. PENT 法

PENT 法又称概率网络估计法。该方法是由美籍华人洪华生等提出的一种较为精确的确定结构体系可靠度的近似方法。

其基本原理是：首先将所有主要失效模式按彼此相关的密切程度分为 m 组，在每组中选取一个失效概率最大的失效模式作为该组的代表模式，然后假定各代表模式相互独立，按下式估算结构体系的可靠度：

$$p_s = \prod_{i=1}^{m} p_{si} = \prod_{i=1}^{m}(1-p_{fi}) \tag{9.111}$$

结构体系的失效概率为

$$p_f = 1 - p_s = 1 - \prod_{i=1}^{m} p_{si} = 1 - \prod_{i=1}^{m} (1 - p_{fi}) \qquad (9.112)$$

PENT 法的具体计算步骤如下：

① 列出主要失效模式及相应的功能函数 Z_i，采用验算点法或其他方法计算其可靠指标 β_i，并由大到小排列作为失效模式的排列顺序。

② 选择判别系数 ρ_0（一般可取 0.7），作为衡量各失效模式间相关程度的标准。

③ 确定 m 个代表失效模式。取与可靠指标 β_i 最小相应的失效模式为第一号，计算它与其他失效模式的相关系数 ρ_{j1}，当 $\rho_{j1} > \rho_0$ 时，认为第 i 个失效模式与第一号密切相关，可用第一号代替；若 $\rho_{j1} < \rho_0$ 时，则认为相互基本独立，不能互相代替。然后在认为与第一号不相关的所有失效模式中选取可靠指标最小的作为第二个代表模式，并找出它所能代替的失效模式。重复上述步骤，直到完成最后一个代表失效模式为止。

④ 利用式（9.111）或式（9.112）计算结构体系的可靠度或失效概率。

PENT 法由于考虑各失效模式间的相关性，因而具有一定的适应性。同时选择代表失效模式进行体系可靠度分析，可大大减少计算工作量。因此，PENT 法已成为延性结构体系可靠度分析较为可行的方法。

3. 蒙特卡罗模拟法

蒙特卡罗（Monte-Carlo）法又称统计实验方法或随机模拟法，它是一种直接求解的数值方法，回避了可靠度分析中的数学困难。在目前的结构体系可靠度分析方法中，它被认为是一种相对精确法。但运用这种方法时，必须模拟足够多的次数，计算工作量大。可以预见，随着计算机的普及，这一方法将会得到更为广泛的推广。

蒙特卡罗法的基本步骤是：

① 对结构体系的各种失效模式建立功能函数 $Z = g(x)$。

② 用数学方法产生随机向量 x，进行大量随机抽样。

③ 将随机向量 x 代入功能函数，若 $Z < 0$，则结构失效。

④ 若总试验次数为 N，而失效次数为 n_f，则结构体系的失效概率为

$$p_f = \frac{n_f}{N} \qquad (9.113)$$

由上述计算步骤可知，整个计算思路并不复杂，只是重复运算，并能简单判断功能函数 Z 是否小于零。但 N 需要足够大，计算结果才能有效。

———— 本 章 小 结 ————

1）结构可靠度的基本概念。主要阐述了结构的功能要求和极限状态、结构的功能函数、结构可靠度、失效概率和结构可靠指标等基本概念。

2）结构可靠度的计算方法。主要阐述了中心点法和验算点法计算结构可靠度指标。

3）相关随机变量结构可靠度的计算方法。主要阐述了相关变量的概念、广义随机空间的概念、相关随机变量可靠度计算的中心点法、相关随机变量可靠度计算的验算点法。

4）结构体系的可靠度的计算方法。主要阐述了结构构件的脆性与延性、结构体系的失

效模型、结构体系的失效模式和结构体系可靠度分析中的相关性几个基本概念；结构体系可靠度计算的方法，主要是区间估计法、PENT 法和蒙特卡罗模拟法。

思考题

1. 结构的功能要求有哪些？
2. 简述结构功能函数的意义。
3. 何谓结构的可靠性和可靠度？结构的可靠度与结构的可靠性之间有什么关系？
4. 可靠指标与失效概率有什么关系？说明可靠指标的几何意义。
5. 说明用验算点法计算具有服从任意类型分布的随机变量的结构可靠指标的步骤。
6. 简述结构系统的基本模型。
7. 简述结构体系可靠度的定义与其与结构构件可靠度的关系。

概率极限状态设计法 第10章

学习要求：

　　本章要求学生掌握结构极限状态设计要求及设计基准期、设计使用年限、设计状况、结构构件设计的目标可靠度概念，理解结构概率可靠度的直接设计法和单一系数法，掌握现行规范中各工程结构基于分项系数表达的概率极限状态设计方法。

　　GB 50153——2008《工程结构可靠性设计统一标准》规定，工程结构设计宜采用以概率理论为基础，以分项系数表达的极限状态设计方法。当缺乏统计资料时，工程结构设计可根据可靠的工程经验或必要的试验研究进行，也可采用容许应力或单一安全系数等经验方法进行。

10.1 极限状态设计要求

10.1.1 设计要求

　　工程结构应满足的各项功能要求包括以下几方面。

1. 安全性要求

　　安全性要求是指结构设计必须保证结构在正常施工和正常使用时，能承受可能出现的各种直接作用和间接作用，即包括直接施加在结构上的力（如荷载）和引起结构外加变形或约束变形的原因（如温度、地基不均匀沉降等），同时还要求保证在偶然事件（如强烈地震、爆炸、冲击力等）发生时及发生后，结构仍然保持必需的整体稳定性（即结构仅产生局部的损坏而不发生连续倒塌）。结构设计时，为了满足设计安全性要求，应根据房屋的重要性、结构破坏所造成的后果（即危害人的生命、造成经济损失、产生社会影响等）的严重程度，采用不同的可靠度水准。

　　为使结构具有合理的安全性，根据工程结构破坏所造成的后果（即危害人的生命、造成经济损失、对社会或环境产生影响等）的严重程度而划分的设计等级，称为安全等级，见表10.1。

　　安全等级分为三级，重要的结构为一级，大量的一般结构列为二级，次要的结构为三级。基于铁路桥涵结构的重要性，其安全等级均为一级。

　　对特殊的工程结构（如海底隧道、跨海大桥等），其安全等级可根据相关规范（规程）

另行确定或经专门研究确定。

工程结构各类结构构件的安全等级，宜与整个结构的安全等级相同，但也允许对部分结构构件根据其重要程度和综合经济效益进行适当调整。主要包括两方面，如一方面可提高某一结构构件的安全等级，所需额外费用很少，又能减轻整个结构的破坏，从而大大减少人员伤亡和财产损失，则可将该结构构件的安全等级比整个结构的安全等级提高一级。另一方面，如果某一结构构件的破坏并不影响整个结构或其他结构构件的安全性，则可将其安全等级降低一级，但最低不低于三级。

表 10.1 工程结构安全等级

安全等级	破坏后果	工程结构类型			
		房屋建筑结构	公路桥涵结构	港口工程结构	水工建筑结构
一级	很严重	重要的房屋	重要结构	有特殊要求的结构	1 级水工建筑物
二级	严重	一般的房屋	一般结构	一般结构	2、3 级水工建筑物
三级	不严重	次要的房屋	次要结构	临时结构	4、5 级水工建筑物

2. 适用性要求

设计的适用性要求指的是结构在正常使用时应具有良好的工作性能，如不发生过大的变形或过宽的裂缝等，以及不产生影响正常使用的振动等。例如工业厂房，吊车梁挠度过大会影响吊车的正常运行。水池出现裂缝便不能蓄水。因此，需要对变形、裂缝宽度、振动速度、振幅等进行必要的限制。

3. 耐久性要求

结构耐久性是指在设计规定的环境作用和维修、使用条件下，结构构件在设计使用年限内保持其安全性和适用性的能力。

耐久性要求指的是结构在正常维护下，具有足够的耐久性能，不发生钢筋锈蚀、木材腐朽和虫蛀以及混凝土严重风化等现象。耐久性设计主要解决环境作用与材料抵抗环境作用的能力问题，应根据具体工程结构的设计使用年限、所处的环境类别及环境作用等确定相应的构造措施。

10.1.2 设计基准期和设计使用年限

根据设计使用年限进行设计，主要解决环境作用与材料抵抗环境作用能力的问题。要求在规定的设计使用年限内，结构能够在自然和人为环境的化学和物理作用下，不出现无法接受的承载力减小、使用功能降低和不能接受的外观破损等耐久性问题，所以还要掌握设计基准期和设计使用年限的概念。

设计基准期就是指结构设计时，为确定可变作用及与时间有关的材料性能等取值而选用的时间参数。例如：现行的建筑结构设计规范中的荷载统计参数是按设计基准期为 50 年确定的，桥梁结构为 100 年，水泥混凝土路面结构不大于 30 年，沥青混凝土路面结构不大于15 年。

设计使用年限指结构在正常设计、正常施工、正常使用和维护下所应达到的使用年限，在这个年限内，结构只需要进行正常的维护而不需要进行大修就能够按预期目的使用。如果达不到这个年限，则意味着在设计、施工、使用和维护的某一环节上出现了不正常情况，应查找原因。

结构的可靠度或失效概率与结构的使用年限长短有关。当结构的实际使用年限超过设计使用年限后，结构失效概率将会比设计时的预期值增大，但并不意味着该结构立即丧失功能或报废。

10.1.3 设计状况和设计方法

设计状况代表一定时段内结构体系、承受的作用、材料性能等实际情况的一组设计条件，工程结构设计应做到在该条件下结构不超越有关的极限状态。根据结构在施工和使用中的环境条件和影响，GB 50153—2008《工程结构可靠性设计统一标准》将设计状况分为下列 4 种。

1. 持久状况

在结构使用过程中一定出现，且持续期很长的状况。持续期一般与设计使用年限为同一数量级。如房屋结构承受家具和正常人员荷载的状况属持久状况。

2. 短暂状况

在结构施工和使用过程中出现概率较大，而与设计使用年限相比，持续期很短的状况。如结构施工时承受堆料荷载以及维修时承受设备荷载的状况属短暂状况。

3. 偶然状况

在结构使用过程中出现概率很小，且持续期很短的状况。如火灾、爆炸、撞击等作用的状况属偶然状况。

4. 地震状况

结构遭受地震时的设计状况。在抗震设防地区必须考虑地震设计状况。

由于结构物在建造和使用过程中所承受的作用和所处的环境不同，工程结构设计时，对于不同的设计状况，应采用相应的结构体系、可靠度水准、设计方法、基本变量和作用组合等。我国目前普遍采用的设计方法是极限状态设计法。在结构设计时，应考虑到所有可能的极限状态，以保证结构具有足够的安全性、适用性和耐久性，并按不同的极限状态采用相应的可靠度水平进行设计。

对于上述四种不同的设计状况，均应进行承载能力极限状态设计，以确保结构的安全性。对持久设计状况，尚应进行正常使用极限状态设计以保证结构的适用性和耐久性；对短暂设计状况和地震设计状况，可根据需要进行正常使用极限状态设计；对偶然设计状况，可不进行正常使用极限状态设计，允许主要承重结构因出现设计规定的偶然事件而局部破坏，但其剩余部分应具有在一段时间内不发生连续倒塌。

进行承载力极限状态设计时，应根据不同的设计状况采用下列作用组合。

1）基本组合，用于持久设计状况或短暂设计状况。

2）偶然组合，用于偶然设计状况。在每一种偶然组合中，只考虑一个偶然作用。

3）地震组合，用于地震设计状况。

进行正常使用极限状态设计时，可采用下列作用组合。

1）标准组合，宜用于不可逆正常使用极限状态设计。

2）频遇组合，宜用于可逆正常使用极限状态设计。

3）准永久组合，宜用于长期效应是决定性因素的正常使用极限状态设计。

10.1.4　目标可靠指标 $[\beta]$

在正常设计、正常施工和正常使用的情况下，若相关变量的统计参数已知，就可按第9章的方法来计算其可靠指标 $[\beta]$。但这个可靠指标必须达到可以接受的可靠指标下限——目标可靠指标。

目标可靠指标是为了使结构设计既安全又经济合理，同时也能被公众接受，而确定的工程结构的可靠指标，它代表了设计要求预期达到的结构可靠度，是预先给定作为结构设计依据的可靠指标，故又称设计可靠指标或允许可靠指标。目标可靠指标用 $[\beta]$ 表示，故有

$$\beta \geqslant [\beta] \tag{10.1}$$

目标可靠指标 $[\beta]$ 所对应的失效概率称为目标失效概率 $[p_f]$，由于可靠指标 β 与失效概率 p_f 具有一一对应的关系，故有

$$p_f \leqslant [p_f] \tag{10.2}$$

1. 确定目标可靠指标的原则

目标可靠指标的大小影响到结构的可靠性和经济性。如目标可靠指标定得较高，则相应的工程造价增大，维修费用降低，风险损失减小，可靠性增大；反之，目标可靠指标定得较低，将出现工程造价降低，维修费用及风险损失就会提高，可靠性降低。因此，结构设计的目标可靠指标应以达到结构的安全可靠和经济合理的最佳平衡为原则，且综合考虑公众对工程事故的接受程度、可能的投资水平、结构重要性、结构破坏性质及其失效后果的严重程度等因素，利用优化方法确定。

2. 确定目标可靠指标的方法

确定目标可靠指标，是编制各类工程结构可靠度设计标准的核心问题，理论上可以从工程结构失效引起的损失及社会影响来估计，但这种方法很难确定一个合理数值。目前，近似概率法的设计规范，大多采用"校准法"并结合工程经验来确定结构的目标可靠指标。我国 GB 50153—2008《工程结构可靠性设计统一标准》规定：结构构件设计的目标可靠指标，可在对现行结构规范中的各种结构构件进行可靠指标校准的基础上，根据结构安全和经济的最佳平衡确定。

校准法原理是采用一次二阶矩方法（即验算点法）计算原有规范的可靠指标，找出隐含于现有结构中相应的可靠指标，经综合分析和调整，确定现行规范的可靠指标。

在现阶段，校准法是一种比较切实的确定设计可靠指标的方法。

3. 结构构件设计的目标可靠指标

（1）承载力极限状态的可靠指标　在经验校准法的基础上，GB 50068—2001《建筑结构可靠度设计统一标准》规定了我国现行房屋结构设计规范的按承载力极限状态设计的目标可靠指标 $[\beta]$ 值，见表10.2。同时，GB/T 50283—1999《公路工程结构可靠度设计统一标准》根据结构的安全等级和破坏类型，规定了公路桥梁结构和公路路面结构按承载力极限状态设计时的目标可靠指标 $[\beta]$ 值，见表10.3、表10.4。

表 10.2　建筑结构按承载力极限状态设计的目标可靠指标 $[\beta]$

破坏类型	安全等级		
	一级	二级	三级
延性破坏	3.7	3.2	2.7
脆性破坏	4.2	3.7	3.2

表 10.3　公路桥梁结构按承载力极限状态设计的目标可靠指标 $[\beta]$

破坏类型	安全等级		
	一级	二级	三级
延性破坏	4.7	4.2	5.7
脆性破坏	5.2	4.7	4.2

表 10.4　公路路面结构按承载力极限状态设计的目标可靠指标 $[\beta]$

安全等级	一级	二级	三级
可靠指标	1.64	1.28	1.04

（2）正常使用极限状态下的可靠指标　对于正常使用极限状态下的目标可靠指标取值问题，目前，各工程结构统一标准尚未给出具体规定。GB 50068—2001《建筑结构可靠度设计统一标准》根据国际标准化组织（ISO）编制的 ISO2394：1998《结构可靠性的一般原则》的建议，结合国内对我国建筑结构构件正常使用极限状态可靠度所做的分析研究成果，对结构构件正常使用的可靠度做出了规定。对于正常使用极限状态，若为可逆极限状态，其可靠指标 $[\beta]=0$；对不可逆的正常使用极限状态 $[\beta]=1.5$；可靠指标一般应根据结构构件作用效应的可逆程度在 $0 \sim 1.5$ 范围内选取。可逆程度较高的结构构件取较低值；可逆程度较低的结构构件取较高值。这里不可逆极限状态指产生超越状态的作用被移掉后，仍将永久保持超越状态的一种极限状态；可逆极限状态指产生超越状态的作用被移掉后，将不再保持超越状态的一种极限状态。此外，正常使用极限状态设计的目标可靠指标还应根据不同类型工程结构的特点和工程经验加以确定。

10.2　直接概率设计法

所谓直接概率设计法，就是根据预先给定的目标可靠指标 $[\beta]$ 及各基本变量的统计特征，通过可靠度计算公式反求结构构件抗力，然后进行构件可靠度校核或截面设计的一种方法。简单地讲，就是要使所设计结构的可靠度满足某个规定的概率值，即要使失效概率 p_f 在规定的时间段内不超过规定值 $[p_f]$。直接概率设计法的设计表达式可以用式（10.1）和式（10.2）表示。

目前，直接设计法主要用于以下情况：

1）在特定情况下，一些重要结构物（如核电站、压力容器、海上采油平台等）的设计。

2）根据规定的可靠度，校准分项系数模式中的分项系数。

3）对不同设计条件下的结构可靠度进行一致性对比。

1. 结构构件可靠度校核

可靠度校核是指已知结构构件抗力和荷载效应的概率分布和统计参数，检验其是否满足预定的目标可靠度指标，即是否满足式（10.1）。

基本计算思路是：

1）建立结构某一功能下不同荷载组合时的各极限状态方程。

2）确定各极限状态方程中基本随机变量的概率分布类型及统计参数（如平均值、标准差等）。

3）针对不同荷载组合的各极限状态方程，逐一计算其可靠指标 β，取其最小值检验是否满足式（10.1）。

2. 结构构件截面设计

当结构抗力 R 和荷载效应 S 都服从正态分布类型，且已统计参数 μ_R、μ_S、σ_R 和 σ_S，同时极限状态方程也是线性方程，则根据可靠度指标计算公式可以直接求出结构可靠度 $[\beta]$，即

$$[\beta] = \frac{\mu_R - \mu_S}{\sqrt{\sigma_R^2 + \sigma_S^2}} \qquad (10.3)$$

从上式可以看出，对于所设计的结构，当 μ_R 和 μ_S 的差值越大或者 σ_R 和 σ_S 值越小，可靠度 $[\beta]$ 值就越大，也就意味着失效概率越小，结构越可靠。但从概率统计而言，σ_R 和 σ_S 值不可能为零，故可靠度指标 $[\beta]$ 不可能无限大。

当选定结构的目标可靠指标 $[\beta]$ 时，根据已知参数 μ_R、μ_S、σ_R 和 σ_S，把式（10.3）代入式（10.1），整理后可得

$$\mu_R \geqslant \mu_S + [\beta]\sqrt{(\mu_R\delta_R)^2 + (\mu_S\delta_S)^2} \qquad (10.4)$$

若同时已知抗力的统计参数 η_R（抗力的平均值与标准值之比），则由 $\eta_R = \mu_R R_k$ 即可求得抗力标准值 R_k，然后进行构件的截面设计。

上述方法仅仅是用直接概率法来进行构件设计的简单概念。一般情况下，构件抗力服从对数正态分布，荷载也并非都是正态变量，因而极限状态方程是非线性的，需要验算点法求解抗力 R 的平均值 μ_R，然后求出抗力标准值 R_k，再进行构件的截面设计。

在一般复杂情况下进行构件设计，首先已知结构构件的目标可靠指标及基本量的统计特征，根据可靠度计算公式反求结构构件的抗力，然后进行构件截面设计。

具体的计算思路是：

1）建立构件某一功能的不同荷载组合时的各极限状态方程。

2）确定各极限状态方程中基本变量的概率分布类型，荷载效应的平均值 μ_S，标准差 σ_S，构件抗力的变异系数 δ_R 及抗力平均值与标准值之比，$\eta_R = \mu_R/R_k$。

3）针对不同荷载组合的各极限状态方程，根据预定的可靠指标 β，逐一按下式确定构件抗力平均值 μ'_R 和 μ_R。

$$\mu'_R = R^* \left[1 - \ln R^* + \ln \frac{\mu_R}{\sqrt{1 + \left(\dfrac{\mu_R}{\sigma_R}\right)^2}} \right] \qquad (10.5)$$

式中　μ'_R——当量正态化随机变量 R 的平均值。

4）根据已求得的构件抗力平均值 μ_R，由 $\mu_R = \dfrac{\mu_R}{R_k}$ 确定抗力标准值 R_k，即

$$R_k = \frac{\mu_R}{\eta_R} \tag{10.6}$$

5）按 R_k 进行截面设计。对钢筋混凝土构件，抗力 R_k 是由材料性能标准值 f_k、几何参数的标准值 α_k、钢筋的截面面积 A_S 组成的函数，选定 f_k 和 α_k，即可求得截面配筋 A_S。

一般情况下，上述求解 μ_R 的计算过程需进行非线性与非正态的双重迭代。

直接概率法的设计准则在基本概念上比较合理，可以给出结构可靠度的定量概念，但计算过程比较复杂，而且需要掌握足够的实测数据，包括各种影响因素的统计特征值。但由于有很多影响因素的不定性尚不能统计，因此这个方法还不能普遍用于工程实际。

【例 10-1】 已知某拉杆，采用 Q235B 钢材，承受的轴向拉力和截面承载力服从正态分布，$\mu_S = 219\text{kN}$，$\delta_S = 0.08$，$\eta_R = 1.16$，$\delta_R = 0.09$，钢材屈服强度标准值 $f_y = 235\text{N/mm}^2$，目标可靠指标 $[\beta] = 3.2$。假定不计截面尺寸变异和计算公式精确度的影响，试求该拉杆所需的截面面积。

【解】 由式（10.4）得

$$\mu_R \geqslant \mu_S + [\beta]\sqrt{(\mu_R \delta_R)^2 + (\mu_S \delta_S)^2} = 219\text{kN} + 3.2\sqrt{(0.09\mu_R)^2 + (219 \times 0.08)^2}\text{kN} = 329.13\text{kN}$$

则抗力标准值为

$$R_k = \frac{\mu_R}{\eta_R} = \frac{329.13}{1.16}\text{kN} = 283.73\text{kN}$$

由 $R_k = f_y A_s$，得

$$A_s = R_k/f_y = (283.73 \times 10^3/235)\text{mm}^2 = 1207.36\text{mm}^2$$

所以，拉杆所需的截面面积 $A_s = 1207.36\text{mm}^2$。

10.3　基于分项系数表达的概率极限状态设计法

用上节介绍的目标可靠指标 $[\beta]$ 来直接进行结构设计或可靠度校核，能比较全面地反映荷载和结构抗力变异性对结构可靠度的影响，但需要已知结构预先设定的目标可靠指标 $[\beta]$，并且计算过程烦琐，计算工作量较大，难以使用。

为满足可靠度的要求，在实际结构设计中要采取以下几条措施。

1）计算荷载效应时，取足够大的荷载值；多种荷载作用时考虑荷载的合理组合。

2）在计算结构的抗力时，取足够低的强度指标。

3）对安全等级不同的建筑结构，采用一个重要性系数来进行调整。

在采用上述措施以后，前面的目标可靠指标可得到满足，不必进行繁杂的概率运算。同时，考虑到工程结构设计人员长期以来的习惯，对于一般性工程结构，均采用易于理解和应用的可靠度间接设计法，及采用基本变量的标准值和各系数进行结构设计，因而在可靠度理论上也已建立了分项系数的确定方法。

其基本思路是：在确定目标可靠指标以后，通过一定变换，将目标可靠指标转化为单一安全系数或各种分项系数（具体分项系数的转换和分离详见文献），采用与传统习惯一致、较易接受的设计表达式进行结构设计，且设计表达式具有与设计目标可靠指标相一致或接近的可靠度。

我国 GB 50068—2001《建筑结构可靠度设计统一标准》和 GB/T 50283—1999《公路工程结构可靠度设计统一标准》都规定了在设计验算点处，把以目标可靠指标 $[\beta]$ 表示的极限状态方程转化为以基本变量和相应的分项系数表达的极限状态设计表达式。下面介绍单一安全系数和各分项系数表达式及有关参数的取值规定。

10.3.1　单一系数设计表达式

如果结构抗力 R 和荷载效应 S 两个变量的平均值分别为 μ_R、μ_S，可采用下列结构设计表达式：

$$h_0\mu_S \leqslant \mu_R \tag{10.7}$$

式中　k_0——安全系数。

若采用式（10.7）作为设计式，需要确定 k_0，使该设计表达式具有的可靠性水平与规定的目标可靠指标 $[\beta]$ 相一致或接近。

若已知 R 和 S 的均值为 μ_R、μ_S 及标准差为 σ_R 和 σ_S，且服从正态分布时，则由可靠指标的计算公式（10.3）可得：

$$\frac{\mu_R}{\mu_S} = 1+\beta\frac{\sqrt{\sigma_R^2+\sigma_S^2}}{\mu_S} \tag{10.8}$$

或

$$\frac{\mu_R}{\mu_S} = 1+\beta\sqrt{\left(\frac{\mu_R}{\mu_S}\delta_R^2\right)\sigma_R^2+\delta_S^2} \tag{10.9}$$

即

$$k_0 = 1+\beta\sqrt{(k_0\delta_R^2)+\delta_S^2} \tag{10.10}$$

由上式得

$$k_0 = \frac{1+\beta\sqrt{\delta_R^2+\delta_S^2(1-\beta^2\delta_R^2)}}{1-\beta^2\delta_R^2} \tag{10.11}$$

若抗力 R 和荷载效应 S 均为对数正态分布，则可靠指标的计算公式为

$$\beta = \frac{\ln\dfrac{\mu_R}{\mu_S}\sqrt{\dfrac{1+\delta_S^2}{1+\delta_R^2}}}{\sqrt{\ln(1+\delta_R^2)(1+\delta_S^2)}} \tag{10.12}$$

一般结构抗力 R 和荷载效应 S 的变异系数小于 0.3，则上式可近似简化为

$$\beta = \frac{\ln\dfrac{\mu_R}{\mu_S}}{\sqrt{\delta_R^2+\delta_S^2}} \tag{10.13}$$

由此得

$$k_0 = \exp\left(\beta+\sqrt{\delta_R^2+\delta_S^2}\right) \tag{10.14}$$

显然，按式（10.11）或式（10.14）确定安全系数，可使计算表达式（10.3）具有规

定的可靠指标 $[\beta]$。

当结构抗力 R 和荷载效应 S 不同时为正态分布或对数正态分布时，要使结构表达式（10.3）严格具有规定可靠指标，需要用结构可靠度分析的验算点法确定 k_0。工程设计中，习惯上采用结构功能函数中各变量的设计值或公称值，则设计表达式为

$$kS_k \leqslant R_k \tag{10.15}$$

式中　k——安全系数；

S_k、R_k——荷载效应和抗力的标准值。

设均值与标准值之间有下列比例关系：

$$\mu_S = \eta_S S_k \tag{10.16}$$

$$\mu_R = \eta_R R_k \tag{10.17}$$

将式（10.16）、式（10.17）代入式（10.7）可得

$$k_0 \eta_S S_k \leqslant \eta_R R_k \tag{10.18}$$

对比式（10.15），得出

$$k = k_0 \frac{\eta_S}{\eta_R} \tag{10.19}$$

从公众心理上考虑，荷载效应标准值一般取大于均值的数，结构抗力的标准值一般取小于均值的数，即

$$S_k = \mu_S (1 + k_S \delta_S) \tag{10.20}$$

$$R_k = \mu_R (1 + k_R \delta_R) \tag{10.21}$$

式中　k_S、k_R——大于零的常数。

对比式（10.16）与式（10.20）及式（10.17）与式（10.21）：

$$\eta_S = \frac{1}{1 + k_S \delta_S} \tag{10.22}$$

$$\eta_R = \frac{1}{1 + k_R \delta_R} \tag{10.23}$$

将式（10.22）、式（10.23）代入式（10.19）得

$$k = k_0 \frac{1 - k_R \delta_R}{1 + k_R \delta_S} \tag{10.24}$$

由（10.18）与式（10.21）及式（10.24）知，若采用单一系数表达式，其安全系数与结构抗力 R 和荷载效应 S 的变异系数以及设计要求的可靠指标 $[\beta]$ 有关。由于设计条件的千万变化，R 和 S 的变异系数也将在一个较大的范围内发生变化。因而为使设计与规定的目标可靠指标一致，安全系数 k 将随设计条件的改变而变动，所以 k 就不是定值，这给实际工程设计应用带来不便。

10.3.2　分项系数设计表达式

1. 分项系数的原理及一种可变荷载的分项系数表达式

分项系数设计表达式是在设计验算点 P^* 处将构件极限状态方程转化为用基本变量标准值和分项系数形式表达的极限状态设计表达式。

分项系数设计表达式克服了单一系数设计表达式的不足，将单一系数设计表达式中的安

全系数转化为荷载分项系数和抗力分项系数。当荷载效应由多个荷载引起时，每个荷载都采用各自的分项系数。

对于结构构件上仅作用有永久荷载和一种可变荷载的简单线性情况，将式（10.15）单一系数设计表达式分离为永久荷载效应 S_G 和可变荷载效应 S_Q 之和，即得分项系数设计表达式为

$$\gamma_G S_{G_k} + \gamma_Q S_{Q_k} \leq \frac{R_k}{\gamma_R} \tag{10.25}$$

式中　S_{G_k}、S_{Q_k}——永久荷载效应和可变荷载效应的标准值；

R_k——结构构件抗力标准值；

γ_G、γ_Q、γ_R——永久荷载分项系数、可变荷载分项系数和结构构件抗力分项系数。

假设设计验算点为 S_G^*、S_Q^*、R^*，则在设计验算点处其极限状态方程为

$$S_G^* + S_Q^* = R^* \tag{10.26}$$

为使分项系数设计法与概率可靠度直接设计法等效，即式（10.25）与式（10.26）等效，则应满足下式：

$$\gamma_G = \frac{S_G^*}{S_{G_k}}, \quad \gamma_Q = \frac{S_Q^*}{S_{Q_k}}, \quad \gamma_R = \frac{R_k}{R^*} \tag{10.27}$$

根据概率可靠度直接设计法确定设计验算点，再利用式（10.27）即可计算出分项系数。由理论分析可知，γ_G、γ_Q、γ_R 不仅与给定的结构可靠指标有关，而且与结构极限状态方程中所包含的全部基本变量的统计参数（如平均值、标准差等）有关。若要保证分项系数设计表达式设计的各类构件所具有的可靠性水平与预定的可靠指标相一致，则当可变荷载的效应与永久荷载效应的比值 ρ 改变时（ρ 改变将导致综合荷载效应统计参数发生变化），分项系数的取值也必须随之变化。

结构或构件设计表达式中分项系数的确定，应符合下列原则：

1）结构上的同种作用采用相同的分项系数，不同的作用采用各自的分项系数。

2）不同种类的构件采用不同的抗力分项系数，同一种构件在任何可变作用下，抗力分项系数不变。

3）对各种构件在不同的作用效应比下，按所选定的作用分项系数和抗力系数进行设计，使所得的可靠指标与目标可靠指标具有最佳的一致性。

为了满足可靠度要求，在实际结构设计中采取以下几条措施：

1）计算荷载效应时，取足够大的荷载值；多种荷载作用时，考虑荷载的合理组合。

2）在计算结构抗力时，取足够低的强度指标。

3）对安全等级不同的工程结构，采用一个重要性系数进行调整。

因而，在分项系数设计表达式中目标可靠指标 $[\beta]$ 可通过三类分项系数表达，即结构的重要性系数 γ_0，材料的分项系数 γ_R，荷载效应的分项系数 γ_G 和 γ_Q。

采用分项系数设计表达式的优点是：能对影响结构可靠度的各种因素分别进行研究，不同的荷载效应，可根据荷载的变异性质，采用不同的荷载分项系数。而结构抗力分项系数则可根据结构材料的工作性能不同，采用不同的数值。这样，给定的目标可靠指标可以满足，而不必进行繁杂的概率运算，同时又与传统的设计习惯取得了一致。

2. 现行规范规定的分项系数表达的极限状态设计表达式

为了设计上的方便，规范设计表达式采用了将可靠指标 $[\beta]$ 考虑在分项系数、材料标准值和荷载标准值的取值以及功能函数中，然后在荷载标准值的基础上，建立承载力极限状态和正常使用极限状态实用设计表达式。

（1）承载力极限状态　对于承载力极限状态，其设计表达式通式为

$$\gamma_0 S_d \leq R_d \tag{10.28}$$

上式中荷载效应设计值 S_d 和结构抗力设计值 R_d 可以转化为设计人员所用的基本变量的标准值和分项系数，即由 $S_d = \gamma_S S_k$ 和 $R_d = \dfrac{R_k}{\gamma_R}$，则

$$\gamma_0 \gamma_S S_k \leq \frac{R_k}{\gamma_R} \tag{10.29}$$

式中　γ_0——结构重要性系数，GB 50153—2008《工程结构可靠性设计统一标准》规定见表 10.5；

S_d、R_d——荷载效应和结构抗力的设计值；

S_k、R_k——荷载效应和结构抗力的标准值；

γ_S、γ_R——荷载效应和结构抗力的分项系数。其中 γ_R 的取值应符合各类材料的结构设计规范的规定，即对不同的材料有不同的取值。

表 10.5　结构重要性系数 γ_0

结构类型和设计状况		一级	二级	三级
房屋建筑结构	持久设计状况和短暂设计状况	1.1	1.0	0.9
	偶然设计状况	1.0	1.0	1.0
公路桥涵结构		1.1	1.0	0.9
港口工程结构		1.1	1.0	0.9

抗力设计值 R_d 可以表示为

$$R_d = R(\gamma_R, f_k, a_k, \cdots) \tag{10.30}$$

式中　$R(\cdot)$——结构构件的抗力函数，其具体形式在各种有关结构设计规范中的各项承载力计算中得以体现；

f_k——材料性能标准值；

a_k——几何尺寸的标准值。

说明：按承载力极限状态设计时，应考虑下列状态。

1）结构或构件的破坏或过度变形。此时，结构的材料的强度起控制作用，承载力极限状态设计表达式直接按式（10.28）取用。

2）整个结构或一部分作为刚体失去静力平衡，此时结构的材料或地基基础的强度不起控制作用，承载力极限状态表达式（10.28）变形为下式：

$$\gamma_0 S_{d,dst} \leq R_{d,std} \tag{10.31}$$

式中　$S_{d,dst}$——不平衡作用效应的设计值；

$R_{d,dst}$——平衡作用效应的设计值。

3）地基的破坏或过度变形，该承载力极限状态设计可采用分项系数法进行，也可采用容许应力法进行。

4）结构或结构构件的疲劳破坏，此时，结构材料的疲劳破坏强度起控制作用，承载力极限状态的验算应以验算部位的计算名义应力不超过结构相应部位的疲劳强度设计值为准则。具体验算方法有等效等幅重复应力法、极限损伤度法、断裂力学方法等，根据需要确定。

（2）正常使用极限状态　按正常使用极限状态设计主要是验算构件的变形、抗裂度和裂缝宽度，使荷载效应的计算值 S_d 不超过规范规定的限值 C，以满足结构的使用要求。对于正常使用极限状态，其设计表达式为

$$S_d \leqslant C \tag{10.32}$$

一般构件超过正常使用极限状态后所造成的后果，不如超过承载力极限状态严重，不会造成过重的人身伤亡和财产损失，所以其可靠度可以比承载力极限状态计算时有所降低，因此，按承载力极限状态计算时荷载效应与结构抗力均取设计值，则荷载及材料强度均取设计值，而正常使用极限状态计算时荷载与材料强度均取标准值，即

$$S_k \leqslant C$$

式中　S_k——荷载效应的标准值；

C——结构或结构构件达到正常使用要求的规定限值，如变形、裂缝、振幅、加速度、应力等的限值，应按各有关结构设计规范的规定采用。

10.3.3　荷载作用组合的效应设计值 S_d 的确定

当结构上同时作用多种可变荷载时，应考虑到荷载效应的组合。即将所有可能同时出现的各种荷载加以组合，以求得组合后在结构或构件内产生的总效应。把其中对结构构件产生的总效应最不利的一组和组合称为最不利组合，并取最不利组合进行设计。荷载效应组合的原则可遵循第 7 章介绍的概率统计分析的原理，而且规范中对各种荷载作用组合已经给出了统一的规定。

承载力极限状态设计表达式中的作用组合，应符合下列规定。

1）作用组合应为可能同时出现的作用组合。

2）每个作用组合应包括一个主导可变作用或一个偶然作用。

3）每个作用组合中均应包括永久作用，当结构中永久作用位置的变异、对静力平衡或类似的极限状态结果很敏感时，该永久作用的有利部分和不利部分应分别作为单个作用。

4）当一种作用产生的几种效应非全相关时，对产生有利效应的作用，其分项系数的取值应予降低。

5）对不同的设计状况采用不同的作用组合。

承载力极限状态的组合包括基本组合和偶然组合。

正常使用极限状态，结构构件应根据不同的设计要求，分别采用荷载效应的标准组合、频遇组合和准永久组合或考虑荷载长期作用影响进行验算。

1. 建筑结构荷载作用组合效应 S_d 确定

（1）按承载力极限状态设计各种组合的 S_d 确定

1）基本组合。对于基本组合，荷载效应组合的设计值 S_d 应考虑两种组合情况：可变荷载效应控制的组合及永久荷载效应控制的组合。S_d 应从这两种组合值中选取不利值确定。

由可变荷载控制的效应设计值

$$S_d = \sum_{j=1}^{m} \gamma_{Gj} S_{Gjk} + \gamma_{Q1} \gamma_{L1} S_{Q1k} + \sum_{i=2}^{n} \gamma_{Qi} \gamma_{Li} \psi_{ci} S_{Qik} \tag{10.33}$$

由永久荷载控制的效应设计值

$$S_d = \sum_{j=1}^{m} \gamma_{Gj} S_{Gjk} + \sum_{i=1}^{n} \gamma_{Qi} \gamma_{Li} \psi_{ci} S_{Qik} \tag{10.34}$$

式中　γ_{Gj}——第 j 个永久荷载的分项系数，应按下列规定采用：永久荷载效应对结构不利时，对由可变荷载效应控制的组合［即对式（10.33）］，应取 1.2，对由永久荷载效应控制的组合［即对式（10.34）］，应取 1.35；当永久荷载效应对结构有利时，一般情况下应取 1.0，对结构的倾覆、滑移或漂浮验算应取 0.9；

γ_{Qi}——第 i 个可变荷载的分项系数，一般情况下应取 1.4，标准值大于 14kN/m^2 的工业房屋楼面结构的活荷载应取 1.3；

S_{Gjk}——按第 j 永久荷载标准值计算的荷载效应值；

S_{Qik}——按第 i 个可变荷载标准值计算的荷载效应值；

S_{Q1k}——第 i 个可变荷载标准值计算的荷载效应值中其效应中起控制作用者，即可变荷载效应中最大者，在有些情况下，要正确地选出引起最大荷载效应 S_{Q1} 的那个活荷载 Q_{1k} 并不容易，这时，可依次设备可变荷载为 S_{Q1k}，代入式（10.33）中，然后选其中最不利的荷载效应组合；

ψ_{ci}——可变荷载的组合值系数，根据可变荷载的种类按 GB 50009—2012《建筑结构荷载规范》的规定采用；

γ_{Li}——设计使用年限调整系数。

《建筑结构荷载规范》中规定，设计使用年限调整系数应按下列条件取用：

① 楼面和屋面活荷载考虑设计使用年限的调整系数取值为：当设计使用年限为 5 年，$\gamma_L = 0.9$；当设计使用年限为 50 年，$\gamma_L = 1.0$；当设计使用年限为 100 年，$\gamma_L = 1.1$；另外，当设计使用年限不符合时，可由线性内插确定 γ_L；对于荷载标准值可控制的活荷载，$\gamma_L = 1.0$。

② 对于雪荷载和风荷载，应取重现期为设计使用年限，一般情况，当设计使用年限为 5 年：雪荷载 $\gamma_L = 0.713$，风荷载 $\gamma_L = 0.651$；当设计使用年限为 50 年：雪荷载 $\gamma_L = 1.0$，风荷载 $\gamma_L = 1.0$；当设计使用年限为 100 年：雪荷载 $\gamma_L = 1.087$，风荷载 $\gamma_L = 1.105$。

2）偶然组合。

用于承载能力极限状态计算的效应设计值

$$S_d = \sum_{j=1}^{m} S_{Gjk} + S_{A_d} + \psi_{f1} S_{Q1k} + \sum_{i=2}^{n} \psi_{qi} S_{Qik} \tag{10.35}$$

用于偶然事件发生后受损结构整体稳固性验算效应的设计值

$$S_d = \sum_{j=1}^{m} S_{Gjk} + \psi_{f1} S_{Q1k} + \sum_{i=2}^{n} \psi_{qi} S_{Qik} \tag{10.36}$$

式中　S_{A_d}——按偶然荷载标准值 A_d 计算的荷载效应；

ψ_{f1}——第 1 个可变荷载的频遇值系数；

ψ_{qi}——第 i 个可变荷载的准永久值系数。

3）地震组合。

地震组合用于地震设计状况，《建筑结构抗震设计规范》规定，进行建筑结构抗震设计时，采用两阶段设计法（详见第 5 章）。

按极限状态设计法进行抗震设计时，截面抗震设计采用下式

$$s_d \leqslant R_d / \gamma_{RE}$$

式中　γ_{RE}——承载力抗震调整系数，反映了各类构件在多遇地震烈度下的承载能力极限状态的可靠指标的差异，除另有规定外，应按表 10.6 采用；当仅考虑竖向地震作用组合时，对各类结构构件，均应取 $\gamma_{RE} = 1.0$。

地震设计状况下，当作用与作用效应按线性关系考虑时，荷载与地震作用基本组合的效应设计值 s_d 应按下式确定

$$s_d = \gamma_G S_{GE} + \gamma_{Eh} S_{Ehk} + \gamma_{Ev} S_{Evk} + \psi_w \gamma_w \gamma_{Ev} S_{wk} \qquad (10.37)$$

式中　S_{GE}——重力荷载代表值的效应；

S_{Ehk}、S_{Evk}——水平地震作用标准值、竖向地震作用标准值的效应；

S_{wk}——风荷载标准值的效应；

γ_G——重力荷载分项系数；

γ_{Eh}、γ_{Ev}——重力荷载分项系数；

γ_w——风荷载分项系数；

ψ_w——风荷载组合系数，应取 0.2。

地震设计状况时，荷载与地震作用基本组合的分项系数应按表 10.7 取用；当重力荷载效应对结构承载力有利时，表 10.7 中 γ_G 取括号内数值。

表 10.6　各类构件承载力抗震调整系数

材料	结构构件		受力状态	γ_{RE}
钢	柱,梁,支撑,节点板件,螺栓,焊缝		强度	0.75
	柱,支撑		屈曲稳定性	0.80
砌体	两端均有构造柱、芯柱的抗震墙		受剪	0.9
	其他抗震墙		受剪	1.0
混凝土	梁		受弯	0.75
	柱	轴压比小于 0.15	偏压	0.75
		轴压比不小于 0.15	偏压	0.80
	抗震墙（剪力墙）		偏压	0.85
			局部偏压	1.0
	各类构件		受剪、偏拉	0.85
	节点		受剪	0.85
型钢（钢管）混凝土	型钢混凝土梁		正截面承载力	0.75
	型钢混凝土柱及钢管混凝土柱		正截面承载力	0.80
	剪力墙		正截面承载力	0.85
	支撑		正截面承载力	0.80
	各类构件及节点		斜截面承载力	0.85

表 10.7　地震设计状况时荷载和作用的分项系数

参与组合的荷载和作用	γ_G	γ_{Eh}	γ_{Ev}	γ_w	说　　明
重力荷载及水平地震作用	1.2(1.0)	1.3	—	—	抗震设计的高层建筑结构均应考虑
重力荷载及竖向地震作用	1.2(1.0)	—	1.3	—	9 度抗震设计时考虑；水平长悬臂和大跨度结构，7 度(0.15g)、8 度、9 度抗震设计时考虑
重力荷载、水平地震作用及竖向地震作用	1.2(1.0)	1.3	0.5	—	
重力荷载、水平地震作用及风荷载	1.2(1.0)	1.3	—	1.4	60m 以上的高层建筑结构考虑
重力荷载、水平地震作用、竖向地震作用及风荷载	1.2(1.0)	1.3	0.5	1.4	60m 以上的高层建筑结构，9 度抗震设计时考虑；水平长悬臂和大跨度结构，7 度(0.15g)、8 度、9 度抗震设计时考虑
	1.2(1.0)	0.5	1.3	1.4	水平长悬臂和大跨结构，7 度(0.15g)、8 度、9 度抗震设计时考虑

（2）按正常使用极限状态设计的各种组合的 S_d 确定　正常使用极限状态验算时，应根据不同的验算要求进行不同的效应组合。各作用的永久与可变荷载的荷载分项系数均取 1.0。

标准组合

$$S_d = \sum_{j=1}^{m} S_{Gjk} + S_{Q1k} + \sum_{i=2}^{n} \psi_{ci} S_{Qik} \qquad (10.38)$$

频遇组合

$$S_d = \sum_{j=1}^{m} S_{Gjk} + \psi_{f1} S_{Q1k} + \sum_{i=2}^{n} \psi_{qi} S_{Qik} \qquad (10.39)$$

准永久组合

$$S_d = \sum_{j=1}^{m} S_{Gjk} + \sum_{i=1}^{n} \psi_{qi} S_{Qik} \qquad (10.40)$$

式中　ψ_{f1}——在频遇组合中起控制作用的可变荷载频遇值系数。

2. 公路桥涵结构荷载作用组合效应 S_{ud} 确定

（1）按承载力极限状态设计各种组合的 S_{ud} 确定

1）基本组合。永久作用的设计值效应与可变作用的设计值效应进行组合

$$S_{ud} = \sum_{i=1}^{m} \gamma_{Gi} S_{Gik} + \gamma_{Q1} S_{Q1k} + \psi_c \sum_{j=2}^{n} \gamma_{Qj} S_{Qik} \qquad (10.41)$$

或

$$S_{ud} = \sum_{i=1}^{m} S_{Gid} + \psi_c \sum_{j=1}^{n} S_{Qjd} \qquad (10.42)$$

式中　S_{ud}——承载力极限状态下作用基本组合的效应组合设计值；

S_{Gik}、S_{Gid}——第 i 个永久作用效应的标准值和设计值；

S_{Q1k}、S_{Q1d}——汽车荷载效应（含汽车冲击力、离心力）标准值和设计值；

S_{Qjk}、S_{Qjd}——在作用效应组合中，除汽车荷载效应（含汽车冲击力、离心力）外的第 j 个可变作用效应的标准值和设计值；

γ_{Gi}——第 i 个永久作用效应的分项系数，应按表10.8规定采用；

γ_{Qj}——在作用效应组合中，除汽车荷载效应（含汽车冲击力、离心力）、风荷载外的第 j 个可变作用效应的分项系数，取 $\gamma_{Qj}=1.4$，但风荷载的分项系数取 $\gamma_{Qj}=1.1$；

ψ_c——在作用效应组合中，除汽车荷载效应（含汽车冲击力、离心力）外的其他可变作用效应的组合系数，具体取值有如下规定：永久荷载+汽车荷载+人群荷载（或其他一种可变荷载）组合时，$\psi_c=0.80$；永久荷载+汽车荷载+其他两种可变荷载组合时，$\psi_c=0.70$；永久荷载+汽车荷载+其他三种可变荷载，$\psi_c=0.60$；永久荷载+汽车荷载+其他四种或多于四种可变荷载，$\psi_c=0.50$。

设计弯桥，当离心力与制动力同时参与组合时，制动力标准值或设计值按70%取用。

表10.8　永久作用效应的分项系数

编　号	作用类别		永久作用效应的分项系数	
			对结构承载力不利时	对结构承载力有利时
1	混凝土和圬工结构重量（包括结构附加重力）		1.2	1.0
	钢结构重力（包括结构附加重力）		1.1 或 1.2	1.0
2	预加力		1.2	1.0
3	土的重力		1.2	1.0
4	混凝土的收缩及徐变作用		1.0	1.0
5	土侧压力		1.4	1.0
6	水的浮力		1.0	1.0
7	基础变位	混凝土和圬工结构	0.5	0.5
		钢结构	1.0	1.0

2）偶然组合。偶然组合是指永久作用标准值效应与可变作用某种代表值效应、一种偶然作用标准值效应组合。偶然荷载的效应分项系数取1.0；与偶然荷载同时出现的其他可变荷载，可根据观测资料工程经验采用适当的代表值；地震作用标准值及其表达式按 JTG B02—2013《公路工程抗震规范》的规定采用。

（2）按正常使用极限状态设计的各种组合的 S_{ud} 确定　公路桥涵结构按正常使用极限状态设计时，应根据不同的要求，采用以下两种效应组合。

1）作用短期效应组合——频遇组合：

$$S_{sd} = \sum_{i=1}^{m} S_{Gik} + \sum_{j=1}^{n} \psi_{1j} S_{Qjk} \qquad (10.43)$$

式中　S_{sd}——荷载短期效应组合设计值；

S_{Qjk}——第 j 个可变作用效应的频遇值；

ψ_{1j}——第 j 个可变作用效应的频遇值系数，应按下列规定采用：汽车荷载效应（不计冲击力）$\psi_1 = 0.7$；人群荷载效应 $\psi_1 = 1.0$；风荷载效应 $\psi_1 = 0.75$；温度作用效应 $\psi_1 = 0.80$；其他作用效应 $\psi_1 = 1.0$。

2）作用长期效应组合——准永久组合：

$$S_{ld} = \sum_{i=1}^{m} S_{Gik} + \sum_{j=1}^{n} \psi_{2j} S_{Qjk} \tag{10.44}$$

式中 S_{ld}——荷载长期效应组合设计值；

S_{Qjk}——第 j 个可变作用效应的准永久值；

ψ_{2j}——第 j 个可变作用效应的频遇值系数，应按下列规定采用：汽车荷载效应（不计冲击力）$\psi_2 = 0.4$；人群荷载效应 $\psi_2 = 0.4$；风荷载效应 $\psi_2 = 0.75$；温度作用效应 $\psi_2 = 0.80$；其他作用效应 $\psi_2 = 1.0$。

从以上可以看出，现行规范采用的分项系数设计表达式对于不同结构的可靠度要求有很大的适应性。当永久荷载和可变荷载对结构的效应相反时，通过调整作用（荷载）分项系数，使可靠度达到较好的一致性；当考虑多个可变荷载组合对结构的效应时，采用可变荷载的组合系数，使结构设计的可靠度达到一致；对于安全等级不同的结构，通过结构重要性系数的调整使可靠度水准不同，来反映两者的重要性不同；对不同材料、不同工作性质的构件，通过调整抗力（材料）分项系数，以适应不同材料结构要求的不同。

当结构构件需要进行弹性阶段截面应力计算时，除特别指明外，各作用效应的分项系数及组合系数均取为 1.0，各项应力限值按各设计规范规定采用。

验算结构的抗倾覆、滑移稳定时，稳定系数、各作用的分项系数及摩擦系数应根据不同结构按各有关桥涵设计规范的规定确定。构件在吊装、运输时，构件重力应乘以动力系数 1.2 或 0.85，并可视构件具体情况做适当增减。

10.3.4 例题

【例 10-2】 已知建筑中某屋面一受弯构件，设计使用年限为 50 年，各种荷载引起的弯矩标准值为：永久荷载 18kN·m，屋面均布活荷载 4.5kN·m，风荷载 0.9kN·m，雪荷载 0.3kN·m。若结构的安全等级为二级，使用活荷载 $\psi_{f1} = 0.5$，$\psi_{q1} = 0.5$，$\psi_{c1} = 0.7$，风荷载 $\psi_{f2} = 0.4$，$\psi_{q2} = 0$，$\psi_{c2} = 0.6$，雪荷载 $\psi_{f3} = 0.6$，$\psi_{q3} = 0.5$，$\psi_{c3} = 0.7$；按照现行的荷载规范中荷载组合公式进行计算。

（1）按承载力极限状态设计时的弯矩设计值。

（2）按正常使用极限状态设计时荷载效应标准组合、频遇组合和准永久组合时的弯矩设计值。

【解】 （1）承载力极限状态的基本组合的荷载效应值

按屋面活荷载的取值原则，屋面活荷载应取屋面均布活荷载和雪荷载二者较大值与积灰荷载同时考虑。因此这里只考虑屋面活荷载，不必考虑雪荷载。

1）由可变荷载控制的组合。因屋面均布活荷载效应较大，故取使用活荷载为第一可变荷载。

$$\gamma_0 S_d = \gamma_0 M_d = \left(\sum_{j=1}^{1} \gamma_{Gj} M_{Gjk} + \gamma_{Q1} \gamma_{L1} M_{Q1k} + \sum_{i=2}^{3} \gamma_{Qi} \gamma_{Li} \psi_{ci} M_{Qik} \right)$$

$$= 1.0 \times [1.2 \times 18 + 1.4 \times 1.0 \times 4.5 + (1.4 \times 1.0 \times 0.6 \times 0.9)] \text{kN} \cdot \text{m}$$
$$= 28.66 \text{kN} \cdot \text{m}$$

2）由永久荷载控制组合：

$$\gamma_0 S_d = \gamma_0 M_d = \gamma_0 \left(\sum_{j=1}^{1} \gamma_{Gj} M_{Gjk} + \sum_{i=1}^{3} \gamma_{Qi} \gamma_{Li} \psi_{ci} M_{Qik} \right)$$

$$= 1.0 \times \left[\begin{array}{l} 1.35 \times 18 + (1.4 \times 1.0 \times 0.7 \times 4.5 + 1.4 \times 1.0 \times 0.6 \times 0.9 + \\ 1.1 \times 0.7 \times 1.4 \times 0.30) \end{array} \right] \text{kN} \cdot \text{m}$$

$$= 29.79 \text{kN} \cdot \text{m}$$

取较大值：$M = 29.79 \text{kN} \cdot \text{m}$

2）按正常使用极限状态设计时的荷载效应值

1）标准组合：

$$S_d = M_d = M_{G1k} + M_{Q1k} + \sum_{i=2}^{3} M_{Qik} \psi_{ci} = 18 \text{kN} \cdot \text{m} + 4.5 \text{kN} \cdot \text{m} + (0.6 \times 0.9) \text{kN} \cdot \text{m} = 23.04 \text{kN} \cdot \text{m}$$

2）频遇组合：

$$S_d = M_d = M_{G1k} + \psi_{f1} M_{Q1k} + \sum_{i=2}^{3} \psi_{qi} M_{Qik}$$

$$= (18 + 4.5 \times 0.5 + 0.4 \times 0.9) \text{kN} \cdot \text{m}$$

$$= 20.61 \text{kN} \cdot \text{m}$$

3）准永久组合：

$$S_d = M_d = M_{G1k} + \sum_{i=1}^{3} M_{Qik} \psi_{qi} = 18 \text{kN} \cdot \text{m} + (0.4 \times 4.5 + 0 \times 0.9) \text{kN} \cdot \text{m} = 19.80 \text{kN} \cdot \text{m}$$

【例 10-3】 某预制空心屋面板，设计使用年限为 50 年，安全等级为二级，其计算跨度为 2.14m，板宽 0.6m，板厚 100mm，其上有 30mm 厚后浇混凝土层，板底有 20mm 厚抹灰层，屋面活荷载取 2.5kN/m²，屋面积雪荷载为 0.4kN/m²，屋面积灰荷载为 0.5kN/m²，屋面活荷载组合系数 0.7，积雪荷载组合系数 0.7，积灰荷载组合系数为 0.9，求承载力极限状态跨中截面弯矩值。

【解】 （1）永久荷载标准值

30mm 厚后浇混凝土层	$25 \times 0.03 \text{kN/m}^2 = 0.75 \text{kN/m}^2$
100mm 厚预制实心楼面板	$25 \times 0.1 \text{kN/m}^2 = 2.5 \text{kN/m}^2$
20mm 厚板底抹灰层	$20 \times 0.02 \text{kN/m}^2 = 0.4 \text{kN/m}^2$
合计	3.65kN/m^2

（2）可变荷载标准值

屋面活荷载标准值	2.5kN/m^2
屋面积雪荷载标准值	0.4kN/m^2
屋面积灰荷载标准值	0.5kN/m^2

（3）每延米板长方向的荷载标准值

沿板长的永久荷载的标准值为 $0.6 \times 3.65 \mathrm{kN/m} = 2.19 \mathrm{kN/m}$

沿板长活荷载的标准值为 $0.6 \times 2.5 \mathrm{kN/m} = 1.5 \mathrm{kN/m}$

沿板长积雪荷载的标准值为 $0.6 \times 0.4 \mathrm{kN/m} = 0.24 \mathrm{kN/m}$

沿板长积灰荷载的标准值为 $0.6 \times 0.5 \mathrm{kN/m} = 0.30 \mathrm{kN/m}$

（4）两端支承在墙上的板其垮中的弯矩值 $M = \dfrac{1}{8} q l^2$

永久荷载产生的弯矩 $M = \dfrac{1}{8} \times 2.19 \times 2.14^2 \mathrm{kN \cdot m} = 1.25 \mathrm{kN \cdot m}$

活荷载产生的弯矩 $M = \dfrac{1}{8} \times 1.5 \times 2.14^2 \mathrm{kN \cdot m} = 0.86 \mathrm{kN \cdot m}$

积雪荷载产生的弯矩 $M = \dfrac{1}{8} \times 0.24 \times 2.14^2 \mathrm{kN \cdot m} = 0.14 \mathrm{kN \cdot m}$

积灰荷载产生的弯矩 $M = \dfrac{1}{8} \times 0.3 \times 2.14^2 \mathrm{kN \cdot m} = 0.17 \mathrm{kN \cdot m}$

（5）按照承载力极限状态设计的基本组合的荷载效应设计值

按屋面活荷载的取值原则，屋面活荷载应取屋面均布活荷载和雪荷载二者较大值与积灰荷载同时考虑。因此这里只考虑屋面活荷载，不必考虑雪荷载。

1）由可变荷载控制组合：

$$M = \gamma_0 S_\mathrm{d} = 1.0 \left(\sum_{j=1}^{1} \gamma_{Gj} S_{Gjk} + \gamma_{Q1} \gamma_{L1} S_{Q1k} + \sum_{i=2}^{2} \gamma_{Qi} \gamma_{Li} \psi_{ci} S_{Qik} \right)$$

$$= 1.0 \times [1.2 \times 1.25 + 1.4 \times 1.0 \times 0.86 + 1.4 \times 1.0 \times 0.9 \times 0.17)] \mathrm{kN \cdot m}$$

$$= 2.92 \mathrm{kN \cdot m}$$

2）由永久荷载控制组合：

$$M = \gamma_0 S_\mathrm{d} = 1.0 \left(\sum_{j=1}^{1} \gamma_{Gj} S_{Gjk} + \sum_{i=1}^{2} \gamma_{Qi} \gamma_{Li} \psi_{ci} S_{Qik} \right)$$

$$= 1.0 \times [1.35 \times 1.25 + (1.4 \times 1.0 \times 0.7 \times 0.69 + 1.4 \times 1.0 \times 0.9 \times 0.17)] \mathrm{kN \cdot m}$$

$$= 2.58 \mathrm{kN \cdot m}$$

故按承载力极限状态设计荷载效应设计值为 $2.92 \mathrm{kN \cdot m}$。

【例 10-4】 已知公路桥涵中一受弯构件，各种荷载引起的弯矩标准值为：永久荷载 $18 \mathrm{kN \cdot m}$，汽车荷载 $4.5 \mathrm{kN \cdot m}$，风荷载 $0.9 \mathrm{kN \cdot m}$，人群荷载 $0.3 \mathrm{kN \cdot m}$，汽车荷载 $\psi_1 = 0.7$、$\psi_2 = 0.4$，风荷载 $\psi_c = 0.7$、$\psi_1 = 0.75$，$\psi_2 = 0.75$，人群荷载 $\psi_c = 0.7$、$\psi_1 = 1.0$，$\psi_2 = 0.4$；按照现行公路桥梁荷载规范荷载效应组合进行计算。

试求：（1）按承载力极限状态设计，荷载效应基本组合的弯矩设计值。

（2）按正常使用极限状态设计，荷载效应长期效应组合和短期效应组合的弯矩设计值。

【解】 （1）承载力极限状态的基本组合的荷载效应值

$$\gamma_0 S_{\mathrm{ud}} = \gamma_0 M_{\mathrm{ud}} = 1.0 \left(\sum_{i=1}^{1} \gamma_{Gi} M_{Gik} + \gamma_{Q1} M_{Q1k} + \psi_c \sum_{j=2}^{3} \gamma_{Qj} M_{Qjk} \right)$$

$$= 1.0 \times [1.2 \times 18 + 1.4 \times 4.5 + (0.7 \times 0.9 + 0.7 \times 0.30)] \text{kN} \cdot \text{m}$$
$$= 28.74 \text{kN} \cdot \text{m}$$

（2）按正常使用极限状态设计时的荷载效应值

1）短期效应组合：

$$S_{sd} = M_{sd} = M_{G1k} + \sum_{j=1}^{3} \psi_{1j} M_{Qjk}$$

$$= 18 \text{kN} \cdot \text{m} + (0.7 \times 4.5 + 0.75 \times 0.9 + 1.0 \times 0.30) \text{kN} \cdot \text{m} = 22.13 \text{kN} \cdot \text{m}$$

2）长期作用效应组合：

$$S_{ld} = M_{ld} = M_{G1k} + \sum_{j=1}^{3} \psi_{2j} M_{Qjk}$$

$$= 18 \text{kN} \cdot \text{m} + (0.4 \times 4.5 + 0.75 \times 0.9 + 0.4 \times 0.30) \text{kN} \cdot \text{m} = 20.60 \text{kN} \cdot \text{m}$$

本章小结

1）极限状态设计要求。主要阐述了设计要求、设计基准期和设计使用年限、设计状况、设计方法和目标可靠指标 $[\beta]$。

2）结构设计的直接概率设计方法。主要阐述了结构构件可靠度的直接校核和结构构件截面设计。

3）结构设计基于分项系数表达的概率极限状态设计法。主要阐述了分项系数的原理及一种可变荷载的分项系数表达式、现行规范规定的分项系数表达的极限状态设计表达式。重点阐述了现行规范中建筑结构设计和公路桥涵设计中的分项系数表达式以及其表达式中荷载效应、抗力及系数的确定。

思考题

1. 结构设计的功能要求是什么？

2. 什么是结构设计状况？包括哪几种？各需进行何种极限状态设计？

3. 如何确定结构构件设计的目标可靠指标？

4. 说明结构构件概率可靠度直接设计法进行结构设计的基本思路。

5. 结构概率可靠度设计法的单一系数设计表达式和分项系数设计表达式有何不同？如何确定结构的安全等级？

6. 现行规范中承载力极限状态和正常使用极限状态设计表达式是什么？试说明式中各系数的意义。

习题

1. 已知某钢拉杆，其抗力和荷载的统计参数为：$\mu_R = 237 \text{kN}$，$\sigma_N = 0.07$，$\eta_k = 1.12$，$\delta_R = 0.07$，且轴向拉力 N 和截面承载力 R 都服从正态分布。当给定目标可靠指标 $[\beta] = 3.7$ 时，不考虑截面尺寸变异的影响，试求其抗力的标准值。

2. 某预制空心屋面板,设计使用年限为 100 年,安全等级为二级,其计算跨度为 2.14m,板宽 0.6m,板厚 80mm,其上有 30mm 厚后浇混凝土层,板底有 20mm 厚抹灰层,屋面活荷载取 2.0kN/m²,屋面积雪荷载为 0.4kN/m²,屋面积灰荷载为 0.5kN/m²,屋面活荷载组合系数 0.7,积雪荷载组合系数为 0.7,积灰荷载组合系数为 0.9。求:(1)承载力极限状态跨中截面弯矩值。(2)按正常使用极限状态设计,荷载效应准永久组合和频遇组合的弯矩设计值。

3. 已知公路桥涵中一受弯构件,各种荷载引起的弯矩标准值为:永久荷载 20kN·m,汽车荷载效应 3.5kN·m,风荷载 0.8kN·m,雪荷载 0.25kN·m。安全等级为二级。按照现行公路桥梁荷载效应组合公式进行计算。求:(1)按承载力极限状态设计,荷载效应基本组合时的弯矩设计值。(2)按正常使用极限状态设计,荷载效应准永久组合和频遇组合的弯矩设计值。

附录

附录 A 常用材料和构件的自重

序号	材料名称	自重	备注
\multicolumn{4}{c}{1. 木材/(kN/m³)}			
1	杉木	4	随含水率而不同
2	冷杉、云杉、红松、华山松、樟子松、铁杉、拟赤杨、红椿、杨木、枫杨	4~5	随含水率而不同
3	马尾松、云南松、油松、赤松、广东松、桤木、枫香、柳木、檫木、秦岭落叶松、新疆落叶松	5~6	随含水率而不同
4	东北落叶松、陆均松、榆木、桦木、水曲柳、苦楝、木荷、臭椿	6~7	随含水率而不同
5	锥木(栲木)、石栎、槐木、乌墨	7~8	随含水率而不同
6	青冈栎(槠木)、栎木(柞木)、桉树、木麻黄	8~9	随含水率而不同
7	普通木板条、橡檩木料	5	随含水率而不同
8	锯末	2~2.5	加防腐剂时为3kN/m³
9	木丝板	4~5	
10	软木板	2.5	
11	刨花板	6	
\multicolumn{4}{c}{2. 胶合板材/(kN/m²)}			
1	胶合三夹板(杨木)	0.019	
2	胶合三夹板(椴木)	0.022	
3	胶合三夹板(水曲柳)	0.028	
4	胶合五夹板(杨木)	0.030	
5	胶合五夹板(椴木)	0.034	
6	胶合五夹板(水曲柳)	0.040	
7	甘蔗板(按10mm厚计)	0.030	常用厚度为13mm,15mm,19mm,25mm
8	隔声板(按10mm厚计)	0.030	常用厚度为13mm,20mm
9	木屑板(按10mm厚计)	0.120	常用厚度为6mm,10mm
\multicolumn{4}{c}{3. 金属矿产/(kN/m³)}			
1	铸铁	72.5	
2	锻铁	77.5	
3	铁矿渣	27.6	
4	赤铁矿	25~30	

（续）

序号	材料名称	自重	备注
5	钢	78.5	
6	纯铜、赤铜	89	
7	黄铜、青铜	85	
8	硫化铜矿	42	
9	铝	27	
10	铝合金	28	
11	锌	70.5	
12	亚锌矿	40.5	
13	铅	114	
14	方铅矿	74.5	
15	金	193	
16	白金	213	
17	银	105	
18	锡	73.5	
19	镍	89	
20	水银	136	
21	钨	189	
22	镁	18.5	
23	锑	66.6	
24	水晶	29.5	
25	硼砂	17.5	
26	硫矿	20.5	
27	石棉矿	24.6	
28	石棉	10	压实
29	石棉	4	松散,含水率不大于 15%
30	石垩(高岭土)	22	
31	石膏矿	25.5	
32	石膏	13~14.5	粗块堆放 $\varphi=30°$,细块堆放 $\varphi=40°$
33	石膏粉	9	
4. 土、砂、砂砾、岩石/(kN/m³)			
1	腐殖土	15~16	干,$\varphi=40°$;湿,$\varphi=35°$;很湿,$\varphi=25°$
2	黏土	13.5	干,松,空隙比为 1.0
3		16	干,$\varphi=40°$,压实
4		18	湿,$\varphi=35°$,压实
5		20	很湿,$\varphi=20°$,压实
6	砂土	12.2	干,松
7		16	干,$\varphi=35°$,压实
8		18	湿,$\varphi=35°$,压实
9		20	很湿,$\varphi=25°$,压实
10	砂土	14	干,细砂
11		17	干,粗砂

（续）

序号	材料名称	自重	备注
12	卵石	16～18	干
13	黏土夹卵石	17～18	干,松
14	砂夹卵石	15～17	干,松
15		16～19.2	干,压实
16		18.9～19.2	湿
17	浮石	6～8	干
18	浮石填充料	4～6	
19	砂岩	23.6	
20	页岩	28	
21		14.8	片石堆置
22	泥灰石	14	$\varphi = 48°$
23	花岗岩、大理石	28	
24	花岗岩	15.4	片石堆置
25	石灰石	26.4	
26		15.2	片石堆置
27	贝壳石灰岩	14	
28	白云石	16	片石堆置,$\varphi = 48°$
29	滑石	27.1	
30	火石(燧石)	35.2	
31	云斑石	27.6	
32	玄武岩	29.5	
33	长石	25.5	
34	角闪石、绿石	30	
35		17.1	片石堆置
36	碎石子	14～15	堆置
37	岩粉	16	黏土质或石灰质
38	多孔黏土	5～8	作填充料用,$\varphi = 35°$
39	硅藻土填充料	4～6	
40	辉绿岩板	29.5	

5. 砖及砌块/（kN/m³）

1	普通砖	18	240mm×115mm×53mm（684 块/m³）
2		19	机器制
3	缸砖	21～21.5	230mm×110mm×65mm（609 块/m³）
4	红缸砖	20.4	
5	耐火砖	19～22	230mm×110mm×65mm（609 块/m³）
6	耐酸瓷砖	23～25	230mm×113mm×65mm（590 块/m³）
7	灰砂砖	18	砂:白灰=92:8
8	煤渣砖	17～18.5	
9	矿渣砖	18.5	硬矿渣:烟灰:石灰=75:15:10
10	焦渣砖	12～14	炉渣:电石渣:烟灰=30:40:30
11	烟灰砖	14～15	
12	黏土坯	12～15	

（续）

序号	材料名称	自重	备注
13	锯末砖	9	
14	焦渣空心砖	10	290mm×290mm×140mm（85 块/m³）
15	水泥空心砖	9.8	290mm×290mm×140mm（85 块/m³）
16		10.3	300mm×250mm×110mm（121 块/m³）
17		9.6	300mm×250mm×160mm（83 块/m³）
18	蒸压粉煤灰砖	14~16	干自重
19	陶粒空心砌块	5	长 600mm、400mm；宽 150mm、250mm；高 250mm、200mm
20		6	390mm×290mm×190mm
21	粉煤灰轻渣空心砌块	7~8	390mm×290mm×190mm，390mm×240mm×190mm
22	蒸压粉煤灰加气混凝土砌块	5.5	
23	混凝土空心小砌块	11.8	39mm×190mm×190mm
24	碎砖	12	堆置
25	水泥花砖	19.8	200mm×200mm×24mm（1042 块/m³）
26	瓷面砖	19.8	150mm×150mm×8mm（5556 块/m³）
27	陶瓷马赛克	0.12kg/m²	厚 5mm

6. 石灰、水泥、灰浆及混凝土/（kN/m³）

1	生石灰块	11	堆置，$\varphi=30°$
2		12	堆置，$\varphi=35°$
3	熟石灰膏	13.5	
4	石灰砂浆、混合砂浆	17	
5	水泥石灰焦渣砂浆	14	
6	石灰炉渣	10~12	
7	水泥炉渣	12~14	
8	石灰焦渣砂浆	13	
9	灰土	17.5	石灰：土＝3：7，夯实
10	稻草石灰泥	16	
11	纸筋石灰泥	16	
12	石灰锯末	3.4	石灰：锯末＝1：3
13	石灰三合土	17.5	石灰、砂子、卵石
14	水泥	12.5	轻质松散，$\varphi=20°$
15		14.5	散装，$\varphi=30°$
16		16	袋装压实，$\varphi=40°$
17	矿渣水泥	14.5	
18	水泥砂浆	20	
19	水泥蛭石砂浆	5~8	
20	石棉水泥浆	19	
21	膨胀珍珠岩砂浆	7.5~15	
22	石膏砂浆	12	
23	碎砖混凝土	18.5	
24	素混凝土	22~24	振捣或不振捣

（续）

序号	材料名称	自重	备注
25	矿渣混凝土	20	
26	焦渣混凝土	16~17	承重用
27		10~14	填充用
28	铁屑混凝土	28~65	
29	浮石混凝土	9~14	
30	沥青混凝土	20	
31	无砂大孔性混凝土	16~19	
32	泡沫混凝土	4~6	
33	加气混凝土	5.5~7.5	单块
34	石灰粉煤灰加气混凝土	6.0~6.5	
35	钢筋混凝土	24~25	
36	碎砖钢筋混凝土	20	
37	钢丝网水泥	25	用于承重结构
38	水玻璃耐酸混凝土	20~23.5	
39	粉煤灰陶砾混凝土	19.5	

7. 沥青、煤灰、油料/（kN/m³）

序号	材料名称	自重	备注
1	石油沥青	10~11	根据相对密度
2	柏油	12	
3	煤沥青	13.4	
4	煤焦油	10	
5	无烟煤	15.5	整体
6		9.5	块状堆放，$\varphi=35°$
7		8.0	碎块堆放，$\varphi=35°$
8	煤末	7.0	堆放，$\varphi=35°$
9	煤球	10.0	堆放
10	褐煤	12.5	
11		7~8	堆放
12	泥炭	7.5	
13		3.2~3.4	堆放
14	木炭	3.0~5.0	
15	煤焦	12.0	
16		7.0	堆放，$\varphi=35°$
17	焦渣	10.0	
18	煤灰	6.5	
19		8	压实
20	石墨	20.8	
21	煤蜡	9	
22	油蜡	9.6	
23	原油	8.8	
24	煤油	8	
25		7.2	桶装，相对密度 0.82~0.89

（续）

序号	材料名称	自重	备注
26	润滑油	7.4	
27	汽油	6.7	
28		6.4	桶装,相对密度 0.72~0.76
29	动物油、植物油	9.3	
30	豆油	8	大铁桶装,每桶 360kg

8. 杂项/（kN/m³）

序号	材料名称	自重	备注
1	普通玻璃	25.6	
2	夹丝玻璃	26	
3	泡沫玻璃	3~5	
4	玻璃棉	0.5~1	作绝缘层填充料用
5	岩棉	0.5~2.5	
6	沥青玻璃棉	0.8~1	导热系数 0.035~0.047W/(m·K)
7	玻璃棉板(管套)	1~1.5	导热系数 0.035~0.047W/(m·K)
8	玻璃钢	14~22	
9	矿渣棉	1.2~1.5	松散,导热系数 0.031~0.044W/(m·K)
10	矿渣棉制品(板、砖、管)	3.5~4.0	导热系数 0.047~0.07W/(m·K)
11	沥青矿渣棉	1.2~1.6	导热系数 0.041~0.052W/(m·K)
12	膨胀珍珠岩粉料	0.8~2.5	干,松散,导热系数 0.052~0.076W/(m·K)
13	水泥珍珠岩制品、憎水珍珠岩制品	3.5~4.0	强度 1.0N/mm²,导热系数 0.052~0.076W/(m·K)
14	膨胀蛭石	0.8~2	导热系数 0.052~0.07W/(m·K)
15	沥青蛭石制品	3.5~4.5	导热系数 0.081~0.105W/(m·K)
16	水泥蛭石制品	4.0~6.0	导热系数 0.093~0.14W/(m·K)
17	聚氯乙烯板(管)	13.6~16	
18	聚苯乙烯泡沫塑料	0.5	导热系数不大于 0.035W/(m·K)
19	石棉板	13	含水率不大于3%
20	乳化沥青	9.8~10.5	
21	软性橡胶	9.3	
22	白磷	18.3	
23	松香	10.7	
24	磁	24	
25	酒精	7.85	100%纯
26		6.6	桶装,相对密度 0.79~0.82
27	盐酸	12	浓度40%
28	硝酸	15.1	浓度91%
29	硫酸	17.9	浓度87%
30	火碱	17	浓度60%
31	氯化铵	7.5	袋装堆放
32	尿素	7.5	袋装堆放
33	碳酸氢铵	8	袋装堆放
34	水	10	温度4℃密度最大时
35	冰	8.96	
36	书籍	5	书架藏置

（续）

序号	材 料 名 称	自重	备　注
37	道林纸	10	
38	报纸	7	
39	宣纸类	4	
40	棉花、棉纱	4	压紧平均重量
41	稻草	1.2	
42	建筑碎料（建筑垃圾）	15	

9. 食品/（kN/m³）

序号	材 料 名 称	自重	备　注
1	稻谷	6	$\varphi = 35°$
2	大米	8.5	散放
3	豆类	7.5~8	$\varphi = 20°$
4		6.8	袋装
5	小麦	8	$\varphi = 25°$
6	面粉	7	
7	玉米	7.8	$\varphi = 28°$
8	小米、高粱	7	散装
9		6	袋装
10	芝麻	4.5	袋装
11	鲜果	3.5	散装
12		3	装箱
13	花生	2	袋装带壳
14	罐头	4.5	装箱
15	酒、酱、油、醋	4	成瓶装箱
16	豆饼	9	圆饼放置，每块28kg
17	矿盐	10	成块
18	盐	8.6	细粒散放
19		8.1	袋装
20	砂糖	7.5	散装
21		7	袋装

10. 砌体/（kN/m³）

序号	材 料 名 称	自重	备　注
1	浆砌细方石	26.4	花岗石，方整石块
2		25.6	石灰石
3		22.4	砂岩
4	浆砌毛方石	24.3	花岗石、上下面大致平整
5		24	石灰石
6		20.8	砂岩
7	干砌毛石	20.8	花岗石、上下面大致平整
8		20	石灰石
9		17.6	砂岩
10	浆砌普通烧结黏土实心砖	18	
11	浆砌烧结机制黏土实心砖	19	
12	浆砌蒸压灰砂砖	20	
13	浆砌蒸压粉煤灰砖	17	掺有砂石的蒸压粉煤灰砖应按实际自重计算

（续）

序号	材料名称	自重	备注
14	浆砌烧结机制多孔砖	$(1-0.5q)19$	q 为孔洞率（%）
15		16.4	当孔洞率大于28%时
16	浆砌缸砖	21	
17	浆砌耐火砖	22	
18	浆砌矿渣砖	21	
19	浆砌焦渣砖	12.5~14	
20	土坯砖砌体	16	
21	黏土砖空斗砌体	17	中填碎瓦砾，一眠一斗
22		13	全斗
23		12.5	不能承重
24		15	能承重
25	粉煤灰泡沫砌块砌体	8~8.5	粉煤灰：电石渣：废石膏=74：22：4
26	三合土	17	灰：砂：土=1：1：9~1：1：4

11. 隔墙与墙面/（kN/m²）

序号	材料名称	自重	备注
1	双面抹灰板条隔墙	0.9	每面抹灰厚16~24mm，龙骨在内
2	单面抹灰板条隔墙	0.5	灰厚16~24mm，龙骨在内
3	C形轻钢龙骨隔墙	0.27	两层12mm纸面石膏板，无保温层
4		0.32	两层12mm纸面石膏板，中填岩棉保温板50mm
5		0.38	三层12mm纸面石膏板，无保温层
6		0.43	三层12mm纸面石膏板，中填岩棉保温板50mm
7		0.49	四层12mm纸面石膏板，无保温层
8		0.54	四层12mm纸面石膏板，中填岩棉保温板50mm
9	贴瓷砖墙面	0.5	包括水泥砂浆打底，共厚25mm
10	水泥粉刷墙面	0.36	20mm厚，水泥粗砂
11	水磨石墙面	0.55	25mm厚，包括打底
12	水刷石墙面	0.50	25mm厚，包括打底
13	石灰粗砂粉刷	0.34	20mm厚
14	剁假石墙面	0.50	25mm厚，包括打底
15	外墙拉毛墙面	0.70	包括25mm水泥砂浆打底

12. 屋架、门窗/（kN/m²）

序号	材料名称	自重	备注
1	木屋架	$0.07+0.007l$	按屋面水平投影面积计算，跨度 l 以 m 计
2	钢屋架（无天窗，包括支撑）	$0.12+0.011l$	
3	木框玻璃窗	0.20~0.30	
4	钢框玻璃窗	0.40~0.45	
5	木门	0.10~0.20	
6	钢铁门	0.40~0.45	

13. 屋顶/（kN/m²）

序号	材料名称	自重	备注
1	黏土平瓦屋面	0.55	按实际面积计算，下同
2	水泥平瓦屋面	0.5~0.55	
3	小青瓦屋面	0.9~1.1	
4	冷摊瓦屋面	0.5	
5	麦秸泥灰顶	0.16	以10mm厚计

（续）

序号	材料名称	自重	备注
6	石棉板瓦	0.18	仅瓦自重
7	石棉瓦屋面	0.46	厚6.3mm
8		0.71	厚9.5mm
9		0.96	厚12.7mm
10	波形石棉瓦	0.2	1820mm×725mm×8mm
11	镀锌薄钢板	0.05	24号
12	瓦楞铁	0.05	26号
13	彩色钢板波形瓦	0.12~0.13	0.6mm厚彩色钢板
14	拱形彩色钢板屋面	0.30	包括保温及灯具重0.15kN/m²
15	有机玻璃屋面	0.06	厚1.0mm
16	玻璃屋顶	0.3	9.5mm夹丝玻璃,框架自重在内
17	玻璃砖顶	0.65	框架自重在内
18	油毡防水层(包括改性沥青防水卷材)	0.05	一层油毡刷油两遍
19		0.25~0.30	四层做法,一毡二油上铺小石子
20		0.30~0.35	六层做法,二毡三油上铺小石子
21		0.35~0.40	八层做法,三毡四油上铺小石子
22	捷罗克防水层	0.1	厚8mm
23	屋顶天窗	0.35~0.40	9.5mm夹丝玻璃,框架自重在内
14. 顶棚/(kN/m²)			
1	钢丝网抹灰吊顶	0.45	
2	麻刀灰板条顶棚	0.45	吊木在内,平均灰厚20mm
3	砂子灰板条顶棚	0.55	吊木在内,平均灰厚25mm
4	苇箔抹灰顶棚	0.48	吊木在龙骨内
5	松木板顶棚	0.25	吊木在内
6	三夹板顶棚	0.18	吊木在内
7	马粪纸顶棚	0.15	吊木及盖缝条在内
8	木丝板吊顶棚	0.26	厚25mm,吊木及盖缝条在内
9		0.29	厚30mm,吊木及盖缝条在内
10	隔声纸板顶棚	0.17	厚10mm,吊木及盖缝条在内
11		0.18	厚13mm,吊木及盖缝条在内
12		0.2	厚20mm,吊木及盖缝条在内
13	V形轻钢龙骨吊顶	0.12	一层9mm纸面石膏板,无保温层
14		0.17	一层9mm纸面石膏板,岩棉板保温层厚50mm
15		0.2	两层9mm纸面石膏板,无保温层
16		0.25	二层9mm纸面石膏板,岩棉板保温层厚50mm
17	V形轻钢龙骨及铝合金龙骨吊顶	0.10~0.12	一层矿棉吸声板厚15mm,无保温层
18	顶棚上铺焦渣锯末绝缘层	0.2	厚50mm,焦渣、锯末按1:5混合
15. 地面/(kN/m²)			
1	地板格栅	0.20	仅格栅自重
2	硬木地板	0.20	厚25mm,含剪刀撑、钉子,不含格栅
3	松木地板	0.18	
4	小瓷砖地面	0.55	包括水泥粗砂打底

(续)

序号	材料名称		自重	备注
5	水泥花砖地面		0.60	砖厚25mm,包括水泥粗砂打底
6	水磨石地面		0.65	10mm面层,20mm水泥砂浆打底
7	油地毡		0.02~0.03	油地纸,地板表面用
8	木块地面		0.70	加防腐油膏铺砌厚76mm
9	菱苦土地面		0.28	厚20mm
10	铸铁地面		4.0~5.0	60mm碎石垫层,60mm面层
11	缸砖地面		1.7~2.1	60mm砂垫层,53mm面层,平铺
12			3.30	60mm砂垫层,115mm面层,侧铺
13	黑砖地面		1.50	砂垫层,平铺

16. 建筑用压型钢板/(kN/m²)

1	单波型V-300(S-60)	0.13	波高173mm,板厚0.8mm
2	双波型W-500	0.11	波高130mm,板厚0.8mm
3	三波型V-200	0.135	波高70mm,板厚1mm
4	多波型V-125	0.065	波高35mm,板厚0.6mm
5	多波型V-115	0.079	波高35mm,板厚0.6mm

17. 建筑墙板/(kN/m²)

1	彩色钢板金属幕墙板		0.11	两层,彩色钢板厚0.6mm,聚苯乙烯芯材厚25mm
2	金属绝热材料(聚氨酯)复合板		0.14	板厚40mm,钢板厚0.6mm
3			0.15	板厚60mm,钢板厚0.6mm
4			0.16	板厚80mm,钢板厚0.6mm
5	彩色钢板夹聚苯乙烯保温板		0.12~0.15	两层,彩色钢板厚0.6mm,聚苯乙烯芯材厚50~250mm
6	彩色钢板岩棉板		0.24	板厚100mm,两层彩色钢板,Z型龙骨岩棉芯材
7			0.25	板厚120mm,两层彩色钢板,Z型龙骨岩棉芯材
8	GRC增强水泥聚苯复合保温板		1.13	
9	GRC空心隔墙板		0.30	长2400~2800mm,宽600mm,厚60mm
10	GRC内隔墙板		0.35	长2400~2800mm,宽600mm,厚60mm
11	轻质GRC保温板		0.14	3000mm×600mm×60mm
12	轻质GRC空心隔板墙		0.17	3000mm×600mm×60mm
13	轻质大型墙板(太空板系列)		0.70~0.90	6000mm×1500mm×120mm高强水泥发泡芯材
14	轻质条型墙板(太空板系列)	厚度80mm	0.4	标准规格3000mm×1000mm、3000mm×1200mm、3000mm×1500mm高强水泥发泡芯材,按不同檩距及荷载配有不同钢骨架及冷拔钢丝网
15		厚度100mm	0.45	
16		厚度120mm	0.5	
17	GRC墙板		0.11	厚10mm
18	蜂窝复合板		0.14	厚75mm
19	钢丝网岩棉夹芯复合板(GY板)		1.1	岩棉芯材厚50mm,双面钢丝网水泥砂浆各厚25mm
20	硅酸钙板		0.08	板厚6mm
21			0.1	板厚8mm
22			0.12	板厚10mm
23	泰柏板		0.95	板厚100mm,钢丝网片夹聚苯乙烯保温层,每面抹水泥砂浆层20mm
24	石膏珍珠岩空心条板		0.45	长2500~3000mm,宽600mm,厚50mm
25	加强型水泥石膏聚苯保温板		0.17	3000mm×600mm×60mm
26	玻璃幕墙		1.00~1.50	一般可按单位面积玻璃自重增大20%~30%采用

附录 B　全国各城市的雪压、风压和基本气温

省市名称	城市名	海拔高度/m	风压/（kN/m²）			雪压/（kN/m²）			基本气温/℃		雪荷载准永久值系数分区
			R=10	R=50	R=100	R=10	R=50	R=100	最低	最高	
北京	北京市	54.0	0.30	0.45	0.50	0.25	0.40	0.45	−13	36	Ⅱ
天津	天津市	3.3	0.30	0.50	0.60	0.25	0.40	0.45	−12	35	Ⅱ
	塘沽	3.2	0.40	0.55	0.60	0.20	0.35	0.40	−12	35	Ⅱ
上海	上海市	2.8	0.40	0.55	0.60	0.10	0.20	0.25	−4	36	Ⅲ
重庆	重庆市	259.1	0.25	0.40	0.45	—	—	—	1	37	—
	奉节	607.3	0.25	0.35	0.45	0.20	0.35	0.40	−1	35	Ⅲ
	梁平	454.6	0.20	0.30	0.35	—	—	—	−1	36	—
	万州	186.7	0.20	0.35	0.45	—	—	—	0	38	—
	涪陵	273.5	0.20	0.30	0.35	—	—	—	1	37	—
	金佛山	1905.9	—	—	—	0.35	0.50	0.60	−10	25	Ⅱ
河北	石家庄市	80.5	0.25	0.35	0.40	0.2	0.30	0.35	−11	36	Ⅱ
	蔚县	909.5	0.20	0.30	0.35	0.2	0.30	0.35	−24	33	Ⅱ
	邢台市	76.8	0.20	0.30	0.35	0.25	0.35	0.40	−10	36	Ⅱ
	丰宁	659.7	0.30	0.40	0.45	0.15	0.25	0.30	−22	33	Ⅱ
	围场	842.8	0.35	0.45	0.50	0.20	0.30	0.35	−23	32	Ⅱ
	张家口市	724.2	0.35	0.55	0.60	0.15	0.25	0.30	−18	34	Ⅱ
	怀来	536.8	0.25	0.35	0.40	0.15	0.20	0.25	−17	35	Ⅱ
	承德市	377.2	0.30	0.40	0.45	0.20	0.30	0.35	−19	35	Ⅱ
	遵化	54.9	0.30	0.40	0.45	0.25	0.40	0.50	−18	35	Ⅱ
	青龙	227.2	0.25	0.30	0.35	0.25	0.40	0.45	−19	34	Ⅱ
	秦皇岛市	2.1	0.35	0.45	0.50	0.15	0.25	0.30	−15	33	Ⅱ
	霸州市	9.0	0.25	0.40	0.45	0.20	0.30	0.35	−14	36	Ⅱ
	唐山市	27.8	0.30	0.40	0.45	0.20	0.35	0.40	−15	35	Ⅱ
	乐亭	10.5	0.30	0.40	0.45	0.25	0.40	0.45	−16	34	Ⅱ
	保定市	17.2	0.30	0.40	0.45	0.20	0.35	0.40	−12	36	Ⅱ
	饶阳	18.9	0.30	0.35	0.40	0.20	0.30	0.35	−14	36	Ⅱ
	沧州市	9.6	0.30	0.40	0.45	0.20	0.30	0.35	—	—	Ⅱ
	黄骅	6.6	0.30	0.40	0.45	0.20	0.30	0.35	−13	36	Ⅱ
	南宫市	27.4	0.25	0.35	0.40	0.15	0.25	0.30	−13	37	Ⅱ
山西	太原市	778.3	0.30	0.40	0.45	0.25	0.35	0.40	−16	34	Ⅱ
	右玉	1345.8	—	—	—	0.20	0.30	0.35	−29	31	Ⅱ
	大同市	1067.2	0.35	0.55	0.65	0.15	0.25	0.30	−22	32	Ⅱ
	河曲	861.5	0.30	0.50	0.60	0.20	0.30	0.35	−24	35	Ⅱ
	五寨	1401.0	0.30	0.40	0.45	0.20	0.25	0.30	−25	31	Ⅱ
	兴县	1012.6	0.25	0.45	0.55	0.20	0.25	0.30	−19	34	Ⅱ
	原平	828.2	0.30	0.50	0.60	0.20	0.30	0.35	−19	34	Ⅱ
	离石	950.8	0.30	0.45	0.50	0.20	0.30	0.35	−19	34	Ⅱ

（续）

省市名称	城市名	海拔高度/m	风压/(kN/m²)			雪压/(kN/m²)			基本气温/℃		雪荷载准永久值系数分区
			R=10	R=50	R=100	R=10	R=50	R=100	最低	最高	
山西	阳泉市	741.9	0.30	0.40	0.45	0.20	0.35	0.40	−13	34	Ⅱ
	榆社	1041.4	0.20	0.30	0.35	0.20	0.30	0.35	−17	33	Ⅱ
	隰县	1052.7	0.25	0.35	0.40	0.20	0.30	0.35	−16	34	Ⅱ
	介休	743.9	0.25	0.35	0.45	0.20	0.30	0.35	−15	35	Ⅱ
	临汾市	449.5	0.25	0.40	0.45	0.15	0.25	0.30	−14	37	Ⅱ
	长治县	991.8	0.30	0.50	0.60	—	—	—	−15	32	Ⅱ
	运城市	376	0.30	0.40	0.45	0.15	0.25	0.30	−11	38	Ⅱ
	阳城	659.5	0.30	0.45	0.50	0.20	0.30	0.35	−12	34	Ⅱ
内蒙古	呼和浩特	1063	0.35	0.55	0.60	0.25	0.40	0.45	−23	33	Ⅱ
	额右旗拉布达林	581.4	0.35	0.55	0.60	0.35	0.45	0.50	−41	30	Ⅰ
	牙克石市图里河	732.6	0.30	0.40	0.45	0.40	0.60	0.70	−42	28	Ⅰ
	满洲里	661.7	0.50	0.65	0.70	0.30	0.30	0.35	−35	30	Ⅰ
	海拉尔	610.2	0.45	0.65	0.75	0.35	0.45	0.50	−38	30	Ⅰ
	鄂伦春小二沟	286.1	0.30	0.40	0.45	0.35	0.50	0.55	−40	31	Ⅰ
	新巴尔虎右旗	554.2	0.45	0.60	0.65	0.40	0.40	0.45	−32	32	Ⅰ
	新巴尔虎左旗阿木古朗	642	0.40	0.55	0.60	0.25	0.35	0.40	−34	31	Ⅰ
	牙克石市博克图	739.7	0.40	0.55	0.60	0.35	0.55	0.65	−31	28	Ⅰ
	扎兰屯市	306.5	0.30	0.40	0.45	0.35	0.55	0.65	−28	32	Ⅰ
	科右翼前旗阿尔山	1027.4	0.35	0.50	0.55	0.45	0.60	0.70	−37	27	Ⅰ
	科右翼前旗索伦	501.8	0.45	0.55	0.60	0.25	0.35	0.40	−30	31	Ⅰ
	乌兰浩特市	274.7	0.40	0.55	0.60	0.20	0.30	0.35	−27	32	Ⅰ
	东乌珠穆沁旗	838.7	0.35	0.55	0.65	0.20	0.30	0.35	−33	32	Ⅰ
	额济纳旗	940.5	0.40	0.60	0.70	0.05	0.10	0.15	−23	39	Ⅱ
	额济纳旗拐子湖	960	0.45	0.55	0.6	0.05	0.10	0.10	−23	39	Ⅱ
	阿左旗巴彦毛道	1328.1	0.40	0.50	0.60	0.10	0.10	0.15	−23	35	Ⅱ
	阿拉善右旗	1510.1	0.45	0.55	0.60	0.05	0.10	0.10	−20	35	Ⅱ
	二连浩特市	964.7	0.55	0.65	0.70	0.15	0.25	0.30	−30	34	Ⅱ
	那仁宝力格	1181.6	0.40	0.55	0.60	0.20	0.30	0.35	−33	31	Ⅰ
	达茂旗满都拉	1225.2	0.50	0.75	0.85	0.15	0.20	0.25	−25	34	Ⅱ
	阿巴嘎旗	1126.1	0.35	0.50	0.55	0.25	0.35	0.40	−33	31	Ⅰ
	苏尼特左旗	1111.4	0.40	0.50	0.55	0.25	0.35	0.40	−32	33	Ⅰ
	乌拉特后旗海力素	1509.6	0.45	0.50	0.55	0.10	0.15	0.20	−25	33	Ⅱ
	苏尼特右旗朱日和	1150.8	0.50	0.65	0.75	0.15	0.20	0.25	−26	33	Ⅱ
	乌拉特中旗海流图	1288	0.45	0.60	0.65	0.20	0.30	0.35	−26	33	Ⅱ
	百灵庙	1376.6	0.50	0.75	0.85	0.25	0.35	0.40	−27	32	Ⅱ
	四子王旗	1490.1	0.40	0.60	0.70	0.30	0.45	0.55	−26	30	Ⅱ
	化德	1482.7	0.45	0.75	0.85	0.15	0.25	0.30	−26	29	Ⅱ
	杭锦后旗陕坝	1056.7	0.30	0.45	0.50	0.15	0.20	0.25	—	—	Ⅱ
	包头市	1067.2	0.35	0.55	0.60	0.15	0.25	0.30	−23	34	Ⅱ
	集宁区	1419.3	0.40	0.60	0.70	0.25	0.35	0.40	−25	30	Ⅱ
	阿拉善左旗吉兰泰	1031.8	0.35	0.50	0.55	0.50	0.10	0.15	−23	37	Ⅱ
	临河区	1039.3	0.30	0.50	0.60	0.15	0.25	0.30	−21	35	Ⅱ

（续）

省市名称	城市名	海拔高度/m	风压/(kN/m²)			雪压/(kN/m²)			基本气温/℃		雪荷载准永久值系数分区
			R=10	R=50	R=100	R=10	R=50	R=100	最低	最高	
内蒙古	鄂托克旗	1380.3	0.35	0.55	0.65	0.15	0.20	0.20	-23	33	II
	东胜区	1460.4	0.30	0.50	0.60	0.25	0.35	0.40	-21	31	II
	阿腾席连	1329.3	0.40	0.50	0.55	0.20	0.30	0.35	—	—	II
	巴彦浩特	1561.4	0.40	0.60	0.70	0.15	0.20	0.25	-19	33	II
	西乌珠穆沁旗	995.9	0.45	0.55	0.60	0.30	0.40	0.45	-30	30	I
	扎鲁特鲁北	265	0.40	0.55	0.60	0.30	0.40	0.35	-23	34	II
	巴林左旗林东	484.4	0.40	0.55	0.60	0.30	0.40	0.35	-26	32	II
	锡林浩特市	989.5	0.40	0.55	0.60	0.25	0.40	0.45	-30	31	I
	林西	799	0.45	0.60	0.70	0.25	0.40	0.45	-25	32	I
	开鲁	241	0.40	0.55	0.60	0.30	0.40	0.35	-25	34	II
	通辽市	178.5	0.40	0.55	0.60	0.30	0.40	0.35	-25	33	II
	多伦	1245.4	0.40	0.55	0.60	0.30	0.40	0.35	-28	30	I
	翁牛特旗乌丹	631.8	—	—	—	0.20	0.30	0.35	-23	32	II
	赤峰市	571.1	0.30	0.55	0.65	0.20	0.30	0.35	-23	33	II
	敖汉旗宝国图	400.5	0.40	0.50	0.55	0.30	0.40	0.45	-23	33	II
辽宁	沈阳市	42.8	0.40	0.55	0.60	0.30	0.50	0.55	-24	33	I
	彰武	79.4	0.35	0.45	0.50	0.30	0.30	0.35	-22	33	II
	阜新市	144	0.40	0.60	0.70	0.25	0.40	0.45	-23	33	II
	开原	98.2	0.30	0.45	0.50	0.30	0.40	0.45	-27	33	I
	清原	234.1	0.25	0.40	0.45	0.35	0.50	0.60	-27	33	I
	朝阳市	169.2	0.40	0.55	0.60	0.30	0.45	0.55	-23	35	I
	建平县叶柏寿	421.7	0.30	0.35	0.40	0.35	0.40	0.40	-22	35	II
	黑山	37.5	0.45	0.65	0.75	0.30	0.45	0.50	-21	33	II
	锦州市	65.9	0.40	0.60	0.70	0.30	0.40	0.45	-18	33	II
	鞍山市	77.3	0.30	0.50	0.60	0.30	0.40	0.45	-18	34	II
	本溪市	185.2	0.35	0.45	0.50	0.40	0.55	0.60	-24	33	I
	抚顺市章党	118.5	0.30	0.45	0.50	0.35	0.45	0.50	-28	33	I
	桓仁	240.3	0.25	0.30	0.35	0.35	0.50	0.55	-25	32	I
	绥中	15.3	0.25	0.40	0.45	0.25	0.35	0.40	-19	33	II
	兴城市	8.8	0.35	0.45	0.50	0.20	0.30	0.35	-19	32	II
	营口市	3.3	0.40	0.60	0.70	0.30	0.40	0.45	-20	33	II
	盖州市熊岳	20.4	0.30	0.40	0.45	0.30	0.40	0.45	-22	33	II
	本溪县草河口	233.4	0.25	0.45	0.55	0.35	0.55	0.60	—	—	I
	岫岩	79.3	0.30	0.45	0.50	0.35	0.50	0.55	-22	33	II
	宽甸	260.1	0.30	0.50	0.60	0.40	0.60	0.70	-26	32	II
	丹东市	15.1	0.35	0.55	0.65	0.30	0.40	0.45	-18	32	II
	瓦房店市	29.3	0.35	0.50	0.55	0.20	0.30	0.35	-17	32	II
	新金县皮口	43.2	0.35	0.50	0.55	0.20	0.30	0.35	—	—	II
	庄河	34.8	0.35	0.50	0.55	0.35	0.35	0.40	-19	32	II
	大连市	91.5	0.40	0.65	0.75	0.25	0.40	0.45	-13	32	II
吉林	长春市	236.8	0.45	0.65	0.75	0.25	0.35	0.40	-26	32	I
	白城市	155.4	0.45	0.65	0.75	0.15	0.20	0.25	-29	33	II
	乾安	146.3	0.35	0.45	0.50	0.15	0.20	0.25	-28	33	II

（续）

省市名称	城市名	海拔高度/m	风压/(kN/m²)			雪压/(kN/m²)			基本气温/℃		雪荷载准永久值系数分区
			R=10	R=50	R=100	R=10	R=50	R=100	最低	最高	
吉林	前郭尔罗斯	134.7	0.30	0.45	0.50	0.15	0.25	0.30	-28	33	Ⅱ
	通榆	149.5	0.35	0.50	0.55	0.15	0.20	0.25	-28	33	Ⅱ
	长岭	189.3	0.30	0.45	0.50	0.15	0.20	0.25	-27	32	Ⅱ
	扶余市三岔河	196.6	0.35	0.55	0.65	0.20	0.30	0.35	-29	32	Ⅰ
	双辽	114.9	0.35	0.50	0.55	0.20	0.30	0.35	-27	33	Ⅰ
	四平市	164.2	0.40	0.55	0.60	0.20	0.35	0.40	-24	33	Ⅰ
	磐石市烟筒山	271.6	0.30	0.40	0.45	0.25	0.40	0.45	-31	31	Ⅰ
	吉林市	183.4	0.40	0.50	0.55	0.30	0.45	0.50	-31	32	Ⅰ
	蛟河	295	0.30	0.45	0.50	0.40	0.65	0.75	-31	32	Ⅰ
	敦化市	523.7	0.30	0.45	0.50	0.30	0.50	0.60	-29	30	Ⅰ
	梅河口市	339.9	0.30	0.40	0.45	0.30	0.45	0.50	-27	32	Ⅰ
	桦甸	263.8	0.30	0.45	0.50	0.40	0.65	0.75	-33	32	Ⅰ
	靖宇	549.2	0.25	0.35	0.40	0.40	0.60	0.70	-32	31	Ⅰ
	抚松县东岗	774.2	0.30	0.40	0.45	0.60	0.90	1.05	-27	30	Ⅰ
	延吉市	176.8	0.35	0.50	0.55	0.35	0.55	0.65	-26	32	Ⅰ
	通化市	402.9	0.30	0.50	0.60	0.50	0.80	0.90	-27	32	Ⅰ
	白山市临江	332.7	0.20	0.30	0.35	0.45	0.70	0.80	-27	33	Ⅰ
	集安市	177.7	0.20	0.30	0.35	0.45	0.70	0.80	-26	33	Ⅰ
	长白	1016.7	0.35	0.45	0.50	0.40	0.60	0.70	-28	29	Ⅰ
黑龙江	哈尔滨市	142.3	0.35	0.55	0.65	0.30	0.45	0.50	-31	32	Ⅰ
	漠河	296	0.25	0.35	0.40	0.50	0.65	0.70	-42	30	Ⅰ
	塔河	357.4	0.25	0.30	0.35	0.45	0.60	0.65	-38	30	Ⅰ
	新林	494.6	0.25	0.35	0.40	0.40	0.50	0.55	-40	29	Ⅰ
	呼玛	177.4	0.30	0.50	0.60	0.35	0.45	0.50	-40	31	Ⅰ
	加格达奇	371.7	0.25	0.35	0.40	0.40	0.55	0.60	-38	30	Ⅰ
	黑河市	166.4	0.35	0.50	0.55	0.45	0.60	0.65	-35	31	Ⅰ
	嫩江	242.2	0.40	0.55	0.60	0.40	0.55	0.60	-39	31	Ⅰ
	孙吴	234.5	0.40	0.60	0.70	0.40	0.55	0.60	-40	31	Ⅰ
	北安市	269.7	0.30	0.50	0.60	0.40	0.55	0.60	-36	31	Ⅰ
	克山	234.6	0.30	0.45	0.50	0.30	0.50	0.55	-34	31	Ⅰ
	富裕	162.4	0.30	0.40	0.45	0.25	0.35	0.40	-34	32	Ⅰ
	齐齐哈尔市	145.9	0.35	0.45	0.50	0.25	0.40	0.45	-30	32	Ⅰ
	海伦	239.2	0.35	0.55	0.65	0.30	0.40	0.45	-32	31	Ⅰ
	明水	249.2	0.35	0.45	0.50	0.25	0.40	0.45	-30	31	Ⅰ
	伊春市	240.9	0.25	0.35	0.40	0.45	0.60	0.65	-36	31	Ⅰ
	鹤岗市	227.9	0.30	0.40	0.45	0.45	0.65	0.70	-27	31	Ⅰ
	富锦	64.2	0.30	0.45	0.50	0.35	0.45	0.50	-30	31	Ⅰ
	泰来	149.5	0.30	0.45	0.50	0.20	0.30	0.35	-28	33	Ⅰ
	绥化市	179.6	0.35	0.55	0.65	0.35	0.50	0.60	-32	31	Ⅰ
	安达市	149.3	0.35	0.55	0.65	0.20	0.30	0.35	-31	32	Ⅰ
	铁力	210.5	0.25	0.35	0.40	0.50	0.75	0.85	-34	31	Ⅰ
	佳木斯市	81.20	0.40	0.65	0.75	0.45	0.65	0.70	-30	32	Ⅰ
	依兰	100.1	0.45	0.65	0.75	0.30	0.45	0.50	-29	32	Ⅰ

（续）

省市名称	城市名	海拔高度/m	风压/(kN/m²)			雪压/(kN/m²)			基本气温/℃		雪荷载准永久值系数分区
			R=10	R=50	R=100	R=10	R=50	R=100	最低	最高	
黑龙江	宝清	83.0	0.30	0.40	0.45	0.35	0.50	0.55	−30	31	I
	通河	108.6	0.35	0.50	0.55	0.50	0.75	0.85	−33	32	I
	尚志	189.7	0.35	0.55	0.60	0.40	0.55	0.60	−32	32	I
	鸡西市	233.6	0.40	0.55	0.65	0.45	0.65	0.75	−27	32	I
	虎林	100.2	0.35	0.45	0.50	0.50	0.70	0.80	−29	31	I
	牡丹江市	241.4	0.35	0.50	0.55	0.45	0.60	0.65	−28	32	I
	绥芬河市	496.7	0.40	0.60	0.70	0.45	0.55	0.60	−30	29	I
山东	济南市	51.6	0.30	0.45	0.50	0.20	0.30	0.35	−9	36	II
	德州市	21.2	0.30	0.45	0.50	0.20	0.35	0.40	−11	36	II
	惠民	11.3	0.40	0.50	0.55	0.25	0.35	0.40	−13	36	II
	寿光市羊角沟	4.4	0.30	0.45	0.50	0.15	0.25	0.30	−11	36	II
	龙口市	4.8	0.45	0.60	0.65	0.25	0.35	0.40	−11	35	II
	烟台市	46.7	0.40	0.55	0.60	0.30	0.40	0.45	−8	32	II
	威海市	46.6	0.45	0.65	0.75	0.30	0.45	0.50	−8	32	II
	荣成市成山头	47.7	0.60	0.70	0.75	0.25	0.40	0.45	−7	30	II
	莘县朝城	42.7	0.35	0.45	0.50	0.25	0.35	0.40	−12	36	II
	泰安市泰山	1533.7	0.65	0.85	0.95	0.40	0.55	0.60	−16	25	II
	泰安市	128.8	0.30	0.40	0.45	0.20	0.35	0.40	−12	33	II
	淄博市张店	34.0	0.30	0.40	0.45	0.30	0.45	0.50	−12	36	II
	沂源	304.5	0.30	0.35	0.40	0.20	0.30	0.35	−13	35	II
	潍坊市	44.1	0.30	0.40	0.45	0.25	0.35	0.40	−12	36	II
	莱阳市	30.5	0.30	0.40	0.45	0.15	0.25	0.30	−13	35	II
	青岛市	76.0	0.45	0.60	0.70	0.15	0.20	0.25	−9	33	II
	海阳	65.2	0.40	0.55	0.60	0.10	0.15	0.15	−10	33	II
	荣成市石岛	33.7	0.40	0.55	0.65	0.10	0.15	0.15	−8	33	II
	菏泽市	49.7	0.25	0.40	0.45	0.20	0.30	0.35	−10	36	II
	兖州	51.7	0.25	0.40	0.45	0.25	0.35	0.45	−11	36	II
	莒县	107.4	0.25	0.35	0.40	0.20	0.35	0.40	−11	35	II
	临沂	87.9	0.30	0.40	0.45	0.25	0.40	0.45	−10	35	II
	日照市	16.1	0.30	0.40	0.45	—	—	—	−8	33	—
江苏	南京市	8.9	0.25	0.40	0.45	0.40	0.65	0.75	−6	37	II
	徐州市	41	0.25	0.35	0.40	0.25	0.35	0.40	−8	35	II
	赣榆	2.1	0.30	0.45	0.50	0.25	0.35	0.40	−8	35	II
	盱眙	34.5	0.25	0.35	0.40	0.20	0.30	0.35	−7	36	II
	淮安市	17.5	0.25	0.40	0.45	0.25	0.40	0.45	−7	35	II
	射阳	2	0.30	0.40	0.45	0.15	0.20	0.25	−7	35	III
	镇江	26.5	0.30	0.40	0.45	0.25	0.35	0.40	—	—	III
	无锡	6.7	0.30	0.45	0.50	0.30	0.40	0.45	—	—	III
	泰州	6.6	0.25	0.40	0.45	0.25	0.35	0.40	—	—	III
	连云港	3.7	0.35	0.55	0.65	0.25	0.40	0.45	—	—	II
	盐城	3.6	0.25	0.45	0.55	0.20	0.35	0.40	—	—	III
	高邮	5.4	0.25	0.40	0.45	0.20	0.30	0.40	−6	36	III
	东台市	4.3	0.30	0.40	0.45	0.20	0.30	0.35	−6	36	III

（续）

省市名称	城市名	海拔高度/m	风压/（kN/m²）			雪压/（kN/m²）			基本气温/℃		雪荷载准永久值系数分区
			R=10	R=50	R=100	R=10	R=50	R=100	最低	最高	
江苏	南通市	5.3	0.30	0.45	0.50	0.15	0.25	0.30	−4	36	Ⅲ
	启东市吕泗	5.5	0.35	0.50	0.55	0.10	0.20	0.25	−4	35	Ⅲ
	常州市	4.9	0.25	0.40	0.45	0.20	0.35	0.40	−4	37	Ⅲ
	溧阳	7.2	0.25	0.40	0.45	0.30	0.50	0.55	−5	37	Ⅲ
	吴中区东山	17.5	0.30	0.45	0.50	0.25	0.40	0.45	−5	36	Ⅲ
浙江	杭州市	41.7	0.30	0.45	0.50	0.30	0.45	0.50	−4	38	Ⅲ
	临安区天目山	1505.9	0.55	0.70	0.80	0.10	0.16	0.185	−11	28	Ⅱ
	平湖市乍浦	5.4	0.35	0.45	0.50	0.25	0.35	0.40	−5	36	Ⅲ
	慈溪市	7.1	0.30	0.45	0.50	0.25	0.35	0.40	−4	37	Ⅲ
	嵊泗	79.6	0.85	1.30	1.55	—	—	—	−2	34	—
	嵊泗县嵊山	124.6	0.95	1.50	1.75	—	—	—	0	30	—
	舟山市	35.7	0.50	0.85	1.0	0.30	0.50	0.60	−2	35	Ⅲ
	金华市	62.6	0.25	0.35	0.40	0.35	0.55	0.65	−3	39	Ⅲ
	嵊州市	104.3	0.25	0.40	0.50	0.35	0.55	0.65	−3	39	Ⅲ
	宁波市	4.2	0.3	0.5	0.6	0.2	0.3	0.35	−3	37	Ⅲ
	象山县石浦	128.4	0.75	1.2	1.4	0.2	0.3	0.35	−2	35	Ⅲ
	衢州市	66.9	0.25	0.35	0.4	0.3	0.5	0.6	−3	38	Ⅲ
	丽水市	60.8	0.2	0.3	0.35	0.3	0.45	0.5	−3	39	Ⅲ
	龙泉	198.4	0.2	0.3	0.35	0.35	0.55	0.65	−2	38	Ⅲ
	临海市括苍山	1383.1	0.6	0.9	1.05	0.4	0.6	0.7	−8	29	Ⅲ
	温州市	6	0.35	0.6	0.7	0.25	0.35	0.4	0	36	Ⅲ
	椒江区洪家街道	1.3	0.35	0.55	0.65	0.20	0.30	0.35	−2	36	Ⅲ
	椒江区下大陈	86.2	0.90	1.40	1.65	0.25	0.35	0.40	−1	33	Ⅲ
	玉环县坎门	95.9	0.70	1.20	1.45	0.20	0.35	0.40	0	34	Ⅲ
	瑞安市北鹿	42.3	0.95	1.60	1.90	—	—	—	2	33	—
安徽	合肥市	27.9	0.25	0.35	0.40	0.40	0.60	0.70	−6	37	Ⅱ
	砀山	43.2	0.25	0.35	0.40	0.25	0.40	0.45	−9	36	Ⅱ
	亳州市	37.7	0.25	0.45	0.55	0.25	0.40	0.45	−8	37	Ⅱ
	宿县	25.9	0.25	0.40	0.50	0.25	0.40	0.45	−8	36	Ⅱ
	寿县	22.7	0.25	0.35	0.40	0.30	0.50	0.55	−7	35	Ⅱ
	蚌埠市	18.7	0.25	0.35	0.40	0.30	0.45	0.55	−6	36	Ⅱ
	滁县	25.3	0.25	0.35	0.40	0.25	0.40	0.45	−6	36	Ⅱ
	六安市	60.5	0.20	0.35	0.40	0.35	0.55	0.60	−5	37	Ⅱ
	霍山	68.1	0.20	0.35	0.40	0.40	0.60	0.65	−6	37	Ⅱ
	巢县	22.4	0.25	0.35	0.40	0.30	0.45	0.50	−5	37	Ⅱ
	安庆市	19.8	0.25	0.40	0.45	0.20	0.35	0.40	−3	36	Ⅲ
	宁国	89.4	0.25	0.35	0.40	0.30	0.50	0.55	−6	38	Ⅲ
	黄山	1840.4	0.50	0.70	0.80	0.35	0.45	0.50	−11	24	Ⅲ
	黄山市	142.7	0.25	0.35	0.40	0.30	0.45	0.50	−3	38	Ⅲ
	阜阳市	30.6	—	—	—	0.35	0.55	0.60	−7	36	Ⅱ
江西	南昌市	46.7	0.30	0.45	0.55	0.30	0.45	0.50	−3	38	Ⅲ
	修水	146.8	0.20	0.30	0.35	0.25	0.40	0.50	−4	37	Ⅲ
	宜春市	131.3	0.20	0.30	0.35	0.25	0.40	0.45	−3	38	Ⅲ

（续）

省市名称	城市名	海拔高度/m	风压/（kN/m²）			雪压/（kN/m²）			基本气温/℃		雪荷载准永久值系数分区
			R=10	R=50	R=100	R=10	R=50	R=100	最低	最高	
江西	吉安	76.4	0.25	0.30	0.35	0.25	0.35	0.45	−2	38	Ⅲ
	宁冈	263.1	0.20	0.30	0.35	0.30	0.45	0.50	−3	38	Ⅲ
	遂川	126.1	0.20	0.30	0.35	0.30	0.45	0.55	−1	38	Ⅲ
	赣州市	123.8	0.20	0.30	0.35	0.20	0.35	0.40	0	38	Ⅲ
	九江	36.1	0.25	0.35	0.40	0.30	0.40	0.45	−2	38	Ⅲ
	庐山	1164.5	0.40	0.55	0.60	0.55	0.75	0.85	−9	29	Ⅲ
	波阳	40.1	0.25	0.40	0.45	0.35	0.60	0.70	−3	38	Ⅲ
	景德镇市	61.5	0.25	0.35	0.40	0.25	0.35	0.40	−3	38	Ⅲ
	樟树市	30.4	0.20	0.30	0.35	0.25	0.40	0.45	−3	38	Ⅲ
	贵溪	51.2	0.20	0.30	0.35	0.35	0.50	0.60	−2	38	Ⅲ
	玉山	116.3	0.20	0.30	0.35	0.35	0.55	0.65	−3	38	Ⅲ
	南城	80.8	0.25	0.30	0.35	0.20	0.35	0.40	−3	37	Ⅲ
	广昌	143.8	0.20	0.30	0.35	0.30	0.45	0.50	−2	38	Ⅲ
	寻乌	303.9	0.25	0.30	0.35	—	—	—	−0.3	37	—
福建	福州市	83.8	0.40	0.70	0.85	—	—	—	3	37	—
	邵武市	191.5	0.20	0.30	0.35	0.25	0.35	0.40	−1	37	Ⅲ
	铅山县七仙山	1401.9	0.55	0.70	0.80	0.40	0.60	0.70	−5	28	Ⅲ
	浦城	276.9	0.20	0.30	0.35	0.35	0.55	0.65	−2	37	Ⅲ
	建阳	196.9	0.25	0.35	0.40	0.35	0.50	0.55	−2	38	Ⅲ
	建瓯	154.9	0.25	0.35	0.40	0.25	0.35	0.40	0	38	Ⅲ
	福鼎	36.2	0.35	0.70	0.90	—	—	—	1	37	—
	泰宁	342.9	0.20	0.30	0.35	0.30	0.50	0.60	−2	37	Ⅲ
	南平市	125.6	0.20	0.35	0.45	—	—	—	2	38	—
	福鼎市台山	106.6	0.75	1.00	1.10	—	—	—	4	30	—
	长汀	310	0.20	0.35	0.40	0.15	0.25	0.30	0	36	Ⅲ
	上杭	197.9	0.25	0.30	0.35	—	—	—	2	36	—
	永安市	206	0.25	0.40	0.45	—	—	—	2	38	—
	龙岩市	342.3	0.20	0.35	0.45	—	—	—	3	36	—
	德化县九仙山	1653.5	0.60	0.80	0.90	0.25	0.40	0.50	−3	25	Ⅲ
	屏南	896.5	0.20	0.30	0.35	0.25	0.45	0.50	−2	32	Ⅲ
	平潭	32.4	0.75	1.30	1.60	—	—	—	4	34	—
	崇武	21.8	0.55	0.80	0.90	—	—	—	5	33	—
	厦门市	139.4	0.50	0.80	0.95	—	—	—	5	35	—
	东山	53.3	0.80	1.25	1.45	—	—	—	7	34	—
陕西	西安市	397.5	0.25	0.35	0.40	0.20	0.25	0.30	−9	37	Ⅱ
	榆林市	1057.5	0.25	0.40	0.45	0.20	0.25	0.30	−22	35	Ⅱ
	吴旗	1272.6	0.25	0.40	0.50	0.15	0.20	0.20	−20	33	Ⅱ
	横山	1111	0.30	0.40	0.45	0.15	0.25	0.30	−21	35	Ⅱ
	绥德	929.7	0.30	0.40	0.45	0.20	0.35	0.40	−19	35	Ⅱ
	延安市	957.8	0.25	0.35	0.40	0.15	0.25	0.30	−17	34	Ⅱ
	长武	1206.5	0.20	0.30	0.35	0.20	0.30	0.35	−15	32	Ⅱ
	洛川	1158.3	0.25	0.35	0.40	0.25	0.35	0.40	−15	32	Ⅱ
	铜川市	978.9	0.20	0.35	0.40	0.15	0.20	0.25	−12	33	Ⅱ

（续）

省市名称	城市名	海拔高度/m	风压/(kN/m²)			雪压/(kN/m²)			基本气温/℃		雪荷载准永久值系数分区
			R=10	R=50	R=100	R=10	R=50	R=100	最低	最高	
陕西	宝鸡市	612.4	0.20	0.35	0.40	0.15	0.20	0.25	−8	37	Ⅱ
	武功	447.8	0.20	0.35	0.40	0.20	0.25	0.30	−9	37	Ⅱ
	华阴市华山	2064.9	0.40	0.50	0.55	0.50	0.70	0.75	−15	25	Ⅱ
	略阳	794.2	0.25	0.35	0.40	0.10	0.15	0.15	−6	34	Ⅲ
	汉中市	508.4	0.20	0.30	0.35	0.15	0.20	0.25	−5	34	Ⅲ
	佛坪	1087.7	0.25	0.30	0.35	0.15	0.25	0.30	−8	33	Ⅲ
	商州区	742.2	0.25	0.30	0.35	0.20	0.30	0.35	−8	35	Ⅱ
	镇安	693.7	0.20	0.30	0.35	0.20	0.30	0.35	−7	36	Ⅲ
	石泉	484.9	0.20	0.30	0.35	0.20	0.30	0.35	−5	35	Ⅲ
	安康市	290.8	0.30	0.45	0.50	0.10	0.15	0.20	−4	37	Ⅲ
甘肃	兰州市	1517.2	0.20	0.30	0.35	0.10	0.15	0.20	−15	34	Ⅱ
	吉诃德	966.5	0.45	0.55	0.60	—	—	—	—	—	—
	安西	1170.8	0.40	0.55	0.60	0.10	0.20	0.25	−22	37	Ⅱ
	酒泉市	1477.2	0.40	0.55	0.60	0.20	0.30	0.35	−21	33	Ⅱ
	张掖市	1482.7	0.30	0.50	0.60	0.05	0.10	0.15	−22	34	Ⅱ
	武威市	1530.9	0.35	0.55	0.65	0.15	0.20	0.25	−20	33	Ⅱ
	民勤	1367	0.40	0.50	0.55	0.05	0.10	0.10	−21	35	Ⅱ
	乌鞘岭	3045.1	0.35	0.40	0.45	0.35	0.55	0.60	−22	21	Ⅱ
	景泰	1630.5	0.25	0.40	0.45	0.10	0.15	0.20	−18	33	Ⅱ
	靖远	1398.2	0.20	0.30	0.35	0.15	0.20	0.25	−18	33	Ⅱ
	临夏市	1917	0.20	0.30	0.35	0.15	0.25	0.30	−18	30	Ⅱ
	临洮	1886.6	0.20	0.30	0.35	0.30	0.50	0.55	−19	30	Ⅱ
	华家岭	2450.6	0.30	0.40	0.45	0.25	0.40	0.45	−17	24	Ⅱ
	环县	1255.6	0.20	0.30	0.35	0.15	0.25	0.30	−18	33	Ⅱ
	平凉市	1346.6	0.25	0.30	0.35	0.15	0.25	0.30	−14	32	Ⅱ
	西峰镇	1421	0.20	0.30	0.35	0.25	0.40	0.45	−14	31	Ⅱ
	玛曲	3471.4	0.20	0.30	0.35	0.15	0.20	0.25	−23	21	Ⅱ
	夏河县合作	2910	0.25	0.30	0.35	0.25	0.40	0.45	−23	24	Ⅱ
	武都	1079.1	0.25	0.35	0.40	0.05	0.10	0.15	−5	35	Ⅲ
	天水市	1141.7	0.20	0.35	0.40	0.15	0.20	0.25	−11	34	Ⅱ
	马宗山	1962.7	—	—	—	0.10	0.15	0.20	−25	32	Ⅱ
	敦煌	113.9	—	—	—	0.10	0.15	0.20	−20	37	Ⅱ
	玉门市	1526	—	—	—	0.15	0.20	0.25	−21	33	Ⅱ
	金塔县鼎新	1177.4	—	—	—	0.05	0.10	0.15	−21	36	Ⅱ
	高台	1332.2	—	—	—	0.05	0.10	0.15	−21	34	Ⅱ
	山丹	1764.6	—	—	—	0.15	0.20	0.25	−21	32	Ⅱ
	永昌	1976.1	—	—	—	0.10	0.15	0.20	−22	29	Ⅱ
	榆中	1874.1	—	—	—	0.15	0.20	0.25	−19	30	Ⅱ
	会宁	2012.2	—	—	—	0.20	0.30	0.35	—	—	Ⅱ
	岷县	2315	—	—	—	0.10	0.15	0.20	−19	27	Ⅱ
宁夏	银川市	1111.4	0.40	0.65	0.75	0.15	0.20	0.25	−19	34	Ⅱ
	惠农	1091	0.45	0.65	0.70	0.05	0.10	0.10	−20	35	Ⅱ
	陶乐	1101.6	—	—	—	0.05	0.10	0.10	−20	35	Ⅱ

（续）

省市名称	城市名	海拔高度/m	风压/（kN/m²）			雪压/（kN/m²）			基本气温/℃		雪荷载准永久值系数分区
			R=10	R=50	R=100	R=10	R=50	R=100	最低	最高	
宁夏	中卫	1225.7	0.30	0.45	0.50	0.05	0.10	0.15	−18	33	II
	中宁	1183.3	0.30	0.35	0.40	0.10	0.15	0.20	−18	34	II
	盐池	1347.8	0.30	0.40	0.45	0.20	0.30	0.35	−20	34	II
	海源	1854.2	0.25	0.30	0.35	0.25	0.40	0.45	−17	30	II
	同心	1343.9	0.20	0.30	0.35	0.10	0.10	0.15	−18	34	II
	固原	1753	0.25	0.35	0.40	0.30	0.40	0.45	−20	29	II
	西吉	1916.5	0.20	0.30	0.35	0.15	0.20	0.20	−20	29	II
青海	西宁市	2261.2	0.25	0.35	0.40	0.15	0.20	0.25	−19	29	II
	茫崖	3138.5	0.30	0.40	0.45	0.05	0.10	0.10	—	—	II
	冷湖	2733	0.40	0.55	0.60	0.05	0.10	0.10	−26	29	II
	祁连县托勒	3367	0.30	0.40	0.45	0.20	0.25	0.30	−32	22	II
	祁连县野牛沟	3180	0.30	0.40	0.45	0.15	0.20	0.20	−31	21	II
	祁连	2787.4	0.30	0.35	0.40	0.15	0.15	0.15	−25	25	II
	格尔木市小灶火	2767	0.30	0.40	0.45	0.05	0.10	0.10	−25	30	II
	大柴旦	3173.2	0.30	0.40	0.45	0.10	0.15	0.15	−27	26	II
	德令哈市	2981.5	0.25	0.35	0.40	0.10	0.15	0.20	−22	28	II
	刚察	3301.5	0.25	0.35	0.40	0.20	0.25	0.30	−26	21	II
	门源	2850	0.25	0.35	0.40	0.15	0.20	0.30	−27	24	II
	格尔木市	2807.6	0.30	0.40	0.45	0.10	0.20	0.25	−21	29	II
	都兰县诺木洪	2790.4	0.35	0.50	0.60	0.05	0.10	0.10	−22	30	II
	都兰	3191.1	0.30	0.45	0.55	0.20	0.25	0.30	−21	26	II
	乌兰县茶卡	3087.6	0.25	0.35	0.40	0.15	0.20	0.25	−25	25	II
	人和县恰卜恰	2835	0.25	0.35	0.40	0.10	0.15	0.15	−22	26	II
	贵德	2237.1	0.25	0.30	0.35	0.05	0.10	0.10	−18	30	II
	民和	1813.9	0.20	0.30	0.35	0.10	0.10	0.15	−17	31	II
	唐古拉山五道梁	4612.2	0.35	0.45	0.50	0.20	0.25	0.30	−29	17	II
	兴海	3323.2	0.25	0.35	0.40	0.15	0.20	0.25	−25	23	II
	同德	3289.4	0.25	0.30	0.35	0.20	0.30	0.35	−28	23	II
	泽库	3662.8	0.25	0.30	0.35	0.30	0.40	0.45	—	—	II
	格尔木市托托河	4533.1	0.40	0.50	0.55	0.25	0.35	0.40	−33	19	I
	治多	4179	0.25	0.30	0.35	0.15	0.20	0.25	—	—	II
	杂多	4066.4	0.25	0.35	0.40	0.20	0.25	0.30	−25	22	I
	曲麻菜	4231.2	0.25	0.35	0.40	0.15	0.25	0.30	−28	20	I
	玉树	3681.2	0.20	0.30	0.35	0.15	0.20	0.25	−20	24.4	II
	玛多	4272.3	0.30	0.40	0.45	0.25	0.35	0.40	−33	18	I
	移多县清水河	4415.4	0.25	0.30	0.35	0.20	0.25	0.30	−33	17	I
	玛沁县仁峡姆	4211.1	0.30	0.35	0.40	0.15	0.20	0.30	−33	18	I
	达日县吉迈	3967.5	0.25	0.35	0.40	0.20	0.25	0.30	−27	20	I
	河南	3500	0.25	0.40	0.45	0.20	0.25	0.30	−29	21	II
	久治	3628.5	0.20	0.30	0.35	0.20	0.25	0.30	−24	21	II
	昂欠	3643.7	0.25	0.30	0.35	0.10	0.20	0.25	−18	25	II
	班玛	3750	0.20	0.30	0.35	0.15	0.20	0.25	−20	22	II
新疆	乌鲁木齐市	917.9	0.40	0.60	0.70	0.60	0.80	0.90	−23	34	I

（续）

省市名称	城市名	海拔高度/m	风压/(kN/m²)			雪压/(kN/m²)			基本气温/℃		雪荷载准永久值系数分区
			R=10	R=50	R=100	R=10	R=50	R=100	最低	最高	
新疆	阿勒泰市	735.3	0.40	0.70	0.85	0.85	1.25	1.40	−28	32	I
	博乐市阿拉山口	284.8	0.95	1.35	1.55	0.20	0.25	0.25	−25	39	I
	克拉玛依市	427.3	0.65	0.90	1.00	0.20	0.30	0.35	−27	38	I
	伊宁市	662.5	0.40	0.60	0.70	0.70	1.00	1.15	−23	35	I
	昭苏	1851	0.25	0.40	0.45	0.55	0.75	0.85	−23	26	I
	乌鲁木齐县达坂城	1103.5	0.55	0.80	0.90	0.15	0.20	0.20	−21	32	I
	和静县巴音布鲁克	2458	0.25	0.35	0.40	0.45	0.65	0.75	−40	22	I
	吐鲁番市	34.5	0.50	0.85	1.00	0.15	0.20	0.25	−20	44	II
	阿克苏市	1103.8	0.30	0.45	0.50	0.15	0.25	0.30	−20	36	II
	库车	1099	0.35	0.50	0.60	0.15	0.25	0.30	−19	36	II
	库尔勒市	931.5	0.30	0.45	0.50	0.15	0.25	0.30	−18	37	II
	乌恰	2175.7	0.25	0.35	0.40	0.35	0.50	0.60	−20	31	II
	喀什市	1288.7	0.35	0.55	0.65	0.30	0.45	0.50	−17	36	II
	阿合奇	1984.9	0.25	0.35	0.40	0.25	0.35	0.40	−21	31	II
	皮山	1375.4	0.20	0.30	0.35	0.15	0.20	0.25	−18	37	II
	和田	1374.6	0.25	0.40	0.45	0.10	0.20	0.25	−15	37	II
	民丰	1409.3	0.20	0.30	0.35	0.10	0.15	0.15	−19	37	II
	民丰县安的河	1262.8	0.20	0.30	0.35	0.35	0.05	0.05	−23	39	II
	于田	1422	0.20	0.30	0.35	0.10	0.15	0.15	−17	36	II
	哈密	737.2	0.40	0.60	0.70	0.15	0.20	0.25	−23	38	II
	哈巴河	532.6	—	—	—	0.55	0.75	0.85	−26	33.6	I
	吉木乃	984.1	—	—	—	0.70	1.00	1.15	−24	31	I
	福海	500.9	—	—	—	0.30	0.45	0.50	−31	34	I
	富蕴	807.5	—	—	—	0.65	0.95	1.05	−33	34	I
	塔城	534.9	—	—	—	0.95	1.35	1.55	−23	35	I
	和布克赛尔	1291.6	—	—	—	0.25	0.40	0.45	−23	30	I
	青河	1218.2	—	—	—	0.55	0.80	0.90	−35	31	I
	托里	1077.8	—	—	—	0.55	0.75	0.85	−24	32	I
	北塔山	1653.7	—	—	—	0.55	0.65	0.70	−25	28	I
	温泉	1354.6	—	—	—	0.35	0.45	0.50	−25	30	I
	精河	320.1	—	—	—	0.20	0.30	0.35	−27	38	I
	乌苏	478.7	—	—	—	0.40	0.55	0.60	−26	37	I
	石河子	442.9	—	—	—	0.50	0.70	0.80	−28	37	I
	察家湖	440.5	—	—	—	0.40	0.50	0.55	−32	38	I
	奇台	793.5	—	—	—	0.55	0.75	0.85	−31	34	I
	巴仑台	1752.5	—	—	—	0.20	0.30	0.35	−20	30	II
	七角井	873.2	—	—	—	0.05	0.10	0.15	−23	38	II
	库米什	922.4	—	—	—	0.05	0.10	0.10	−25	38	II
	焉耆	1055.8	—	—	—	0.15	0.20	0.25	−24	35	II
	拜城	1229.2	—	—	—	0.20	0.30	0.35	−26	34	II
	轮台	976.1	—	—	—	0.15	0.25	0.30	−19	38	II
	吐尔格特	3504.4	—	—	—	0.35	0.50	0.55	−27	18	II
	巴楚	1116.5	—	—	—	0.10	0.15	0.20	−19	38	II

省市名称	城市名	海拔高度/m	风压/(kN/m²)			雪压/(kN/m²)			基本气温/℃		雪荷载准永久值系数分区
			R=10	R=50	R=100	R=10	R=50	R=100	最低	最高	
新疆	柯坪	1161.8	—	—	—	0.05	0.10	0.15	−20	37	Ⅱ
	阿拉尔	1012.2	—	—	—	0.05	0.10	0.10	−20	36	Ⅱ
	铁干里克	846	—	—	—	0.10	0.15	0.15	−20	39	Ⅱ
	若羌	888.3	—	—	—	0.10	0.15	0.20	−18	40	Ⅱ
	塔吉克	3090.9	—	—	—	0.15	0.25	0.30	−28	28	Ⅱ
	莎车	1231.2	—	—	—	0.15	0.20	0.25	−17	37	Ⅱ
	且末	1247.5	—	—	—	0.10	0.15	0.20	−20	37	Ⅱ
	红柳河	1700	—	—	—	0.10	0.15	0.15	−25	35	Ⅱ
河南	郑州市	110.4	0.3	0.45	0.50	0.25	0.40	0.45	−8	36	Ⅱ
	安阳市	75.5	0.25	0.45	0.55	0.25	0.40	0.45	−8	36	Ⅱ
	新乡市	72.7	0.30	0.40	0.45	0.20	0.30	0.35	−8	36	Ⅱ
	三门峡市	410.1	0.25	0.40	0.45	0.15	0.20	0.25	−8	36	Ⅱ
	卢氏	568.8	0.20	0.30	0.35	0.20	0.30	0.35	−10	35	Ⅱ
	孟津	323.3	0.30	0.45	0.50	0.20	0.40	0.50	−8	35	Ⅱ
	洛阳市	137.1	0.25	0.40	0.45	0.25	0.35	0.40	−6	36	Ⅱ
	栾川	750.1	0.20	0.30	0.35	0.25	0.4	0.45	−9	34	Ⅱ
	许昌市	66.8	0.30	0.40	0.45	0.25	0.40	0.45	−8	36	Ⅱ
	开封市	72.5	0.30	0.45	0.50	0.20	0.30	0.35	−8	36	Ⅱ
	西峡	250.3	0.25	0.35	0.40	0.20	0.30	0.35	−6	36	Ⅱ
	南阳市	129.2	0.25	0.35	0.40	0.30	0.45	0.50	−7	36	Ⅱ
	宝丰	136.4	0.25	0.35	0.40	0.20	0.30	0.35	−8	36	Ⅱ
	西华	52.6	0.25	0.45	0.55	0.30	0.45	0.50	−8	37	Ⅱ
	驻马店市	82.7	0.25	0.40	0.45	0.30	0.45	0.50	−8	36	Ⅱ
	信阳市	114.5	0.25	0.35	0.40	0.35	0.55	0.65	−6	36	Ⅱ
	商丘市	50.1	0.20	0.35	0.45	0.30	0.45	0.50	−8	36	Ⅱ
	固始	57.1	0.20	0.35	0.40	0.35	0.50	0.60	−6	36	Ⅱ
湖北	武汉市	23.3	0.25	0.35	0.40	0.30	0.50	0.60	−5	37	Ⅱ
	郧县	201.9	0.20	0.30	0.35	0.25	0.40	0.45	−3	37	Ⅱ
	房县	434.4	0.20	0.30	0.35	0.20	0.30	0.35	−7	35	Ⅲ
	老河口市	90.0	0.20	0.30	0.35	0.25	0.35	0.40	−6	36	Ⅱ
	枣阳市	125.5	0.25	0.40	0.45	0.30	0.40	0.45	−6	36	Ⅱ
	巴东	294.5	0.15	0.30	0.35	0.15	0.20	0.25	−2	38	Ⅲ
	钟祥	65.8	0.20	0.30	0.35	0.25	0.35	0.40	−4	36	Ⅱ
	麻城市	59.3	0.20	0.35	0.45	0.35	0.55	0.65	−4	37	Ⅱ
	恩施市	457.1	0.20	0.30	0.35	0.15	0.20	0.25	−2	36	Ⅲ
	巴东县绿葱坡	1819.3	0.30	0.35	0.40	0.55	0.75	0.85	−10	26	Ⅲ
	五峰县	908.4	0.20	0.30	0.35	0.30	0.35	0.40	−5	34	Ⅲ
	宜昌市	133.1	0.20	0.30	0.35	0.20	0.30	0.35	−3	37	Ⅲ
	江陵县荆州	32.6	0.20	0.30	0.35	0.25	0.40	0.45	−4	36	Ⅱ
	天门市	34.1	0.20	0.30	0.35	0.25	0.35	0.45	−5	36	Ⅱ
	来凤	459.5	0.20	0.30	0.35	0.15	0.20	0.25	−3	35	Ⅲ
	嘉鱼	36.0	0.20	0.35	0.45	0.25	0.35	0.40	−3	37	Ⅲ
	英山	123.8	0.20	0.30	0.35	0.25	0.40	0.45	−5	37	Ⅲ

（续）

省市名称	城市名	海拔高度/m	风压/(kN/m²)			雪压/(kN/m²)			基本气温/℃		雪荷载准永久值系数分区
			$R=10$	$R=50$	$R=100$	$R=10$	$R=50$	$R=100$	最低	最高	
湖北	黄石市	19.6	0.25	0.35	0.40	0.25	0.35	0.40	−3	38	Ⅲ
湖南	长沙市	44.9	0.25	0.35	0.40	0.30	0.45	0.50	−3	38	Ⅲ
	桑植	322.2	0.20	0.30	0.35	0.25	0.35	0.40	−3	36	Ⅲ
	石门	116.9	0.25	0.30	0.35	0.25	0.35	0.40	−3	36	Ⅲ
	南县	36.0	0.25	0.40	0.50	0.30	0.45	0.50	−3	36	Ⅲ
	岳阳市	53.0	0.25	0.40	0.45	0.35	0.55	0.65	−2	36	Ⅲ
	吉首市	206.6	0.20	0.30	0.35	0.20	0.30	0.35	−2	36	Ⅲ
	沅陵	151.6	0.20	0.30	0.35	0.20	0.35	0.40	−3	37	Ⅲ
	常德市	35.0	0.25	0.40	0.50	0.30	0.50	0.60	−3	36	Ⅱ
	安化	128.3	0.20	0.30	0.35	0.30	0.45	0.50	−3	38	Ⅱ
	沅江市	36	0.25	0.40	0.45	0.35	0.55	0.65	−3	37	Ⅲ
	平江	106.3	0.20	0.30	0.35	0.25	0.40	0.45	−4	37	Ⅲ
	芷江	272.2	0.20	0.30	0.35	0.25	0.35	0.45	−3	36	Ⅲ
	雪峰山	1404.9	—	—	—	0.50	0.75	0.85	−8	27	Ⅱ
	邵阳市	248.6	0.20	0.30	0.35	0.20	0.30	0.35	−3	37	Ⅲ
	双峰	100.0	0.20	0.30	0.35	0.25	0.40	0.45	−4	38	Ⅲ
	南岳	1265.9	0.60	0.75	0.85	0.45	0.65	0.75	−8	28	Ⅲ
	通道	397.5	0.25	0.30	0.35	0.15	0.25	0.30	−3	35	Ⅲ
	武冈	341.0	0.20	0.30	0.35	0.20	0.30	0.35	−3	36	Ⅲ
	零陵	172.6	0.25	0.40	0.45	0.15	0.25	0.30	−2	37	Ⅲ
	衡阳市	103.2	0.25	0.40	0.45	0.20	0.35	0.40	−2	38	Ⅲ
	道县	192.2	0.25	0.35	0.40	0.15	0.20	0.25	−1	37	Ⅲ
	郴州市	184.9	0.20	0.30	0.35	0.20	0.30	0.35	−2	38	Ⅲ
广东	广州市	6.6	0.30	0.50	0.60	—	—	—	6	36	—
	南雄	133.8	0.20	0.30	0.35	—	—	—	1	37	—
	连州市	97.6	0.20	0.30	0.35	—	—	—	2	37	—
	韶关	69.3	0.20	0.35	0.45	—	—	—	2	37	—
	佛冈	67.8	0.20	0.30	0.35	—	—	—	4	36	—
	连平	214.5	0.20	0.30	0.35	—	—	—	2	36	—
	梅县	87.8	0.20	0.30	0.35	—	—	—	4	37	—
	广宁	56.8	0.20	0.30	0.35	—	—	—	4	36	—
	高要	7.1	0.30	0.50	0.60	—	—	—	6	36	—
	河源	40.6	0.20	0.30	0.35	—	—	—	5	36	—
	惠阳	22.4	0.35	0.55	0.60	—	—	—	6	36	—
	五华	120.9	0.20	0.30	0.35	—	—	—	4	36	—
	汕头市	1.1	0.50	0.80	0.95	—	—	—	6	35	—
	惠来	12.9	0.45	0.75	0.90	—	—	—	7	35	—
	南澳	7.2	0.50	0.80	0.95	—	—	—	9	32	—
	信宜	84.6	0.35	0.60	0.70	—	—	—	7	36	—
	罗定	53.3	0.20	0.30	0.35	—	—	—	6	37	—
	台山	32.7	0.35	0.55	0.65	—	—	—	6	35	—
	深圳市	18.2	0.45	0.75	0.90	—	—	—	8	35	—
	汕尾	4.6	0.50	0.85	1.00	—	—	—	7	34	—

（续）

省市名称	城市名	海拔高度/m	风压/（kN/m²）			雪压/（kN/m²）			基本气温/℃		雪荷载准永久值系数分区
			$R=10$	$R=50$	$R=100$	$R=10$	$R=50$	$R=100$	最低	最高	
广东	湛江市	25.3	0.50	0.80	0.95	—	—	—	9	36	—
	阳江	23.3	0.45	0.70	0.80	—	—	—	7	35	—
	电白	11.8	0.45	0.70	0.80	—	—	—	8	35	—
	台山县上川岛	21.5	0.75	1.05	1.20	—	—	—	8	35	—
	徐闻	67.9	0.45	0.75	0.90	—	—	—	10	36	—
广西	南宁市	73.1	0.25	0.35	0.40	—	—	—	6	36	—
	桂林市	164.4	0.20	0.30	0.35	—	—	—	1	36	—
	柳州市	96.8	0.20	0.30	0.35	—	—	—	3	36	—
	蒙山	145.7	0.20	0.30	0.35	—	—	—	2	36	—
	贺山	108.8	0.20	0.30	0.35	—	—	—	2	36	—
	百色市	173.5	0.25	0.45	0.55	—	—	—	5	37	—
	靖西	739.4	0.20	0.30	0.35	—	—	—	4	32	—
	桂平	42.5	0.20	0.30	0.35	—	—	—	5	36	—
	梧州市	114.8	0.20	0.30	0.35	—	—	—	4	36	—
	龙州	128.8	0.20	0.30	0.35	—	—	—	7	36	—
	灵山	66.0	0.20	0.30	0.35	—	—	—	5	35	—
	玉林	81.8	0.20	0.30	0.35	—	—	—	5	36	—
	东兴	18.2	0.45	0.75	0.90	—	—	—	8	34	—
	北海市	15.3	0.45	0.75	0.90	—	—	—	7	35	—
	涠洲岛	55.2	0.70	1.00	1.15	—	—	—	9	34	—
海南	海口市	14.1	0.45	0.75	0.90	—	—	—	10	37	—
	东方	8.4	0.55	0.85	1.00	—	—	—	10	37	—
	儋州市	168.7	0.40	0.70	0.85	—	—	—	9	37	—
	琼中	250.9	0.30	0.45	0.55	—	—	—	8	36	—
	琼海	24.0	0.50	0.85	1.05	—	—	—	10	37	—
	三亚市	5.5	0.50	0.85	1.05	—	—	—	14	36	—
	陵水	13.9	0.50	0.85	1.05	—	—	—	12	36	—
	西沙岛	4.7	1.05	1.80	2.20	—	—	—	18	35	—
	珊瑚岛	4.0	0.70	1.10	1.30	—	—	—	16	36	—
四川	成都市	506.1	0.20	0.30	0.35	0.10	0.10	0.15	−1	34	Ⅲ
	石渠	4200.0	0.25	0.30	0.35	0.30	0.45	0.50	−28	19	Ⅱ
	若尔盖	3439.5	0.25	0.30	0.35	0.30	0.40	0.45	−24	21	Ⅱ
	甘孜	3393.5	0.35	0.45	0.50	0.25	0.40	0.45	−17	25	Ⅱ
	都江堰市	706.7	0.20	0.30	0.35	0.15	0.25	0.30	—	—	Ⅲ
	绵阳市	470.8	0.20	0.30	0.35	—	—	—	−3	35	—
	雅安市	627.6	0.2	0.3	0.35	0.10	0.20	0.20	0	34	Ⅲ
	资阳	357	0.2	0.3	0.35	—	—	—	1	33	—
	康定	2615.7	0.3	0.35	0.4	0.3	0.5	0.55	−10	23	Ⅱ
	汉源	795.9	0.2	0.3	0.35	—	—	—	2	24	—
	九龙	2987.3	0.2	0.3	0.35	0.15	0.2	0.2	−10	25	Ⅲ
	越西	1659	0.25	0.3	0.35	0.15	0.25	0.3	−4	31	Ⅲ
	昭觉	2132.4	0.25	0.3	0.35	0.25	0.35	0.4	−6	28	Ⅲ
	雷波	1474.9	0.2	0.3	0.35	0.2	0.3	0.35	−4	29	Ⅲ

（续）

省市名称	城市名	海拔高度/m	风压/(kN/m²)			雪压/(kN/m²)			基本气温/℃		雪荷载准永久值系数分区
			R=10	R=50	R=100	R=10	R=50	R=100	最低	最高	
四川	宜宾市	340.8	0.2	0.3	0.35	—	—	—	2	35	—
	盐源	2545	0.2	0.3	0.35	0.2	0.3	0.35	−6	27	Ⅲ
	西昌市	1590.9	0.2	0.3	0.35	0.2	0.3	0.35	−1	32	Ⅲ
	会理	1787.1	0.2	0.3	0.35	—	—	—	−4	30	—
	万源	674	0.2	0.3	0.35	0.5	0.1	0.15	−3	35	Ⅲ
	阆中	382.6	0.2	0.3	0.35	—	—	—	−1	36	—
	巴中	358.9	0.2	0.3	0.35	—	—	—	−1	36	—
	达县市	310.4	0.2	0.35	0.45	—	—	—	0	37	—
	遂宁市	278.2	0.2	0.3	0.35	—	—	—	0	36	—
	南充市	309.3	0.2	0.3	0.35	—	—	—	0	36	—
	内江市	347.1	0.25	0.4	0.5	—	—	—	0	36	—
	泸州市	334.8	0.2	0.3	0.35	—	—	—	1	36	—
	叙永	377.5	0.2	0.3	0.35	—	—	—	1	36	—
	德格	3201.2	—	—	—	0.15	0.2	0.25	−15	26	Ⅲ
	色达	3893.9	—	—	—	0.3	0.4	0.45	−24	21	Ⅲ
	道孚	2957.2	—	—	—	0.15	0.2	0.25	−16	28	Ⅲ
	阿坝	3275.1	—	—	—	0.25	0.4	0.45	−19	22	Ⅲ
	马尔康	2664.4	—	—	—	0.15	0.25	0.3	−12	29	Ⅲ
	红原	3491.6	—	—	—	0.25	0.4	0.45	−26	22	Ⅲ
	小金	2369.2	—	—	—	0.1	0.15	0.15	−8	31	Ⅱ
	松潘	2850.7	—	—	—	0.2	0.3	0.35	−16	26	Ⅱ
	新龙	3000	—	—	—	0.1	0.15	0.15	−16	27	Ⅱ
	理塘	3948.9	—	—	—	0.35	0.5	0.6	−19	21	Ⅱ
	稻城	3727.7	—	—	—	0.2	0.3	0.35	−19	23	Ⅲ
	峨眉山	3047.4	—	—	—	0.4	0.5	0.55	−15	19	Ⅱ
贵州	贵阳市	1074.3	0.20	0.30	0.35	0.10	0.20	0.25	−3	32	Ⅲ
	威宁	2237.5	0.25	0.35	0.40	0.25	0.35	0.40	−6	26	Ⅲ
	盘县	1515.2	0.25	0.35	0.40	0.25	0.35	0.45	−3	30	Ⅲ
	桐梓	972.0	0.20	0.30	0.35	0.10	0.15	0.20	−4	33	Ⅲ
	习水	1180.2	0.20	0.30	0.35	0.15	0.20	0.25	−5	31	Ⅲ
	毕节	1510.6	0.20	0.30	0.35	0.15	0.25	0.30	−4	30	Ⅲ
	遵义市	843.9	0.20	0.30	0.35	0.10	0.15	0.20	−2	34	Ⅲ
	湄潭	791.8	—	—	—	0.15	0.20	0.25	−3	34	Ⅲ
	思南	416.3	0.20	0.30	0.35	0.10	0.20	0.25	−1	36	Ⅲ
	铜仁	279.7	0.20	0.30	0.35	0.20	0.30	0.35	−2	37	Ⅲ
	黔西	1251.8	—	—	—	0.15	0.20	0.25	−4	32	Ⅲ
	安顺市	1392.9	0.20	0.30	0.35	0.20	0.30	0.35	−3	30	Ⅲ
	凯里市	720.3	0.20	0.30	0.35	0.15	0.20	0.25	−3	34	Ⅲ
	三穗	610.5	—	—	—	0.20	0.30	0.35	−4	34	Ⅲ
	兴仁	1378.5	0.20	0.30	0.35	0.20	0.35	0.40	−2	30	Ⅲ
	罗甸	440.3	0.20	0.30	0.35	—	—	—	1	37	—
	独山	1013.3	—	—	—	0.20	0.30	0.35	−3	32	Ⅲ
	榕江	285.7	—	—	—	0.10	0.15	0.20	−1	37	Ⅲ

（续）

省市名称	城市名	海拔高度/m	风压/（kN/m²）			雪压/（kN/m²）			基本气温/℃		雪荷载准永久值系数分区
			R=10	R=50	R=100	R=10	R=50	R=100	最低	最高	
云南	昆明市	1891.4	0.20	0.30	0.35	0.20	0.30	0.35	-1	28	Ⅲ
	德钦	3485	0.25	0.35	0.40	0.60	0.90	1.05	-12	22	Ⅱ
	贡山	1591.3	0.20	0.30	0.35	0.50	0.85	1.00	-3	30	Ⅱ
	中甸	3276.1	0.20	0.30	0.35	0.50	0.80	0.90	-15	22	Ⅱ
	维西	2325.6	0.20	0.30	0.35	0.40	0.55	0.65	-6	28	Ⅲ
	昭通市	1949.5	0.25	0.35	0.40	0.15	0.25	0.30	-6	28	Ⅲ
	丽江	2393.2	0.25	0.30	0.35	0.20	0.30	0.35	-5	27	Ⅲ
	华坪	1244.8	0.25	0.35	0.40	—	—	—	-1	35	—
	会泽	2109.5	0.25	0.35	0.40	0.25	0.35	0.40	-4	26	Ⅲ
	腾冲	1654.6	0.20	0.30	0.35	—	—	—	-3	27	—
	泸水	1804.9	0.20	0.30	0.35	—	—	—	1	26	—
	保山市	1653.5	0.20	0.30	0.35	—	—	—	-2	29	—
	大理市	1990.5	0.45	0.65	0.75	—	—	—	-2	28	—
	元谋	1120.2	0.25	0.35	0.40	—	—	—	2	35	—
	楚雄市	1772	0.20	0.35	0.40	—	—	—	-2	29	—
	曲靖市沾益	1898.7	0.25	0.30	0.35	0.25	0.40	0.45	-1	28	Ⅲ
	瑞丽	776.6	0.20	0.30	0.35	—	—	—	3	32	—
	景东	1162.3	0.20	0.30	0.35	—	—	—	1	32	—
	玉溪	1636.7	0.20	0.30	0.35	—	—	—	-1	30	—
	宜良	1532.1	0.25	0.40	0.50	—	—	—	1	28	—
	泸西	1704.3	0.25	0.30	0.35	—	—	—	-2	29	—
	孟定	511.4	0.25	0.40	0.45	—	—	—	-5	32	—
	临沧	1502.4	0.20	0.30	0.35	—	—	—	0	29	—
	澜沧	1054.8	0.20	0.30	0.35	—	—	—	1	32	—
	景洪	552.7	0.20	0.40	0.50	—	—	—	7	35	—
	思茅	1302.1	0.25	0.45	0.55	—	—	—	3	30	—
	元江	400.9	0.25	0.30	0.35	—	—	—	7	37	—
	勐腊	631.9	0.20	0.30	0.35	—	—	—	7	34	—
	江城	1119.5	0.20	0.40	0.50	—	—	—	4	30	—
	蒙自	1300.7	0.25	0.30	0.35	—	—	—	3	31	—
	屏边	1414.1	0.20	0.30	0.35	—	—	—	2	28	—
	文山	1271.6	0.20	0.30	0.35	—	—	—	3	31	—
	广南	1249.6	0.25	0.35	0.40	—	—	—	0	31	—
西藏	拉萨市	3658.0	0.20	0.30	0.35	0.10	0.15	0.20	-13	27	Ⅲ
	班戈	4700.0	0.35	0.55	0.65	0.20	0.25	0.30	-22	18	Ⅰ
	安多	4800.0	0.45	0.75	0.90	0.20	0.30	0.35	-28	18	Ⅰ
	那曲	4507.0	0.30	0.45	0.50	0.30	0.40	0.45	-25	19	Ⅰ
	日喀则市	3836.0	0.20	0.30	0.35	0.10	0.15	0.15	-17	25	Ⅲ
	乃东县泽当	3551.7	0.20	0.30	0.35	0.10	0.15	0.15	-12	26	Ⅲ
	隆子	3860.0	0.30	0.45	0.50	0.10	0.15	0.20	-18	24	Ⅲ
	索县	4022.8	0.25	0.40	0.45	0.20	0.25	0.30	-23	22	Ⅰ
	昌都	3306.0	0.20	0.30	0.35	0.15	0.20	0.20	-15	27	Ⅱ
	林芝	3000.0	0.25	0.35	0.40	0.10	0.15	0.15	-9	25	Ⅲ

（续）

省市名称	城市名	海拔高度/m	风压/(kN/m²)			雪压/(kN/m²)			基本气温/℃		雪荷载准永久值系数分区
			R=10	R=50	R=100	R=10	R=50	R=100	最低	最高	
西藏	葛尔	4278.0	—	—	—	0.10	0.15	0.15	−27	25	Ⅰ
	改则	4414.9	—	—	—	0.20	0.30	0.35	−29	23	Ⅰ
	普兰	3900.0	—	—	—	0.50	0.70	0.80	−21	25	Ⅰ
	申扎	4672.0	—	—	—	0.15	0.20	0.20	−22	19	Ⅰ
	当雄	4200.0	—	—	—	0.25	0.35	0.40	−23	21	Ⅱ
	尼木	3809.4	—	—	—	0.15	0.20	0.25	−17	26	Ⅲ
	聂拉木	3810.0	—	—	—	1.85	2.90	3.35	−13	18	Ⅰ
	定日	4300.0	—	—	—	0.15	0.25	0.30	−22	23	Ⅱ
	江孜	4040.0	—	—	—	0.10	0.10	0.15	−19	24	Ⅲ
	错那	4280.0	—	—	—	0.50	0.70	0.80	−24	16	Ⅲ
	帕里	4300.0	—	—	—	0.60	0.90	1.05	−23	16	Ⅱ
	丁青	3873.1	—	—	—	0.25	0.35	0.40	−17	22	Ⅱ
	波密	2736.0	—	—	—	0.25	0.35	0.40	−9	27	Ⅲ
	察隅	2327.6	—	—	—	0.35	0.55	0.65	−4	29	Ⅲ
台湾	台北	8.0	0.40	0.70	0.85	—	—	—	—	—	—
	新竹	8.0	0.50	0.80	0.95	—	—	—	—	—	—
	宜兰	9.0	1.10	1.85	2.30	—	—	—	—	—	—
	台中	78.0	0.50	0.80	0.90	—	—	—	—	—	—
	花莲	14.0	0.40	0.70	0.85	—	—	—	—	—	—
	嘉义	20.0	0.50	0.80	0.95	—	—	—	—	—	—
	马公	22.0	0.85	1.30	1.55	—	—	—	—	—	—
	台东	10.0	0.65	0.90	1.05	—	—	—	—	—	—
	冈山	10.0	0.55	0.80	0.95	—	—	—	—	—	—
	恒春	24.0	0.70	1.05	1.20	—	—	—	—	—	—
	阿里山	2406.0	0.25	0.35	0.40	—	—	—	—	—	—
	台南	14.0	0.60	0.85	1.00	—	—	—	—	—	—
香港	香港	50.0	0.80	0.90	0.95	—	—	—	—	—	—
	横澜岛	55.0	0.95	1.25	1.40	—	—	—	—	—	—
澳门	澳门	57.0	0.75	0.85	0.90	—	—	—	—	—	—

注：表中"—"表示该城市没有统计数据。

参 考 文 献

［1］ 中华人民共和国住房和城乡建设部.工程结构可靠性设计统一标准：GB 50153—2008［S］.北京：中国计划出版社，2008.

［2］ 中华人民共和国建设部.建筑结构可靠度设计统一标准：GB 50068—2001［S］.北京：中国建筑工业出版社，2001.

［3］ 中华人民共和国建设部.公路工程结构可靠度设计统一标准：GB/T 50283—1999［S］.北京：中国计划出版社，1999.

［4］ 中华人民共和国建设部.铁路工程结构可靠度设计统一标准：GB 50216—1994［S］.北京：中国计划出版社，1999.

［5］ 中华人民共和国住房和城乡建设部.建筑结构荷载规范：GB 50009—2012［S］.北京：中国建筑工业出版社，2012.

［6］ 中华人民共和国住房和城乡建设部.砌体结构设计规范：GB 50003—2011［S］.北京：中国建筑工业出版社，2011.

［7］ 中华人民共和国住房和城乡建设部.混凝土结构设计规范：GB 50010—2010（2015 年版）［S］.北京：中国建筑工业出版社，2015.

［8］ 中华人民共和国住房和城乡建设部.建筑抗震设计规范：GB 50011—2010（2016 年版）［S］.北京：中国建筑工业出版社，2016.

［9］ 中华人民共和国住房和城乡建设部.建筑工程抗震设防分类标准：GB 50223—2008［S］.北京：中国计划出版社，2008.

［10］ 中华人民共和国住房和城乡建设部.高层建筑混凝土结构技术规程：JGJ 3—2010［S］.北京：中国建筑工业出版社，2010.

［11］ 中华人民共和国建设部.高耸结构设计规范：GB 50135—2006［S］.北京：中国计划出版社，2007.

［12］ 中华人民共和国建设部.人民防空地下室设计规范：GB 50038—2005［S］.北京：中国计划出版社，2005.

［13］ 中交公路规划设计院.公路桥涵设计通用规范：JTG D60—2015［S］.北京：人民交通出版社，2015.

［14］ 中交公路规划设计院.公路工程抗震规范：JTG B02—2013［S］.北京：人民交通出版社，2013.

［15］ 中交公路规划设计院.公路桥梁抗风设计规范：JTG/T D60-01—2004［S］.北京：人民交通出版社，2004.

［16］ 中国铁路设计集团有限公司.铁路桥涵设计规范：TB 10002—2017［S］.北京：中国铁道出版社，2017.

［17］ 中交公路规划设计院.城市桥梁设计规范：CJJ 11—2011［S］.北京：人民交通出版社，2011.

［18］ 北京市起重运输机械研究所.起重机设计规范：GB/T 3811—2008［S］.北京：中国标准出版社，2008.

［19］ 中国地震局.中国地震动参数区划图：GB 18306—2015［S］.北京：中国标准出版社，2015.

［20］ 中国地震局.中国地震烈度表：GB/T 17742—2008［S］.北京：中国标准出版社，2008.

［21］ 张晋元.荷载与结构设计方法［M］.天津：天津大学出版社，2015.

［22］ 薛志成，杨璐.土木工程荷载与结构设计方法［M］.北京：科学出版社，2011.

［23］ 白国良.荷载与结构设计方法［M］.北京：高等教育出版社，2010.

［24］ 张学文，罗旗帜.土木工程荷载与设计方法［M］.广州：华南理工大学出版社，2003.

［25］ 赵国藩，金伟良，贡金鑫. 结构可靠度理论 ［M］. 北京：中国建筑工业出版社，2000.

［26］ 张新培. 建筑结构可靠度分析与设计 ［M］. 北京：科学出版社，2001.

［27］ 李国强，黄宏伟，吴迅. 工程结构荷载与可靠度设计原理 ［M］. 3 版. 北京：中国建筑工业出版社，2005.

［28］ 柳炳康. 荷载与结构设计方法 ［M］. 2 版. 武汉：武汉理工大学出版社，2012.

［29］ 许成祥，何培玲. 荷载与结构设计方法 ［M］. 北京：北京大学出版社，2006.

［30］ 季静，罗旗帜，张学文. 工程荷载与设计方法 ［M］. 北京：中国建筑工业出版社，2013.

［31］ 梁兴文，史庆轩. 土木工程专业毕业设计指导 ［M］. 北京：科学出版社，2002.